面向"十二五"高职高专规划教材
高等职业教育骨干校课程改革项目研究成果

化 工 设 备

主 编 彭 芳 张剑峰
参 编 陈晓娟 闫秀芳 王 林 曹晓锋

北京理工大学出版社
BEIJING INSTITUTE OF TECHNOLOGY PRESS

内 容 简 介

本书以教育部关于示范性高职院校建设的精神为指导，以培养生产一线的高级应用型技术人才为目标，根据化工设备维修技术专业的就业方向和行业特点，编者通过深入中西部化工、煤化工企业调研，联合内蒙古化工职业技术学院、内蒙古科技大学、乌海职业技术学院、赤峰工业职业技术学院等多家高校的教师编写。从生产实际出发，突出化工设备的工程应用和标准规范的使用，着重介绍了典型化工设备的类型和应用；压力容器的基本理论和工程计算、常用材料、标准规范和质量保证；典型化工工艺设备及其主要零部件的结构类型、选择、使用和维护；设备的安全运行及典型事故案例等内容。

本书除供高职高专院校化工设备维修技术专业作为教材使用外，还可供其他相关专业的师生和工程技术人员参考，也可作为石油和化工企业员工的培训教材。

版权专有　侵权必究

图书在版编目（CIP）数据

化工设备/彭芳，张剑峰主编. —北京：北京理工大学出版社，2012.12（2013.7 重印）

ISBN 978 - 7 - 5640 - 7077 - 9

Ⅰ．①化… Ⅱ．①彭… ②张… Ⅲ．①化工设备 - 高等学校 - 教材 Ⅳ．①TQ05

中国版本图书馆 CIP 数据核字（2012）第 286825 号

出版发行 / 北京理工大学出版社
社　　址 / 北京市海淀区中关村南大街 5 号
邮　　编 / 100081
电　　话 / (010)68914775（办公室）　68944990（批销中心）　68911084（读者服务部）
网　　址 / http：//www.bitpress.com.cn
经　　销 / 全国各地新华书店
印　　刷 / 北京市通州富达印刷厂
开　　本 / 710 毫米×1000 毫米　1/16
印　　张 / 20　　　　　　　　　　　　　　　责任编辑 / 赖绳忠
字　　数 / 375 千字　　　　　　　　　　　　　　　　　陈莉华
版　　次 / 2012 年 12 月第 1 版　2013 年 7 月第 3 次印刷　责任校对 / 陈玉梅
定　　价 / 39.00 元　　　　　　　　　　　　　　责任印制 / 王美丽

图书出现印装质量问题，本社负责调换

前 言

本书以教育部关于建设示范性高职院校的精神为指导,以培养生产一线的高级应用型技术人才为目标。根据化工设备维修技术专业的就业方向和行业特点,编者在对中西部化工、煤化工企业进行深入调研后,联合内蒙古化工职业技术学院、内蒙古科技大学、乌海职业技术学院、赤峰工业职业技术学院等多家高校的教师编写了此书。本书从生产实际出发,突出讲解化工设备的工程应用和标准规范的使用,其中包括典型化工设备的类型和应用,压力容器的基本理论和工程计算,常用材料、标准规范和质量保证,典型化工工艺设备及其主要零部件的结构类型、选择、使用和维护,设备的安全运行及典型事故案例等内容。

本书在编写过程中充分考虑了高职高专教育的特点与中西部化工行业的特色,并本着"理论基础知识够用为度、复杂计算推导从简"的原则,着重突出了理论知识的实践应用和对学生创新能力的培养。与过去的同类教材相比,本书具有如下特点:

(1) 为了方便学生预习,在每章的开头以内容简介的形式,概括出本章的主要内容和学习的重点。

(2) 教材的内容上紧跟行业经济发展,强化了实践教学,使课程内容各部分衔接合理、连贯、实用性强,职业教育特色鲜明。

(3) 在每章末编排了一定数量的思考题和习题。

本书的编排设计形成课前有预习、在内容上理论教学联系实践技能、课后有巩固练习和实践检验的立体化教材模式。

本书除供高职高专院校化工设备维修技术专业作为教材外,还可供其他相关专业的师生和工程技术人员参考,也可作为石油和化工企业员工的培训教材。

本书由内蒙古化工职业学院彭芳、张剑峰担任主编。另外,内蒙古科技大学陈晓娟、内蒙古化工职业学院闫秀芳、乌海职业技术学院王林、赤峰工业职业技术学院曹晓锋参加编写。编写人员的具体分工为:彭芳编写第三章、第七章;张剑峰编写第二章;陈晓娟编写第四章、第五章;闫秀芳编写绪论、第一章;王林编写第九章、第十章;曹晓锋编写第六章、第八章。全书由彭芳、张剑峰统稿、审定。

在本书编写过程中,作者参阅了近几年出版的相近内容的教材、书目以及大量的标准规范,并将参考文献列于书后。在此对有关作者表示感谢!

本书的编写过程中得到了包头神华煤制油有限公司、包钢稀土集团技术中心等企业很多技术人员的大力支持,在此表示由衷的感谢!

由于编者水平有限,书中难免疏漏和欠妥之处,恳请同行和广大读者批评指正。

编 者

2012 年 12 月

目 录

绪论 ··· 1
　第一节　化工设备及其应用 ··· 1
　第二节　化工生产对化工设备的基本要求 ··· 1
　　一、化工生产的特点 ··· 1
　　二、化工设备的特点 ··· 3
　　三、化工生产中对化工设备的要求 ··· 4
　第三节　化工设备的发展趋势和研究方向 ··· 7
第一章　压力容器 ··· 8
　本章内容提示 ··· 8
　第一节　压力容器结构 ··· 8
　　一、压力容器基本组成 ··· 8
　　二、压力容器各部件间的焊接 ··· 10
　第二节　压力容器的分类 ··· 16
　第三节　压力容器常用材料 ··· 20
　　一、压力容器用钢基本要求 ··· 20
　　二、压力容器常用钢材简介 ··· 21
　　三、压力容器用钢的选用原则 ··· 25
　第四节　压力容器规范标准 ··· 25
　　一、国外主要规范标准简介 ··· 25
　　二、国内主要规范标准简介 ··· 26
　思考题与习题 ··· 29
第二章　化工设备强度计算基本知识 ··· 30
　本章内容提示 ··· 30
　第一节　回转薄壁壳体的几何特性 ··· 30
　　一、回转壳体的形成 ··· 30
　　二、回转壳体的几何特性 ··· 31
　第二节　回转薄壁壳体应力分析 ··· 32
　　一、无力矩理论及应用 ··· 32
　　二、典型回转薄壁壳体应力分析 ··· 32

第三节　回转壳体的边缘应力 ·········· 40
一、边缘应力的产生 ·········· 40
二、边缘应力的特征 ·········· 41
三、边缘应力的处理 ·········· 42
思考题与习题 ·········· 43

第三章　内压薄壁容器设计 ·········· 44
本章内容提示 ·········· 44
第一节　内压薄壁容器壳体强度计算 ·········· 44
一、内压圆筒与球壳的强度计算 ·········· 44
二、容器的最小壁厚 ·········· 47
三、各类厚度间的相互关系 ·········· 48
第二节　设计参数的确定 ·········· 48
一、压力参数 ·········· 48
二、设计温度 t ·········· 50
三、许用应力 $[\sigma]^t$ ·········· 51
四、焊接接头系数 ϕ ·········· 61
五、厚度附加量 C ·········· 62
六、压力容器的公称直径、公称压力 ·········· 64
第三节　内压封头结构和强度计算 ·········· 65
一、封头的概述 ·········· 65
二、凸形封头 ·········· 66
三、锥形封头 ·········· 70
四、平盖封头 ·········· 76
第四节　压力试验 ·········· 79
一、压力试验的目的 ·········· 79
二、压力试验的方法和要求 ·········· 79
思考题与习题 ·········· 82

第四章　外压容器 ·········· 84
本章内容提示 ·········· 84
第一节　外压容器的稳定性 ·········· 84
一、外压容器的失效形式 ·········· 84
二、外压容器的失稳过程及临界压力的概念 ·········· 85
三、临界压力的计算 ·········· 86
四、外压圆筒类型的判定 ·········· 88
第二节　外压薄壁容器的壁厚确定 ·········· 88
一、外压容器设计参数的确定 ·········· 88

二、外压薄壁容器不失稳的条件 … 90
三、圆筒壁厚确定的图算法 … 91
第三节 外压薄壁圆筒的加强圈 … 98
一、加强圈的作用、结构及要求 … 98
二、加强圈的间距 … 99
三、加强圈的图算法计算 … 100
第四节 外压封头壁厚确定 … 103
一、外压半球形封头 … 104
二、外压椭圆形封头 … 104
三、外压碟形封头 … 104
四、外压锥形封头 … 105
思考题与习题 … 106

第五章 厚壁容器 … 108
本章内容提示 … 108
第一节 厚壁容器的总体结构与选材要求 … 108
一、厚壁容器的总体结构及特点 … 108
二、厚壁容器的选材要求 … 110
第二节 厚壁容器筒体的主要结构形式 … 112
一、单层圆筒结构 … 112
二、多层组合式圆筒结构 … 114
三、新型超高压厚壁圆筒结构 … 120
第三节 厚壁圆筒的自增强 … 121
一、自增强技术原理 … 122
二、自增强筒体的特点 … 123
三、自增强处理的方法 … 123
第四节 厚壁容器的主要零部件 … 125
一、厚壁容器的封头 … 125
二、厚壁容器的筒体端部 … 128
三、厚壁容器的主要连接件 … 128
四、高压厚壁容器的开孔补强 … 130
思考题与习题 … 131

第六章 化工设备的主要零部件 … 132
本章内容提示 … 132
第一节 法兰连接 … 132
一、法兰连接的组成及应用 … 132
二、法兰的分类 … 133

三、法兰连接的密封·· 134
　　四、法兰的结构类型·· 135
　　五、标准法兰的选用·· 140
第二节　开孔与补强·· 149
　　一、开孔类型对容器的影响·· 149
　　二、对压力容器开孔的限制·· 149
　　三、补强结构·· 150
　　四、标准补强圈及其选用·· 152
　　五、人孔、手孔·· 155
第三节　设备的支座·· 159
　　一、支座的类型和应用·· 159
　　二、典型支座结构·· 160
　　三、其他类型支座·· 168
第四节　安全附件·· 175
　　一、视镜·· 175
　　二、安全阀·· 178
　　三、爆破片·· 181
思考题与习题·· 183

第七章　换热设备·· 185
本章内容提示·· 185
第一节　换热设备的应用·· 185
　　一、换热设备的应用·· 185
　　二、换热设备的基本要求·· 186
第二节　换热设备的分类·· 186
　　一、按工艺用途分类·· 186
　　二、按传热方式分类·· 186
第三节　管壳式换热器·· 192
　　一、管壳式换热器的结构·· 192
　　二、管壳式换热器的分类·· 192
　　三、管壳式换热器的性能·· 196
第四节　管壳式换热器的主要零部件结构·· 196
　　一、外壳结构·· 196
　　二、换热管·· 197
　　三、管板·· 199
　　四、折流挡板·· 201
　　五、其他零部件·· 202

第五节　换热设备操作与维护 ·· 204
　　　一、换热器的基本操作 ··· 204
　　　二、管壳式换热器的检修 ·· 205
　　　三、管壳式换热器的试压 ·· 207
　　　四、《管壳式换热器维护检修规程》主要技术要求和质量标准 ········ 209
　　　五、换热器的维护和保养 ·· 209
　　　六、换热器的清洗 ··· 211
　　思考题与习题 ··· 212

第八章　塔设备 ·· 213
　本章内容提示 ··· 213
　　第一节　塔设备的应用 ··· 213
　　　一、塔设备的特点 ··· 213
　　　二、塔设备的分类和结构 ·· 214
　　第二节　板式塔 ··· 216
　　　一、板式塔的分类 ··· 216
　　　二、板式塔的结构 ··· 216
　　　三、板式塔的塔盘结构 ·· 223
　　第三节　填料塔 ··· 234
　　　一、填料塔的总体结构 ·· 234
　　　二、填料的分类 ··· 235
　　　三、填料塔的内件 ··· 238
　　第四节　塔设备的常见故障与处理 ··· 245
　　　一、塔设备的检查 ··· 245
　　　二、塔设备常见故障与处理方法 ·· 246
　　思考题与习题 ··· 249

第九章　反应设备 ·· 250
　本章内容提示 ··· 250
　　第一节　反应设备概述 ··· 250
　　　一、反应设备的应用及分类 ··· 250
　　　二、常见反应设备的结构特点 ··· 251
　　第二节　机械搅拌反应器 ··· 254
　　　一、机械搅拌反应器的结构 ··· 254
　　　二、罐体尺寸的确定 ·· 255
　　第三节　搅拌装置 ··· 257
　　　一、搅拌器的类型和选用 ··· 257
　　　二、搅拌轴 ·· 263

第四节　密封装置 … 265
一、填料密封 … 265
二、机械密封 … 267

第五节　传动装置 … 270
一、传动装置的组成 … 270
二、传动装置中各部件的选用 … 270

第六节　传热结构与工艺接管 … 272
一、传热结构 … 272
二、工艺接管 … 275

思考题与习题 … 277

第十章　储存设备 … 278
本章内容提示 … 278

第一节　储存设备的类型及应用 … 278
一、储存设备的类型 … 278
二、储罐的容量 … 280
三、储存设备的应用 … 280

第二节　立式储罐 … 281
一、立式储罐的基本结构 … 281
二、立式储罐的主要附件 … 284
三、立式油罐的使用与维护 … 287

第三节　卧式储罐 … 290
一、卧式储罐的基本结构 … 290
二、卧式储罐的主要附件 … 292
三、卧式储罐的制造及检验 … 293

第四节　球形储罐 … 294
一、球形储罐的基本结构 … 294
二、球形储罐的主要附件 … 297
三、球形储罐的制造及检验 … 302

思考题与习题 … 307

参考文献 … 308

绪　　论

第一节　化工设备及其应用

化工生产是以各种物质为原料进行化学或物理的处理，使其成为服务于人类衣、食、住、行的具有较高价值的产品。例如，以石油为原料制成的汽油、合成纤维、塑料制品；以原油或焦炭、空气和水为原料制成的合成氨、碳酸氢铵肥料；以食盐为主要原料制成的纯碱和烧碱等。然而要完成这些化工过程，就需要有相应的机械和设备来实现。化工机械就是用于完成各种化工生产所使用的各种机械设备的统称。

化工机械通常可分为两大类：一类叫化工机器（又称为动设备），主要指完成工作过程依靠自身部件运动的化工机械，如各种类型泵、压缩机、离心机、以及流体输送机械等；另一类叫化工设备（又称为静设备），主要指靠介质通过设备本身的特殊结构来完成工作过程的化工机械，如各种容器（槽、罐、釜等）以及用于精馏、解吸、吸收、萃取等工艺操作的塔设备，用于流体加热、冷却、液体汽化、蒸汽冷凝及废热回收的换热设备，用于石油化工中三大合成材料生产中的聚合、加氢、裂解、重整的反应设备和用于原料或成品半成品的储存、运输的储运设备等。其中第二类化工机械就是本书中所说的"化工设备"。据统计，化工生产企业中的机械设备80%左右都属于化工设备。

化工设备不仅应用于化工、石油和煤碳化工生产中，而且在轻工、医药、食品、冶金、能源、交通等工业部门也有着广泛的应用。由此可见，化工设备与我们的生活息息相关，对国民经济的发展起着非常重要的作用。

第二节　化工生产对化工设备的基本要求

一、化工生产的特点

化工生产是在一定条件下使化工原料（物料、介质）发生化学或物理变化，进而得到所需要的新物质（产品）的生产过程。广义的化工生产不仅包括化工、石油化工，而且包括轻工、制药、食品、环境、生物、能源、涂料、合成纤维以及各种精细化工。化工生产的特点可归纳为以下几点。

1. 化工生产介质种类多、危害性大

化工生产中使用的原料、生产过程中的半成品和最终生产的产品，多是易燃、易爆、有毒和腐蚀性的物质。具体表现为：

① 化工生产涉及物料种类多、性质差异大，而且易燃易爆的物质多数以气体、液体状态存在，在高温、高压等苛刻的条件下极易发生泄漏或挥发，如果操作失误、违反操作规程，就会发生事故。

② 化工生产中许多原料本身就具有毒性，在生产过程中添加的一些化学物质也多数有毒性。它们在反应过程中可能又生成一些新的有毒物质，因此一旦泄漏就会污染环境以及危害工作人员的生命。

③ 化工生产中还会使用到一些具有腐蚀性的介质，如硫酸、硝酸、烧碱等。它们不但对人有很强的化学灼伤作用，而且对金属设备也有很强的腐蚀作用。例如，原油中含有硫化物会腐蚀设备管道，乙烯原料储罐因硫化物腐蚀发生破裂。如果在设计时没有考虑到这些腐蚀介质对设备和管道的破坏，不但会使设备的使用寿命大大降低，还会使设备壁厚减薄、材质变脆，甚至承受不了设计压力而发生爆炸。

2. 化工生产过程复杂、工艺条件恶劣

化工生产从原料到产品，一般需要经过许多工序和复杂的加工单元，通过多次反应或分离才能完成。化工生产过程广泛采用高温、高压、深冷、真空等工艺，同时生产所需的介质大多是易燃、易爆、有毒和腐蚀性的物质。受压设备在温度、压力不断变化的作用下，常常具有潜在泄漏、爆炸等危险。例如，石油烃类裂解，裂解炉出口的温度高达 950 ℃，而裂解产物气的分离需要在 -96 ℃ 下进行，因此要求裂解炉的材料既能够承受 950 ℃ 的高温，又能耐 -96 ℃ 的低温。如果出现选材不当、材料有缺陷、材质恶劣或有制造缺陷等情况，压力容器就会发生事故。又如，使用丙烯和空气直接氧化生产丙烯酸，物料配比在爆炸极限附近，且反应温度超过中间产物丙烯醛的自燃点，在这样恶劣的工艺条件下生产，一旦在安全控制上稍有失误就具有发生爆炸的危险。

3. 化工生产规模大型化、过程连续化

现代化工生产装置规模越来越大，以求降低成本，提高生产率，降低能耗。为此各国都把采用大型装置作为加快工业发展的重要手段。同时化工生产从原料输入到产品输出具有高度的连续性，前后单元息息相关，相互制约，某一环节发生故障都会影响到整个生产的正常进行。

4. 化工生产自动化程度高

由于化工生产装置大型化、连续化，工艺过程复杂和工艺参数要求苛刻，因而在现代化工生产过程中，人工操作已不能适应其需要，必须采取自动化程度较高的控制系统。近年来随着计算机技术的发展，化工生产中普遍采用了 DCS 集散型控制系统，对生产过程的各种参数及开车实行监控、控制和管理，从而有效地提高了控制的可靠性。随着科学技术的不断发展和计算机技术的应用，逐渐使化工生产实现了远程自动化控制和操作系统的智能化。

二、化工设备的特点

从上述化工生产的特点得出一个结论：化工生产的特殊复杂性决定了化工设备的特殊复杂性。任何化工设备都是为满足一定生产工艺条件而提出的，从而促进了化工设备的新设计、新材料和新制造技术的发展及应用。因此，服务于这类生产工艺过程的设备，与通常产业的机械设备相比，有着以下显著特点。

1. 结构、原理多样化

"化工生产过程"是"化工设备"的前提。由此，化工生产过程的介质特性、工艺条件、操作方法以及生产能力的差异，也就决定了人们必须根据设备的功能、条件、使用寿命、安全质量以及环境保护等要求，采用不同的材料、结构和制造特征，这使得设备的类型比较繁多。不同化工产品生产技术需要有相应配套功能原理的设备。例如，换热设备的传热过程，根据工艺条件的要求不同，可以利用加热器或冷却器实现无相变传热，也可以采用冷凝器或重沸器实现有相变的传热。

2. 外部壳体多是压力容器

主要用于处理气体、液体和粉体等这样一些流体材料的化工设备，通常都是在一定温度和压力条件下工作的。尽管它们的服务对象不同，形式多样，功能原理和内外结构各异，但一般都是由限制其工作空间且能承受一定温度和压力载荷的外壳（筒体和端部）和必要的内件所组成。从强度和刚度分析，这个能够承受压力载荷的外壳体即压力容器。

压力容器及整个设备通常在高温、高压、高真空、低温、强腐蚀的条件下操作，相对于其他行业来讲，工艺条件更为苛刻和恶劣，如果在设计、选材、制造、检验和使用维护中稍有疏忽，一旦发生安全事故，其后果不堪设想。因此，国家劳动部门把这类设备作为受安全监察的一种特殊设备，并在技术上进行了严格、系统和强制性的管理。例如，制定了 GB 150—2011《压力容器》、JB 4732—1995《钢制压力容器——分析设计标准》、GB 151—1999《管壳式换热器》、《压力容器安全技术监察规程》、《超高压容器安全监察规程》等一系列强制性或推荐性的规范标准和技术法规，对压力容器的设计、材料、制造、安装、检验、使用和维修提出了相应的要求。同时，为确保压力容器及设备的安全可靠，实施了持证设计、制造和检验制度。

3. 设备开孔多

化工设备与其他产业机械相比开孔较多，根据工艺要求，在设备的轴向和周向的位置上，有较多的开孔和工艺管口，用于安装各种零部件和连接管道。如反应釜的上封头有人孔、视镜、回流管口、仪表口、进料口、搅拌口等各种开孔和工艺管口，而壳体和零部件的连接大都采用焊接结构，存在缺陷可能性较大。

4. 化工—机械—电气技术紧密结合

先进的化工工艺过程需要借助于优良的机械设备，而要保证设备高效、安全、可靠的运行，就需要对其运行状态进行实时监控，并且对物料、压力、温度等参数实施精确可靠控制。为此，生产过程中的成套设备都是将化工过程、机械设备及电气控制技术等三个方面紧密结合在一起，实现"化工—机械—电气"技术的一体化，对设备操作过程进行控制。这不仅是化工设备在应用上的一个突出特点，也是设备不断提高应用水平的一个发展方向。例如，氯碱生产中化盐槽的温度，一般控制在 65 ℃ 左右，如果温度偏高或偏低，计算机控制系统会在显示该区域处的流程图上闪动，警示操作员温度不正常，操作员通过改变载热体流量或调节工艺介质自身的流量，最终保证工艺介质在化盐槽的温度控制在 65 ℃ 左右。

5. 设备结构大型化

随着先进生产工艺的提出以及设计、制造和检测水平的不断提高，许多行业对使用大型、高负荷化工设备的需求日趋增加。尤其是大规模专业化、成套化生产带来的经济效益，使得设备结构大型化的特征更加明显。例如，石油化工中的乙烯换热器的最大直径已经达到 2.4 m；石化炼油工业中使用的高压加氢反应器，由于国外解决了抗氢材料及一系列制造技术问题，现在可以制造直径 6 m、壁厚 450 mm、质量达 1 200 t 的大型热壁高压容器。中国目前设备最大壁厚也可以达到 200 mm，质量达 560 t。

三、化工生产中对化工设备的要求

化工产品的质量、产量和成本，在很大程度上取决于化工设备的完善程度，而对于化工设备本身而言，必须满足在化工生产过程中经常会遇到的高温、高压、高真空、超低压、易燃、易爆以及强腐蚀性等特殊条件，以及现代化工生产规模要求。因此这就要求在役的化工设备必须不仅具有长期连续、安全可靠的运转能力，又要满足复杂的生产工艺要求，同时还应该有较高的经济技术性以及易于操作和维护的特点。对化工设备的要求具体如下。

1. 安全可靠性要求

化工生产的特点决定了化工设备必须安全可靠地运行，这是化工生产对化工设备最基本的要求，也就是说化工设备应该具有足够的能力来承受在使用寿命内可能遇到的各种外来载荷。为了保证其安全运行，防止事故发生，我们就应该在工作寿命的使用期限内保证化工设备安全可靠，具体体现在强度、刚度（稳定性）、密封性、耐蚀性等方面。

(1) 要有足够的强度。强度就是指化工设备及其零部件抵抗外力破坏的能力。化工设备应有足够的强度，否则容易造成事故。而化工设备是由不同的材料制造而成的，材料的强度与设备的安全可靠性密切相关。若设备的材料强度不足，会引起塑性变形、断裂甚至爆破，危害化工生产及现场工人的生命安全。在相同设计条件下，提高材料强度无疑可以保证设备具有较高的安全性。但满足强度要求并非选材的强度级别越高越好，无原则地选用高强度材料，只会导致材料和制造成本提高以及设备抗脆断能力降低。另外，设备各部件之间的连接大部分是焊接连接，这些部位受力复杂，应力集中现象严重，存在缺陷的可能性较大，在设计和制造上应给予足够的重视。

(2) 要保证其刚度。刚度是指容器及其零部件在外力作用下抵抗变形的能力。若设备在工作中，强度虽然满足要求，但在外载荷作用下发生较大变形，也不能保证其正常运转。因此承受压力的容器，必须保证有足够的稳定性，以防被压瘪或出现折皱。例如，压力低、壁薄的外压容器，在使用过程中特别容易发生"失稳"现象，这种现象不是由于容器强度不足，而是因为容器刚度不足，所以要注意保证这类容器的刚度。

(3) 要有良好的密封性。密封性是指设备阻止介质泄漏的能力。化工设备必须具备良好的密封性。对于化工生产中那些易燃、易爆、有毒的介质，若因密封失效而泄漏出来，不仅使生产和设备本身受到损失，而且威胁操作人员的安全，污染环境甚至燃烧或爆炸，造成极其严重的后果。因此，良好的密封性是化工设备安全操作的必要条件。

(4) 要有良好的耐蚀性。耐蚀性是指设备抗腐蚀的能力，它对保证化工生产能否安全运转十分重要。在化工生产中许多介质或多或少地具有一些腐蚀性，腐蚀会使整个设备或某些局部区域厚度减薄，致使设备的使用年限减短。在应力集中、两种材料或构件焊接处等区域，易造成更为严重的腐蚀，更有甚者有些腐蚀表面不易被发现，如氢腐蚀及奥氏体不锈钢的晶间腐蚀等一旦发生，会使设备局部减薄，还会引起突然的泄漏或爆破，危害更大。所以，选择合适的耐蚀材料或采用正确的防腐措施是提高设备耐蚀性的有效手段。

2. 工艺条件要求

化工设备是为工艺过程服务的，其工艺条件要求是为满足一定的生产需要而提出来的。如果工艺条件要求不能得到满足，将会影响整个过程的生产效率。同时，化工设备的主要结构与尺寸都是由工艺设计决定的，工艺人员通过计算，确定容器直径、容积等尺寸，并确定压力、温度、介质特性等生产条件。这些条件是产品生产的基础，任何一台设备都要严格按照工艺条件进行设计、制造、安装、使用，否则将影响产品的生产效率，更重要的是影响产品的质量。

3. 使用性能要求

(1) 制造工艺合理。化工设备的结构要紧凑，设计要合理。注意连接边缘处要圆滑过渡，采取等厚连接；尽量使焊缝远离连接边缘，降低边缘应力；在焊缝区域要采取焊后热处理，以消除焊接热应力等。

（2）运输方便。因为化工设备的制造厂与使用厂通常不是一个厂家，当设备制造完成后往往需要运输，所以设备的设计、制造需要考虑运输的问题。尤其是大型设备，应考虑运载工具的能力、空间大小、桥梁、码头承载能力及吊装设备的吨位等。如蒸发罐，因为体积比较大，通常做成分段可拆的法兰连接形式，以便运输。

（3）便于安装。化工设备通常安装在地面上，但有一部分安装在楼板或楼顶上，还有一部分吊装在墙壁上。像高大的塔设备、蒸发器等工作时往往充满液体，液柱静压力比较大，要充分考虑地基、楼板的承载能力；吊装设备要考虑墙上安装孔和屋架的承载能力。

（4）便于操作、维护、检修。在化工设备操作中，对于温度、压力的控制，液位和流量的调节是必须密切关注并严格执行的，所以化工设备上所设计的各种仪表接管、阀门、人孔、手孔，操作和检修用的平台，都要便于工作人员安装、操作、维护和检修。有些装有内件的化工设备还必须考虑内部结构便于装拆、检修、清洗等问题。化工设备通常是承压容器，需要定期检验其安全性，检验后对易损零件要维修、更换，对这些易损零部件，应设计成便于装拆、修理和更换的形式。

4. 经济性能要求

化工设备在保证安全运行和满足工艺要求的前提下，应尽量做到经济合理，主要是体现在化工设备成本降低，具体包括以下两方面内容。

（1）降低设备的制造成本。设备在结构设计时，在安全、合理的前提下，应注意节约材料，尤其是节约昂贵的材料，以降低设备的材料成本。另外，在制造时，应优化加工工艺，采用简便、省时的加工方法，以降低设备的制造成本。

（2）降低设备的使用成本。设备的使用成本一般用消耗定额来衡量。消耗定额是指生产一定的产品所需的燃料、蒸汽、电力的消耗量，设备运转费包括操作工时和维修费等费用总和。考虑降低设备的运转费用，可以选择采用先进的新设备，新设备的使用可以带来操作工时长，维修费用少，生产产品多、质量高、利润高诸多好处。

5. 环境保护和安全要求

由于化工设备工作时处于化工生产的高危环境中，生产过程中残留的无法清除的有害物质，系统中泄漏的易燃易爆、有毒有害物质、噪声振动等都会引起对环境的破坏，并有可能引发设备事故。因此，处于潜在危险环境中的设备，在结构上增设泄漏检测装置和环境监测报警装置都是有必要的。另外，有些高大的设备在露天环境下工作，还要采取防雷措施，安装避雷针和接地装置。

第三节　化工设备的发展趋势和研究方向

我国石油化工业飞速发展并成为国民经济的支柱产业之一，而现代化工工业的发展越来越依赖于高度机械化、自动化和智能化的装备，因此化工过程装备行业获得了迅猛的发展。在压力容器领域，最有代表性的是高压和超高压压力容器技术的发展。由于多种高强抗氢钢的开发成功和先进技术的发展，高压加氢反应器已由过去的冷壁技术发展到今天的大型热壁技术。鉴于过程装备尤其是大型石化装备大多数都处于高危环境下，压力容器的安全评定与延寿技术就显得十分重要。21世纪石油和化工装备技术的发展主要表现在：单元设备进一步大型化；严密性要求提高，无检修运行周期3年以上；机、泵等大量采用个性化设计；传热和传质等过程需要高效、高精度和紧凑性单元操作配合。

（1）今后化工的新工艺开发方向

新工艺发展的重点是：积极参与石油和化工工艺新技术的研究与开发，以推出具有中国特色的专利设备；自主开发各类高效单元操作设备，以推动石油和化工装备的总体技求进步。新材料在过程装备中的应用，以及它带来的与信息技术、生物技术、先进制造技术并列的材料技术，被世界许多国家认为是当代以及今后相当长的历史时期内，影响人类社会全局的高技术。

（2）当代石油化工过程装备与控制工程领域的发展方向

使过程装备高效率、高自动化、安全可靠、数据参数自动监控、在线测量和预报、系统故障远程诊断与自愈调控。其主要的研究方向有：研究早期发现故障的征兆信息及故障产生规律；研究故障信号处理及识别特征；应用振动、红外、油液分析、涡流、绝缘、超声、声发射、X射线、噪声等多种技术，诊断、预测工业装备故障；研究装备状态检测、诊断及控制一体化系统，主动控制系统，压力容器技术，装备密封技术，高效分子蒸馏技术，过程机械CAE，高聚物加工技术及装备，过程智能检测与先进控制工程等专业或领域。

第一章

压 力 容 器

本章内容提示

随着化学工业的飞速发展，化工产品的种类越来越多，使得所用化工设备种类越来越多，生产环境和操作条件越来越复杂。虽然各种设备无论在大小、形状、结构还是功能原理方面都有很大不同，内部构件的形式更是多种多样，但是它们都有一个能承受压力且容积达到一定数值的密闭外壳，这个外壳就称为压力容器。压力容器的用途十分广泛，在石油化学工业、能源工业、科研和军工等国民经济的各个部门都起着重要作用。

本章内容注重理论分析与工程应用，并以课堂教学为主。通过本课程的学习，学生可以了解化工设备的概念，典型化工设备及主要组成结构、原理、功能、应用特点及其基本要求，可以学习压力容器的分类、组成和常用材料的使用原则，可以初步认识容器的常用规范。

第一节 压力容器结构

压力容器的主要作用是储存压缩气体、液体、液化气体或为这些介质的传热，传质，化学、物理反应提供一个密闭的空间。以下为压力容器的详细介绍。

一、压力容器基本组成

从形状上分，压力容器常见的结构形式有两种：球形容器和圆筒形容器。图1-1所示为一卧式圆筒形容器的结构简图，它由筒体、封头（端盖）、密封装置、支座、开孔以及各种工艺接管和附件等组成。

1. 筒体

筒体由钢板卷制后焊接而成，用以储存物料或提供化工介质的传质、传热或化学反应所需要的工作空间，是压力容器最主要的受压元件之一。筒体的直径和容积往往需由工艺条件计算确定。

2. 封头

封头由钢板冲压后拼接组焊而成，根据几何形状的不同，封头可以分为半球

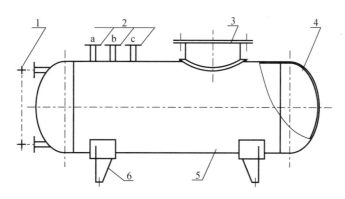

图 1-1 卧式圆筒形容器结构简图
1—液位计；2—管口；3—人孔；4—封头；5—筒体；6—支座

形、椭圆形、碟形、锥形和平盖等几种，其中以标准椭圆形封头应用最多。封头与筒身的连接方式有可拆连接与不可拆连接（焊接）两种，可拆连接一般采用法兰连接方式。

3. 密封装置

压力容器是一个密闭的设备，因此上面需要很多密封装置，其主要目的是在压力容器可能发生介质泄漏而需要密封的部位，设置一个完善的物理壁垒。如图 1-1 所示，容器接管与外管道间的连接以及人孔、手孔盖的连接，均采用了最常见的法兰密封结构。可以这样说：化工容器能否正常安全地运行，在很大程度上取决于密封装置是否可靠。

4. 支座

支座是用来支撑并固定压力容器的一个基础部件，通常是由板材或是型材组焊而成。根据压力容器的结构形式不同，常见的支座有立式容器支座、卧式容器支座和球形容器支座三类。支座的选用主要根据容器的重量、结构、承受载荷以及操作和维修要求来选用的。大型容器一般采用裙式支座，卧式容器以鞍式支座应用最多，而球形容器通常采用赤道正切式或裙式支座。

5. 开孔与接管

在压力容器中，由于工艺要求和检修及监测的需要，常在筒体或封头上开设各种尺寸不同的安装孔或工艺接管，如图 1-1 中的人孔，安装压力表、液面计、安全阀和各类检测仪表的接管等。

在压力容器壳体上开孔后，容器壁会因去除一部分承载材料而削弱强度，并使容器结构出现局部不连续。因而，对筒体和封头上开设的孔，当尺寸超过某一规定的值后，必须进行开孔和补强设计，并选用合理的补强结构，确保压力容器所需要的强度。

6. 安全附件

由于化工生产工艺及容器内部介质的特殊性,所以需要在容器上设置一些测量、控制仪表来监控介质的工作参数,安装一些安全泄放装置,以保证压力容器的使用安全和工艺过程的正常进行。

化工容器的安全装置主要有安全阀、爆破片、紧急切断阀、安全联锁装置、压力表、液面计、测温仪表等。

二、压力容器各部件间的焊接

压力容器筒体、封头、接管等部位的连接形式分为可拆连接和不可拆连接。不可拆连接通常采用焊接形式。

1. 压力容器常见焊接接头形式

焊接接头形式指的是在焊接接头中,两个相互连接零件面的相对位置关系。压力容器常见的接头形式共有以下3种。

(1) 对接接头。对接接头为两相互连接的容器部件的接头处于同一平面或同一曲面内的接头形式,如图1-2所示。

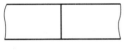

图1-2 对接接头

(2) 角接接头或T形接头。角接接头或T形接头为两相互连接的容器部件在接头处,相互垂直或相交成某一角度的焊接接头形式,如图1-3和图1-4所示。

(3) 搭接接头。搭接接头为两相互连接的容器部件在接头处有部分重合在一起并相互平行的焊接接头形式,如图1-5所示。

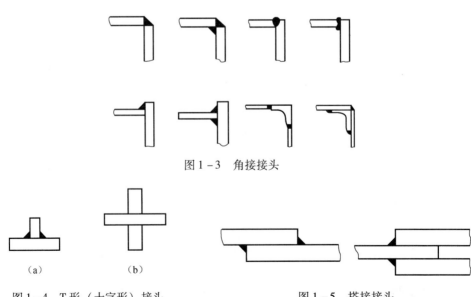

图1-3 角接接头

图1-4 T形(十字形)接头
(a) T形接头;(b) 十字形接头

图1-5 搭接接头

2. 压力容器常见焊接坡口形式

两相互连接的容器部件在焊接前根据设计或工艺需要,在焊件的待焊部位加工成一定几何形状的沟槽,就称为焊接坡口。

为保证压力容器的焊缝全部焊透又无缺陷,当板厚超过一定厚度时,应将钢板加工成各种形状的坡口。焊接坡口的作用是:能使焊条、焊丝或焊炬直接伸到坡口底部;便于脱渣;能使焊条或焊炬在坡口内做必要的摆动,以获得良好的熔合。单从操作上考虑:坡口愈小,愈经济,效率越高。焊接坡口的形状和尺寸主要取决于被焊材料和所采用的焊接方法。坡口的常见形式如下。

(1) 根据板厚不同,对接焊缝的焊接边缘可加工成平对(即不开坡口的形式,如图 1-6 (a) 所示),或加工成为 V 形、X 形、K 形、U 形等坡口。

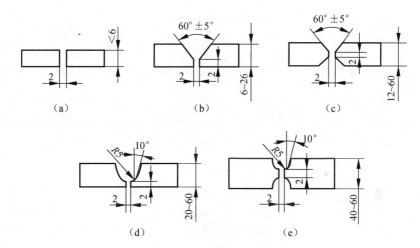

图 1-6 对接焊缝坡口形式

(a) 不开坡口;(b) V 形坡口;(c) X 形坡口;(d) 单 U 形坡口;(e) 双 U 形坡口

(2) 根据焊件厚度、结构形式及承载情况不同,角接接头和 T 形接头的坡口形式可分为:I 形、带钝边的单边 V 形坡口和带钝边的 K 形坡口等具体坡口形式,如图 1-7 所示。

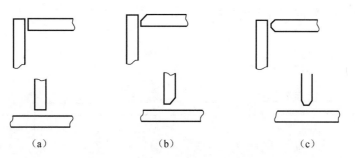

图 1-7 角接和 T 形接头的坡口

(a) I 形;(b) 单边 V 形(带钝边);(c) K 形(带钝边)

3. 压力容器常见的焊缝形式

焊缝是焊件经焊接后所形成的结合部分。常见焊缝类型分为以下 4 种。

（1）按空间位置可分为：平焊缝、横焊缝、立焊缝、仰焊缝。

（2）按结合方式可分为：对接焊缝、角接焊缝、塞焊缝。

（3）按焊缝断续情况可分为：连续焊缝、断续焊缝。

（4）按承载方式可分为：工作焊缝、联系焊缝。

其中对接焊缝和角接焊缝是压力容器焊缝常见的两种基本形式。

① 对接焊缝。对接焊缝是沿着两个焊件之间形成，具有不开坡口（或开 I 形坡口）和开坡口两种形式。焊缝表面形状分为上凸和与表面平齐两种情况，如图 1-8 所示。

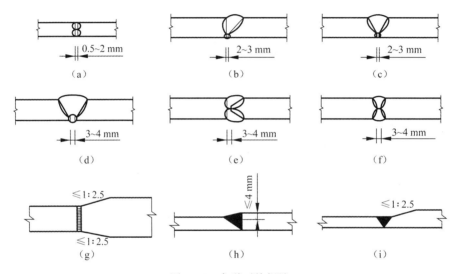

图 1-8　各种对接焊缝

(a) 直边焊缝；(b) 单边 V 形焊缝；(c) 双边 V 形焊缝；(d) U 形焊缝；(e) K 形焊缝；
(f) X 形焊缝；(g) 不同宽度；(h) 可不设斜坡；(i) 不同厚度

② 角接焊缝。由压力容器部件相互垂直或相交为某一角度的两个熔化面及呈三角形断面形状的焊缝金属，构成如图 1-9 所示的角接焊缝形式。

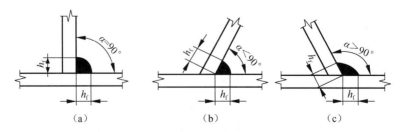

图 1-9　角接焊缝

(a) 直角焊缝；(b) 斜角焊缝

4. 压力容器上的焊接接头分类

依据 GB 150 中"制造、验收与检验"的有关规定，压力容器上主要受压部分的焊接接头按其所处的位置主要被划分为 A、B、C、D 四类，如图 1-10 所示。对于不同类型的焊接接头，焊接检验的要求也各不相同。各类接头的范围如下。

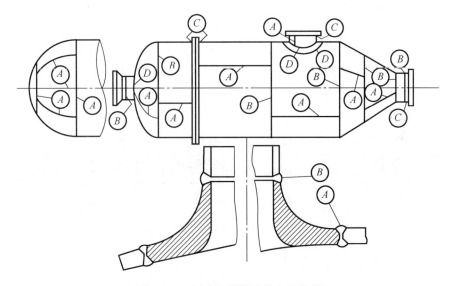

图 1-10　压力容器焊接接头的类型

（1）A 类焊接接头。A 类焊接接头承受容器中最大薄膜应力，其结构上多是对接接头，焊缝形式多是对接焊缝。属于这类焊接接头的有：

① 圆柱形或圆锥形壳体的纵向焊接接头。

② 凸形封头的拼接焊接接头。

③ 半球形封头与筒体连接的环向焊接接头。

④ 用整锻件补强时，嵌入式接管与筒体连接的焊接。

（2）B 类焊接接头。B 类焊接接头依其所在位置从宏观上看，承受容器中的径向应力。属于这类焊接接头的有：

① 筒节与筒节之间，筒节与椭圆形封头、碟形封头、锥形封头之间，以及乙型法兰、长颈法兰之间的环向焊接接头。

② 锥形封头小端与接管连接的环向焊接接头。

③ 长颈法兰与接管连接的接头。

（3）C 类焊接接头。压力容器中常见的 C 类焊接接头如：平盖、管板与圆筒非对接连接的接头，甲型法兰与壳体、平焊法兰与接管连接的接头等都属于 C 类接头。

（4）D类焊接接头。压力容器中常见的D类焊接接头如：接管、人孔、凸缘、补强圈等与壳体连接的接头（已规定为A、B类接头的除外）都属于D类接头。

5. 焊接接头的缺陷

压力容器常见焊接接头的缺陷可分为：外部缺陷和内部缺陷。

（1）焊接接头的外部缺陷。

外部缺陷位于焊缝的外表面，主要有以下几种。

① 焊缝尺寸不符合要求。焊缝外表形状高低不平、焊波宽度不齐、尺寸过大过小、弧坑未填满（如图1-11（a）所示）或余高过高（如图1-11（b）所示）等均属尺寸不符合要求。

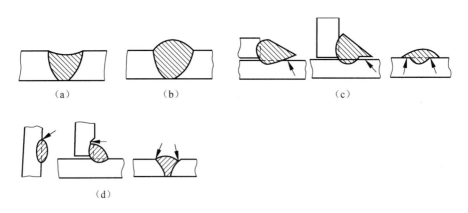

图1-11　焊缝的外部缺陷
(a) 弧坑未填满；(b) 余高过高；(c) 焊瘤；(d) 咬边

② 焊瘤。焊缝边缘上未与母材金属熔合而堆积的金属叫作焊瘤，如图1-11(c) 所示。产生焊瘤的原因主要是：电流过大，电弧太长，运条不当等。

③ 咬边。焊接后，在母材和熔敷金属的交界处产生的凹陷称为咬边，如图1-11(d) 所示。咬边不但减少了金属的工作截面，降低了承载能力，还会产生应力集中，因此，对于重要结构，不允许存在咬边。

④ 表面气孔和表面裂纹。由于焊条不干燥、坡口未净化干净、焊条不合适等原因，造成了表面气孔和表面裂纹。

压力容器常见的焊缝外部缺陷一般通过肉眼观察，借助样板、量规和放大镜等工具进行检测。

（2）焊接接头的内部缺陷。内部缺陷位于焊缝内部，主要指气孔、裂纹、未焊透、夹渣等，如图1-12所示。这些内部缺陷主要采用射线拍片或超声波探伤检测。

① 气孔。气孔是焊缝中存在着近似球形或筒形的圆滑空洞，如图 1-12 中 (a)、(b) 所示。气孔主要是由于焊条不干燥、坡口面生锈、油垢和涂料未清除干净、焊条不合适或熔池中的熔敷金属同外面空气没有完全隔绝等原因所引起的缺陷。

② 未焊透、未熔合。未焊透是指在母材金属和焊缝之间或在焊缝金属中的局部，未被焊缝金属完全填充的现象；未熔合指焊条金属与母材金属未完全熔合成一整体。常见的有根部未焊透（如图 1-13 (a) 所示）、中部未焊透（如图 1-13 (b) 所示）、边缘未焊透（如图 1-13 (c) 所示）和层间未焊透等。未焊透、未熔合主要是由运条不良、表层未清理干净、焊接速度过大、焊接电流过小或电弧偏斜等原因造成的缺陷。

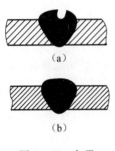

图 1-12 气孔

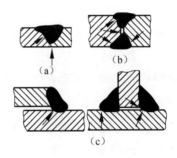

图 1-13 未焊透
(a) 根部未焊透；(b) 中部未焊透；
(c) 边缘未焊透

③ 裂纹。焊缝的裂纹可以大致分为在焊缝金属上和热影响区发生的两种裂纹，如图 1-14 所示。前者包括焊道裂纹、焊口裂纹、根部裂纹、硫脆裂纹和微裂纹等，后者包括根部裂纹、穿透裂纹、焊道下裂纹和夹层裂纹等。裂纹主要是由于焊缝金属韧性不好、母材或焊条含硫量过多、焊接不规范、焊口处理不当、焊缝金属的含氢量过多等原因导致的。目前根据断裂力学的原则允许有一些裂纹存在，只要在使用应力条件下该裂纹不再扩展即可。当发现裂纹后，应铲除后及时补焊。

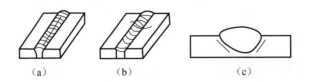

图 1-14 裂纹
(a) 纵向裂纹；(b) 横向裂纹；(c) 热影响区裂纹

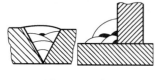

图 1-15 夹渣

④ 夹渣。夹渣是夹在焊缝中的非金属熔渣，如图 1-15 所示。它是由焊条直径以及电流的选择不当、运条不熟练或前道焊缝的熔渣未清理干净等，不良焊接条件、技术所造成的缺陷。

夹渣和气孔同样会降低焊缝强度。在保证焊缝强度和致密性的前提下，某些焊接结构允许含有一定尺寸和数量的夹渣。

第二节 压力容器的分类

化工过程条件的多样化和复杂化，使得压力容器的种类十分繁多。压力容器在使用过程中一旦发生事故，所造成的危害程度也各不相同。为了了解各种压力容器的结构特点、适用场合以及设计、制造、管理等方面的要求，需要对压力容器进行分类。本节除了说明一般分类方法外，还着重介绍我国《压力容器安全技术监察规程》中的分类方法。

1. 按压力容器承压等级分类

按照容器承压性质，可以分为内压和外压容器。当作用于容器壁内部的压力高于容器外表面所承受的压力时，这类压力容器称为内压容器，反之为外压容器。

(1) 内压容器按设计压力大小又可分为 4 个压力等级。

① 低压容器（代号 L）：$0.1\ \text{MPa} \leqslant p < 1.6\ \text{MPa}$。

② 中压容器（代号 M）：$1.6\ \text{MPa} \leqslant p < 10.0\ \text{MPa}$。

③ 高压容器（代号 H）：$10.0\ \text{MPa} \leqslant p < 100\ \text{MPa}$。

④ 超高压容器（代号 U）：$p \geqslant 100\ \text{MPa}$。

(2) 外压容器。当容器器壁外部的压力大于内部所承受压力时，称为外压容器。当容器的内压力小于一个大气压（0.1 MPa）时，称为真空容器。

压力参数是压力容器非常重要的一个参数，它与压力容器的用途和盛装介质的性质结合，可以比较综合地反映压力容器的安全性要求。因此，依据设计压力高低进行分类，可以明确不同压力等级的容器接受不同级别的安全监察和管理。

2. 按工作温度分类

根据压力容器工作温度的高低，一般可以分为以下几种。

(1) 低温容器：设计温度 $t \leqslant -20\ ℃$。

(2) 常温容器：设计温度 $-20\ ℃ < t \leqslant 200\ ℃$。

(3) 中温容器：设计温度 $200\ ℃ < t \leqslant 450\ ℃$。

(4) 高温容器：设计温度 $t > 450\ ℃$。

将压力容器按工作温度分类,其意义在于认识工作温度对材料性能的影响。因为对不同的温度范围,在材料选用上所考虑的问题是不同的。例如在高温环境下工作的压力容器,选材时需要考虑蠕变性能、抗氧化性能、石墨化等;在低温工作条件下的压力容器,需要考虑材料的低温冷脆性。

3. 按压力容器壁厚分类

根据容器壁厚度的不同将压力容器分为薄壁和厚壁容器。两者是按其外径 D_o 与内径 D_i 的比值大小来划分的。

(1) 薄壁容器:直径之比 $K = D_o/D_i \leq 1.2$ 的容器。
(2) 厚壁容器:直径之比 $K = D_o/D_i > 1.2$ 的容器。

按容器壁厚分类的意义主要是为了说明以上两类容器在进行设计计算时的理论依据和要求是不同的。薄壁容器由于其壁厚相对于直径较小,其强度计算的理论依据是旋转薄壳理论和薄膜应力公式,计算得到的薄壁容器所受内压是二向应力状态,且应力沿壁厚均匀分布;厚壁容器的强度理论基础是由弹性应力分析所得的拉美公式,由此计算得到的应力是三向应力,且应力沿壁厚并非均匀分布。

4. 按原理与作用分类

根据压力容器的原理与作用,可分为反应压力容器、换热压力容器、分离压力容器和储存压力容器。

(1) 反应压力容器(代号 R)。主要用于完成介质的物理和化学反应的压力容器,如反应釜、反应器、分解塔、聚合釜、合成塔、高压釜、变换炉、煤气发生炉等。

(2) 换热压力容器(代号 E)。主要用于介质的热量交换的压力容器,如热交换器、管壳式余热锅炉、冷却器、冷凝器、蒸发器、加热器和电热蒸汽发生器等。

(3) 分离压力容器(代号 S)。主要用于完成介质的流体压力平衡缓冲和气体净化分离的压力容器,如分离器、过滤器、集油器、缓冲器、洗涤器、干燥塔、汽提塔等。

(4) 储存压力容器(代号 C,其中球罐代号为 B)。主要用于储存或盛装气体、液体、液化气体等介质的压力容器,如液化石油气储罐、液氨储罐、球罐、槽车等。

对于同一种压力容器,如果同时具备两个以上工艺原理作用,则应按工艺过程中的主要作用来划分其类别。

5. 按安全技术监察规程要求分类

以上所述的几种分类方法,都只是从压力容器的某个设计参数或使用状况来考虑的,并没有综合反映压力容器的整体危害水平。例如,一台反应压力容器,如果处理的是具有易燃或毒性程度为中度及以上的介质,那么其危害程度就要比相同压力、相同尺寸，处理非易燃易爆或毒性程度为轻度的压力容器大得多。除此以外，压力容器的危害性还与设计压力 p 和容积 V 有关，尤其是与 $p \cdot V$ 的值有关。因此，为了对不同安全要求的压力容器更好地进行技术管理和监督检查，我国《压力容器安全技术监察规程》采用了既考虑容器的压力等级、容积大小，又考虑介质危害程度以及在生产过程中的作用的分类方法，将压力容器划分成了 3 个类别。其中第三类压力容器危害性最大，要求也最高。具体划分如下。

(1) 第三类压力容器。

具有下列情况之一的，为第三类压力容器。

① 高压容器。

② 毒性程度为极度和高度危害介质的中压容器。

③ 易燃或毒性程度为中度危害介质，且 $p \cdot V$ 乘积大于或等于 10 MPa·m³ 的中压储存容器。

④ 易燃或毒性程度为中度危害介质，且 $p \cdot V$ 乘积大于或等于 0.5 MPa·m³ 的中压反应容器。

⑤ 毒性程度为极度和高度危害介质，且 $p \cdot V$ 乘积大于或等于 0.2 MPa·m³ 的低压容器。

⑥ 高压、中压管壳式余热锅炉。

⑦ 中压搪玻璃压力容器。

⑧ 使用强度级别较高（指相应标准中抗拉强度规定值下限大于 540 MPa）的材料制造的压力容器。

⑨ 移动式压力容器，包括铁路罐车（介质为液化气体、低温液体）、罐式汽车［液化气体运输（半挂）车、低温液体运输（半挂）车、永久气体运输（半挂）车］和罐式集装箱（介质为液化气体、低温液体）等。

⑩ 容积大于或等于 50 m³ 的球形储罐。

⑪ 容积大于 5 m³ 的低温液体储存容器。

(2) 第二类压力容器。

具有下列情况之一的，为第二类压力容器。

① 中压容器。

② 毒性程度为极度和高度危害介质的低压容器。

③ 易燃或毒性程度为中度危害介质的低压反应容器和低压储存容器。

④ 低压管壳式余热锅炉。

⑤ 低压搪玻璃压力容器。

(3) 第一类压力容器。

除已列入第二类或第三类的所有低压容器。

对容器中介质毒性程度的分类，主要是说明处理不同毒性或易燃介质的容器，在发生事故时所造成的危害性是有所不同的。对于处理极度毒性或易燃介质的容器，其要求就比处理其他介质的高。

上述内容中提到的毒性程度是参照 GB 5044—1985《职业性接触毒物危害程度分级》的规定，按介质毒性最高允许的浓度值分为 4 级。

(1) 极度危害（Ⅰ级）。

极度危害介质最高容许浓度 $<0.1 \text{ mg/m}^3$，如氟气、氢氟酸、光气等介质。

(2) 高度危害（Ⅱ级）。

高度危害介质最高容许浓度为 $0.1 \sim <1.0 \text{ mg/m}^3$，如氟化氢、碳酰氟、氯等介质。

(3) 中度危害（Ⅲ级）。

中度危害介质最高容许浓度为 $1.0 \sim <10 \text{ mg/m}^3$，如二氧化硫、氨气、一氧化碳、甲醇、氯乙烯等介质。

(4) 轻度危害（Ⅳ级）。

轻度危害介质最高容许浓度 $\geq 10 \text{ mg/m}^3$，如氢氧化钠、四氟乙烯、丙酮等介质。

易燃介质是指与空气混合的爆炸下限小于 10%，或爆炸上限、下限之差大于或等于 20% 的气体，如一甲胺、乙烯、乙烷、丙烷、丁烷、环氧乙烷、三甲胺、丁二烯等。

对于初学者，我们给出表 1-1 压力容器类别简易判断表。该表以简明的形式综合考虑了容器的设计压力、应用场合和介质危害程度等影响因素，根据该表可以迅速判断出压力容器类别。

表 1-1　压力容器类别简易判断表

介质性质		非易燃无/轻毒	易燃、中度毒性		高度、极度毒性	
$p \cdot V$ 值/(MPa·m³)			≥ 0.5	≥ 10	<0.2	≥ 0.2
低压/MPa $0.1 \leq p <1.6$	换热	第一类压力容器				
	分离					
	储存					
	反应					
中压/MPa $1.6 \leq p <10$	换热		第二类压力容器			
	分离					
	储存					
	反应					
高压/MPa $10 \leq p <100$					第三类压力容器	

第三节 压力容器常用材料

现代化工生产的工艺条件复杂、多样，工作温度可以从低温到高温，工作压力可以是真空（负压）或超高压，处理的物料可能是易燃、易爆、剧毒或有强腐蚀性。这些条件就决定了化工设备用材的广泛性。同时，要确保压力容器及设备在苛刻的条件下安全可靠地运行，就必须对其所用的材料有较全面的认识。这不仅需要熟悉材料的常规性能，也要了解设备在特殊条件下（例如高温、低温、高压、高真空以及特殊介质）对材料的特殊要求，以便合理地选用材料。

由于化工生产工艺条件的复杂多样性，决定了化工容器及设备所用材料范围广、品种多，既有金属材料，又有非金属材料。其中金属材料使用较多，尤其在实际生产中以钢材的使用最为广泛。

一、压力容器用钢基本要求

根据工作环境和操作条件对化工设备的基本要求，压力容器用钢应具有较高的强度，同时应有良好的塑性、韧性和优良的焊接性能，另外还要满足耐腐蚀要求。对钢材的具体要求表现在如下方面。

（1）压力容器需承受压力，所以钢材应具有足够的强度。压力容器的强度指标是确定壁厚的依据，但钢材的各项力学性能既相互联系又相互制约，因此，选材时不能单看强度，而要全面分析。如果材料强度过低，势必要增加容器元件的厚度。但如果无原则地选用高强度的材料，将会带来材料和制造成本的提高以及抗脆断能力的降低。

（2）在满足强度要求的同时，钢材应有良好的韧性。在压力容器的结构上不可避免地会有小圆角或缺口结构；在焊接制造中也不可能没有如气孔、夹渣、未焊透、未熔合等缺陷，甚至裂纹。这些缺陷都会在容器的局部位置形成应力集中，这时就要求材料应具有良好的韧性，以防止因载荷波动、冲击、过载或低温而造成压力容器的裂纹。

（3）从制造工艺考虑，钢材还要有良好的焊接性能和较好的冷（热）加工性能。除铸造和锻造容器外，压力容器在多数情况下是用钢板采用冷（热）卷、热冲压成型以及焊接等加工工艺制造出来的，这就要求材料应具有良好的塑性和焊接性能，以保证冷卷或热冲时不断裂，而且能得到质量可靠的焊接结构。

（4）为了满足工艺条件需要，钢材应具有较好的耐腐蚀能力。在许多生产过程中，介质是具有腐蚀性的，如果一般碳钢难以达到在容器使用寿命期内的抗腐蚀要求，必要时可以针对介质的具体性质，选用高合金钢、有色金属或耐蚀材料衬里。

（5）考虑到压力容器的使用性能，钢中的硫和磷含量应较低。硫和磷是最主要的有害元素。硫能促进非金属夹杂物的形成，使塑性和韧性降低；磷元素尽管能够提高钢材的强度，但会增加钢材脆性，特别是低温脆性。因此，与一般结构钢相比，钢中硫、磷元素含量应在一个很低的水平，如中国压力容器用钢的硫和磷的质量分数就要求分别低于0.02%和0.03%。

钢材所具有的各种性能都是通过对钢中化学成分的设计或采用不同的热处理方法来获得的。为了保证钢材的使用质量，压力容器制造厂在接收钢厂的来货时，都需要按照钢材的质量保证书，对保证钢材基本性能要求的化学成分、抗拉强度、屈服强度、断后伸长率、冲击功等指标进行检查。特别是对用于制造重要容器的钢材，还需要进行抽样复查，甚至进行100%无损检测。

二、压力容器常用钢材简介

1. 壳体常用材料

压力容器的圆筒形筒体大多是由钢板采用冷（热）卷、焊接工艺制造的，封头或球形壳体则是采用钢板在加热成型和热加工后，再用拼焊的方法进行制造的。分析其制造过程可以看出：用于压力容器壳体的材料不仅要有较好的塑性和焊接性能，而且还要有良好的热加工性能。因此，按照 GB 150—1998《钢制压力容器》中对材料的规定，压力容器可以根据不同的工艺条件，选用碳素结构钢、压力容器用碳素钢、低合金钢和不锈钢等钢种。

（1）碳素结构钢钢板。

压力容器在这类材料中可供选用的牌号有 Q235 - A·F、Q235 - A、Q235 - B、Q235 - C 等。它们属于一般用途的碳素结构钢，非压力容器专用钢板，但由于其轧制技术成熟、质量稳定、价格便宜，因此可以在一定限制条件下用于压力容器制造。碳素结构钢钢板使用条件见表1-2。

表1-2 碳素结构钢钢板使用条件表

钢 号	钢板标准	规格厚度/mm	使用条件			
			容器设计压力/MPa	钢板使用温度/℃	做壳体时的厚度/mm	介质
Q235 - A·F	GB 912 GB 3274	3~4 4.5~16	≤0.6	0~250	≤12	①
Q235 - A		3~4 4.5~40	≤1.0	0~350	≤16	②
Q235 - B		3~4 4.5~40	≤1.6	0~350	≤20	③
Q235 - C		3~4 4.5~40	≤2.5	0~400	≤30	

注：
① 不得用于易燃介质及毒性程度为中度、高度或极度危害介质的压力容器。
② 不得用于液化石油气介质以及毒性程度为高度或极度危害介质的压力容器。
③ 不得用于毒性程度为高度或极度危害介质的压力容器。

(2) 压力容器用碳素钢和低合金钢板。

这类材料属于一般压力容器专用钢板。其中低合金钢是在普通结构钢的基础上加入了少量或微量的合金元素，如 Mn、Si、Mo、V、Ni、Cr 等，从而使钢材的强度和综合力学性能得到明显改善。GB 6654—1996《压力容器用钢板》提供了多个钢板品种，如 20R、16MnR、15MnVR、15MnVNR、18MnMoNbR、13MnNiMoNbR、15CrMoR 等。另外，随着引进装置的大量增加，在 GB150—1998《钢制压力容器》中，还规定允许采用除 GB 6654—1996 标准之外的其他钢材，如 07MnCrMoVR、07MnCrMoVDR、14Cr1MnR 等低合金钢板。压力容器用碳素钢和低合金钢板使用性能见表 1-3。

表 1-3 压力容器用碳素钢和低合金钢板使用性能

钢号	钢板标准	使用状态	厚度/mm	使用温度/℃	其他条件
20R	GB 6654—1996	热轧或正火	6~100	-20~475	(1) 下列情况应在正火状态下使用： ① 用于壳体厚度大于 30 mm 的 20R 和 16MnR ② 用于其他受压元件（法兰、管板、平盖等）的厚度大于 50 mm 的 20R 和 16MnR ③ 厚度大于 16 mm 的 15MnVR (2) 下列情况应逐张进行拉伸和夏比（V 形缺口）冲击（常温或低温）试验： ① 调质状态供货的钢板 ② 多层包扎压力容器的内筒钢板 ③ 用于壳体厚度大于 60 mm 的钢板 (3) 下列情况应每批抽一张钢板进行夏比（V 形缺口）低温冲击试验： ① 使用温度低于 0 ℃ 时，厚度大于 25 mm 小于 60 mm 的 20R，厚度大于 38 mm 小于 60 mm 的 16MnR、15MnVR 和 15MnVNR，任何厚度的 18MnMoNbR、13MnNiMoNbR 和 07MnCrMoVR ② 使用温度低于 -10 ℃，厚度大于 12 mm 的 20R，厚度大于 20 mm 的 16MnR、15MnVR 和 15MnVNR 使用 07MnCrMoVR 和 14Cr1MoR 时应考虑介质的应力腐蚀问题
16MnR		热轧或正火	6~120	-20~475	
15MnVR		热轧或正火	6~60	-20~400	
15MnVNR		正火	6~60	-20~400	
18MnMoNbR		正火加回火	30~100	-20~475	
13MnNiMoNbR		正火加回火	30~120	-20~400	
15CrMoR		正火加回火	6~100	-20~550	
07MnCrMoVR	—	调质	16~50	-20~350	
14Cr1MoR		正火加回火	16~120	-20~550	

(3) 低温压力容器用低合金钢板。

按压力容器的工作温度分类，设计温度小于或等于 -20 ℃ 的容器即属于低温容器范畴。对于这类容器，除了要求具有一定强度外，更要求具备足够的韧性，应选用耐低温的专用钢材，以防止压力容器低温脆断。GB 3531—1996《低温压力容器用低合金钢钢板》和 GB 150—1998《钢制压力容器》提供了用于制造低温压力容器壳体的专用钢板，如 16MnDR、15MnNiDR、09Mn2VDR、09MnNiDR、07MnNiCrMoVDR 等。

(4) 不锈钢钢板。

不锈钢是不锈耐酸钢的简称，通常是指含铬量在 12% ~ 30% 的铁基耐蚀合金。根据含铬量的不同可分为两大类：一类是铬含量在 12% ~ 17% 的不锈钢，它在大气中可以自发钝化，主要用于大气、水及其他腐蚀性不太强的介质中；另一类是含铬量约在 17% 以上，用在腐蚀性较强的介质中，这类不锈钢又称为"耐酸钢"。

针对在工业生产中腐蚀性介质具有多样性的情况，GB 4237《不锈钢热轧钢板》标准为压力容器壳体制造提供了多种不锈钢钢板，如 0Cr13Al、0Cr13、0Cr18Ni9、 0Cr18Ni10Ti、 0Cr17Ni12Mo2、 0Cr18Ni12Mo2Ti、 0Cr19Ni13Mo3、00Cr19Ni10、00Cr17Ni14Mo2、00Cr19Ni13Mo3 等。

不锈耐酸钢虽然在生产过程中应用广泛，但对某一个钢号而言它的应用范围有一定的局限性，目前尚未找到一个能够抵抗多种类型介质腐蚀的钢种。例如，处理浓度低于 50% 的稀硝酸，在室温情况下可以采用 0Cr13 钢，但在沸腾温度下，则需要采用 0Cr18Ni9 不锈钢。因此，不锈耐酸钢钢板的使用还需要根据介质的种类、浓度和温度等条件综合后再做出决定。

2. 接管与换热管常用材料

在压力容器中，使用大量的钢管是不可避免的，如容器上的各种工艺接管、列管式换热设备使用的换热管等。这些接管与换热管使用的多是无缝钢管，而且属受压部件。另外，大直径的无缝钢管还可以直接用来制作容器壳体。常用的无缝钢管材料一般分为 4 类，即碳素钢、低合金钢、低合金耐热钢和高合金钢。表 1-4 列出了中国常用钢管的基本使用情况。

表 1-4 中国常用钢管的基本使用情况

钢管材料类型	标准	钢号	厚度/mm	使用说明
碳素钢和低合金钢管	GB 8163	10，20	≤10	无缝管，适用于流体输送，可以与壳体为 Q235、20R、16MnR 等材料配合使用，是压力容器使用最为广泛的一类无缝管
	GB 9948	10，20	≤16	无缝管，主要用于石油加工中管式加热炉辐射室炉管，以及高温条件下换热管和热油管等
	GB 6479	10，20G，16Mn，15MnV	≤40	化肥设备用高压无缝管，适用温度为 -40 ℃ ~ 400 ℃，适用压力为 10 ~ 32 MPa，可以与多种压力容器壳体钢板配合使用，还可作低温用钢管
低温钢管	该钢管未列入冶金产品标准	09Mn2VD，09MnD		无缝管

续表

钢管材料类型	标 准	钢 号	厚度/mm	使用说明
中温抗氢钢管	GB 9948	12CrMo、15CrMo	≤16	无缝管，用于石油加工中管式加热炉辐射室炉管，以及高温条件下换热管和热油管等
	GB 6479	12CrMo、15CrMo、10MoWVNb、12Cr2Mo、1Cr5Mo	≤40	化肥设备用高压无缝管
高合金钢管	GB/T 14796	0Cr13、0Cr18Ni9、0Cr18Ni10Ti、0Cr17Ni12Mo2、0Cr18Ni12Mo2Ti、0Cr19Ni13Mo3、00Cr19Ni10、00Cr17Ni14Mo2	≤16	热扎和冷拔无缝管，适用于腐蚀介质、高温或低温的设备
高合金钢管	GB 13296	0Cr18Ni9、1Cr18Ni9Ti、0Cr18Ni10Ti、00Cr19Ni10、0Cr17Ni12Mo2、0Cr18Ni12Mo2Ti、00Cr19Ni13Mo3	≤13	锅炉、换热器用无缝管，适用于腐蚀介质、高温或低温的设备

3. 常用锻件的材料

管板与法兰是压力容器上比较典型的常用锻件，通常是用钢板或锻件经切削、钻孔后制成，然后与壳体进行组焊连接。因此，要求制造管板与法兰的材料要有良好的可锻性、切削加工性和可焊性。另外，管板与法兰不仅要与介质接触，而且受力也比较复杂，因此，选用材料时应考虑其力学性能要高于壳体。

管板常用的材料有 Q235-A、Q235-B、Q235-C、16Mn、16MnR。

法兰常用的材料有板材 Q235-A、Q235-B、Q235-C、16Mn、15MnVR，锻件 20、20MnMo、15CrMo 等。

4. 螺栓与螺母常用材料

螺栓与螺母是在压力容器和化工设备中广泛使用的一类基础零件。由于螺栓、螺母要承受较大的负荷，因此，螺栓与螺母一般采用机械强度高的材料制造，同时也要求材料具有良好的塑性、韧性以及良好的机械加工性能。对高温和高强度螺栓用钢，还必须具有良好的抗松弛性、良好的耐热性以及较低的缺口敏感性。螺栓与螺母需要配对使用，通常螺栓的强度和硬度应略高于螺母。

螺栓常用材料有 Q235-A、35、40、40MnB、40MnVB、40Cr、30CrMoA、35CrMoA、35CrMoVA、25Cr2MoVA、1Cr5Mo、2Cr13、0Cr19Ni19 等。

螺母常用材料有 Q215-A、Q235-A、20、25、35、2Cr13、1Cr13、30CrMn 等。

三、压力容器用钢的选用原则

压力容器的工艺条件、操作条件各不相同,选用材料时,应综合考虑设备的使用和操作条件、材料的焊接和冷热加工性能、化工设备的功能及制造工艺、材料的来源及经济合理性。

第四节 压力容器规范标准

在化工生产中,介质温度从深冷到高温,压力从真空到超高压,且大多为易燃、易爆、有毒、有腐蚀的物质,一旦发生事故,其后果往往不堪设想。为了确保压力容器及设备的安全,世界各国就压力容器的材料、设计、制造、检验和使用等方面提出了基本要求,并制定出相应的法规、规范和标准。

一、国外主要规范标准简介

为了保证化工容器及设备的安全运行,许多国家都先后制订了多种技术规范。如美国机械工程协会制订的《锅炉和受压容器规范》(简称 ASME 规范)、苏联国家锅炉监察委员会制订的《锅炉监察手册》、德国《AD 压力容器标准》和《TRD 压力容器技术规程》、法国《CODAP 非直接火受压容器建造规范》以及欧盟的《EN1591 标准》、日本制订的《压力容器标准》(简称 JIS 标准)等。国外最具代表性的压力容器规范是美国《ASME 锅炉及压力容器规范》(ASME Boiler and Pressure Vessel Code,以下简称 ASME 规范),有 12 卷,包括锅炉、压力容器、核动力装置、焊接、材料、无损检测等方面的内容。它是一部封闭型的成套标准,自成体系、无需旁求,篇幅度大、内容丰富,全面包括了锅炉与压力容器对质量保证的要求。

1. 美国的 ASME 规范

ASME 规范与压力容器设计联系最为密切的主要是第Ⅷ篇《压力容器》,共有 3 个分篇,即Ⅷ-1《压力容器建造规则》、Ⅷ-2《压力容器建造另一规则》和Ⅷ-3《高压容器建造另一规则》。ASME Ⅷ-1 属于常规设计标准,适用于压力小于 20 MPa 的压力容器,以弹性失效准则为依据,根据经验确定材料的许用应力,并对零部件尺寸做出一些具体规定;ASME Ⅷ-2 采用的是分析设计标准,要求对压力容器各区域的应力进行详细的分析,并根据应力对容器失效的危害程度进行应力分类,再按不同的设计准则分别予以限制;ASME Ⅷ-3 主要适用于设计压力不小于 70 MPa 的高压容器,不仅要求对容器零部件做详细的应力分析和分类评价,而且要求做疲劳分析和断裂力学评估,是一个到目前为止要求最高的压力容器规范。

2. 日本压力容器标准

日本在 1993 年前与美国一样，采用压力容器基础标准的双轨制，一部是参照 ASME Ⅷ-1 制定的 JIS B8243《压力容器构造》，另一部是参照 ASME Ⅷ-2 制定的 JIS B8250《压力容器构造——另一标准》。1993 年 3 月日本又颁布了新的压力容器标准：JIS B8270《压力容器（基础标准）》和 JIS B8271~8285《压力容器（单项标准）》。

JIS B8270 为压力容器的基础标准，分别对三种压力容器的设计压力、设计温度、焊接结构、材料许用应力、应力分析与疲劳分析的使用范围、质量管理及质量保证体系、焊接工艺评定试验及无损检测内容提出了规定。JIS B 8271~JIS B 8285《压力容器（单项标准）》由 15 个单项技术标准组成，为压力容器的通用和相关技术标准，分别对筒体和封头、螺栓法兰连接、平盖、支撑装置、快速开关盖装置、膨胀节、换热器管板、开孔与补强等主要零部件的结构，以及夹套式、卧式、非圆形压力容器的设计计算方法等内容做出了相应的规定。

二、国内主要规范标准简介

中国将涉及生命安全并且危险性较大的锅炉、压力容器、压力管道、电梯、起重机械、客运索道和大型游乐设施称为特种设备。对特种设备实施全过程安全监察，形成了"法规—行政规章—安全技术规范—标准"4 个层次的法规体系结构。

全过程包括特种设备的设计、制造、安装、使用、检验、修理、改造等涉及安全的各个环节。对实施全过程进行安全监察是保证设备安全行之有效的手段。以下对压力容器标准作简单介绍。

GB 150—1989《钢制压力容器》是 1989 年颁布的中国第一部国家标准。1998 年经全面修订，颁布了最新版的 GB 150—1998《钢制压力容器》。在颁布并实施 GB 150—1998《钢制压力容器》的基础上，先后制定了一系列配套的国家标准、基础标准和零部件标准，如 GB 151—1999《管壳式换热器》、GB 12337—1999《钢制球形储罐》、JB/T 4710—2000《钢制塔式容器》、JB/T 4731—2000《钢制卧式容器》、JB/T 4735—1997《钢制焊接常压容器》、JB/T 4746—2002《钢制压力容器用封头》和 JB/T 4732—1995《钢制压力容器——分析设计标准》等。与此同时，对 20 世纪 80 年代颁布的《压力容器安全监察规程》进行了多次修订，更名为《压力容器安全技术监察规程》，并于 1999 年颁布实施。至此，标志着中国以强制性标准 GB 150—1998 为核心的压力容器标准规范体系的基本框架已经形成，并日趋完善。下面简要介绍其中最为基础的设计标准和管理规范。

1. GB 150—1998《钢制压力容器》

GB 150—1998《钢制压力容器》的基本思路与 ASME Ⅷ-1 相同，并且它结合了中国成功的使用经验，吸收了相关的先进技术和各国同类标准的先进内容。该标准适用于设计压力不大于 35 MPa 的钢制压力容器的设计、制造、检验及验收；所适用的设计温度范围根据钢材的允许使用温度确定，从 -190 ℃ 到钢材的蠕变极限温度。GB 150—1998 标准不适用于以下 8 种压力容器：直接用火焰加热的容器；在核能装置中的容器；在旋转或往复运动的机械设备中，自成体系或作为部件的受压室；经常搬运的容器；设计压力低于 0.1 MPa 的容器；真空度低于 0.02 MPa 的容器；内直径小于 150 mm 的容器；要求做疲劳分析的容器。

GB 150—1998 管辖范围除容器外壳外，还包括容器中与其连为整体的连通受压零部件，比如：与外管道焊接连接的第一道环向接头坡口端面，与螺纹连接的第一个螺纹接头端面，与法兰连接的第一个法兰密封面，与专用连接件或管件连接的第一个密封面。其他如接管、人孔、手孔等的承压封头、平盖及其紧固件，非受压元件与受压元件的焊接接头，连在压力容器上的超压泄放装置等，也均应符合 GB 150—1998 的有关规定。

GB 150—1998 的技术内容包括圆柱形筒体和球壳的设计计算、零部件结构和尺寸的具体规定、密封设计、超压泄放装置的设置，以及容器的制造、检验与验收要求等。GB 150—1998 是在我国具有法律效力的、强制性的压力容器标准。它包括 10 章正文、8 个附录补充件和 3 个附录参考件。10 章正文为：

① 总论；
⑦ 材料；
⑤ 内压圆筒和内压球壳；
④ 外压圆筒和外压球壳；
⑤ 封头；
⑧ 开孔和开孔补强；
⑦ 法兰；
⑧ 卧式容器；
④ 直立容器；
⑩ 制造、检验与验收。

8 个附录补充件包括超压泄放装置、低温压力容器（≤20 ℃）、U 形膨胀节等；3 个附录参考件中有密封结构设计、焊接接头设计、渗透探伤等。

2. JB/T 4732—1995《钢制压力容器——分析设计标准》

JB/T 4732—1995 是中国第一部压力容器分析设计的行业标准。其基本思路与 ASME Ⅷ-2 相同，是相对 GB 150—1998 提出的另一种压力容器设计标准。该标准与 GB 150—1998 同时实施，在满足各自要求的前提下，设计者可任选其一，但不得混用。

与 GB 150—1998 相比，JB/T 4732—1995 允许采用较高的设计应力强度，因此，在相同设计条件下，容器厚度将会减薄，重量将会减轻。但采用 JB/T

4732—1995 进行设计计算时，工作量较大，同时在选材、制造、检验以及验收等方面的要求也较高，有时也不一定有较好的综合经济效益，所以，JB/T 4732—1995 标准多用于质量大、结构复杂、操作参数较高或是需要做疲劳分析的压力容器的设计。

JB/T 4732—1995 标准的适用范围是：$0.1\ \text{MPa} \leq p_d$（设计压力）$\leq 100\ \text{MPa}$，真空度$\geq 0.02\ \text{MPa}$；设计温度低于以钢材蠕变控制其许用应力强度时的相应温度 GB 150—1998 与 JB/T 4732—1995 的主要区别见表 1-5。

表 1-5 GB 150—1998 与 JB/T 4732—1995 的主要区别

项　目	GB 150—1998《钢制压力容器》	JB/T 4732—1995《钢制压力容器——分析设计标准》
设计压力	$0.1\ \text{MPa} \leq p \leq 35\ \text{MPa}$，真空度$\geq 0.02\ \text{MPa}$	$0.1\ \text{MPa} \leq p_d$（设计压力）$\leq 100\ \text{MPa}$，真空度$\geq 0.02\ \text{MPa}$
设计温度	根据钢材的使用温度确定，可以从 -196 ℃至钢材的蠕变限用温度	低于以钢材蠕变控制其许用应力强度的相应温度，最高不超过 475 ℃
设计准则	弹性失败和失稳失效设计准则	塑性失效、失稳失效和疲劳失效设计准则，局部应力采用极限分析和安定性分析结果来评定
应力分析方法	采用最大主应力理论，以材料力学、板壳理论为基础，引入应力和形状系数	采用最大剪应力理论，弹性有限元法，塑性分析，弹性理论和板壳理论公式
对介质的限制	不限	不限

3.《压力容器安全技术监察规程》

1981 年原国家劳动总局颁布了《压力容器安全监察规程》。1990 年原劳动部在总结执行经验的基础上，修订了 1981 版，改名为《压力容器安全技术监察规程》。1999 年原国家质量技术监督局又对《压力容器安全技术监察规程》进行了修订，颁布了新版的《压力容器安全技术监察规程》，以下简称《容规》。该规范是压力容器安全管理的一个技术法规，同时也是政府对压力容器实施安全技术监督和管理的依据。

《容规》共有 6 章 156 条，包括：压力容器安全技术管理的一般规定；材料使用及设计方面的要求；制造、安装、无损检测的有关规定和要求；容器的使用管理、修理改造和定期检验等内容。

《容规》适用于同时具备下列条件的压力容器。

① 最高工作压力 p_w 大于或等于 0.1 MPa（不含液体静压力，下同）。

② 内直径（非圆形截面指其最大尺寸）大于或等于 0.15 m，且容积 V 大于或等于 0.25 m^3。

③ 盛装介质为气体、液化气体或最高工作温度大于等于标准沸点的液体。

思考题与习题

1-1 压力容器结构组成，各部件有何作用？

1-2 按压力容器功能原理来分，压力容器可分为几个类型，各举出代表设备。

1-3 10 m³ 的液氨储罐属于哪一类容器？

1-4 什么是薄壁容器、高压容器、反应压力容器和换热压力容器？

1-5 压力容器的焊接接头形式有哪些？有哪些焊接缺陷？

1-6 压力容器用材有哪些基本要求？选材时应遵循什么原则？

1-7 用普通碳素钢作压力容器用材，应有哪些限制条件？为什么？

1-8 中国 GB 150—1998《钢制压力容器》和 JB/T 4732—1995《钢制压力容器——分析设计标准》两个标准有何不同？其中，GB 150—1998 包括哪些主要内容？

第二章

化工设备强度计算基本知识

本章内容提示

目前化工厂中有很多设备是承受低压的薄壁壳体，本章对典型的薄壁壳体进行理论模型的建立，系统地分析了典型薄壁壳体的基本结构和几何特征，阐述了无力矩理论基本概念及其在典型壳体上的应用。同时通过对圆筒形、球形、圆锥形和椭圆形等多种壳体进行受力分析，使学生掌握典型薄壁壳体的应力计算方法以及应力分布对其强度的影响，了解边缘应力的基本概念及边缘应力的处理方法。

第一节 回转薄壁壳体的几何特性

压力容器是化工设备的外壳，通常由钢板卷制、冲压、焊接制作成壳体。典型的化工设备不论是换热器、塔器、反应器还是储罐的外壳，其几何形状都是由具有轴对称的回转壳体组合而成，如圆柱壳、球壳、圆锥形壳和椭球形壳等。因此，在研究压力容器之前首先要学习这些回转壳体的形成和几何特性。

一、回转壳体的形成

任何平面曲线绕同一平面内的某一已知直线旋转360°而成的曲面称为回转曲面，如图2-1所示的平面曲线 MO 绕同一平面内的某一已知直线 OO' 旋转360°

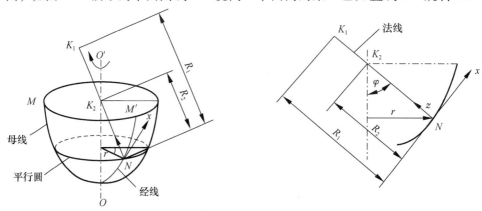

图2-1 回转薄壁的几何参数

而形成的回转曲面。而现实生产中化工设备的外壳是有一定厚度的回转曲面，我们可以用壳体的中间面来代替壳体进行几何特性分析。那么，什么是壳体的中间面？平分壳体厚度的曲面称为壳体的中间面。中间面与壳体内外表面等距离，它代表了壳体的几何特性。

二、回转壳体的几何特性

如图 2-1 所示，其中已知直线 OO' 称为回转曲面的轴，绕轴旋转的平面曲线 MO 称为回转曲面的母线。通过回转轴的平面是经线平面，经线平面与中间面的交线称为经线。过经线上的点 N 且垂直于中间面在该点的切平面的直线称为该点的法线。垂直于回转轴的平面与中间面的交线称平行圆。此圆的半径用 r 表示。经线处任一点 N 的曲率半径为回转体在该点的"第一曲率半径"，用 R_1 表示，如线段 NK_1，通过经线上一点 N 的法线作垂直于经线的平面与中间面相割形成的曲线，此曲线在 N 点处的曲率半径称为该点的"第二曲率半径"，用 R_2 表示。如线段 NK_2。表 2-1 为常见回转壳体的曲率半径。

表 2-1　常见回转壳体的曲率半径

类别		曲率半径	
		R_1	R_2
圆柱壳	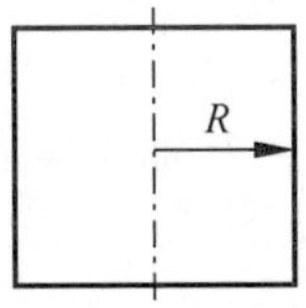	∞	R
球壳	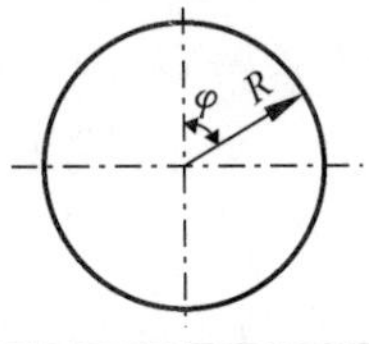	R	R
圆锥壳	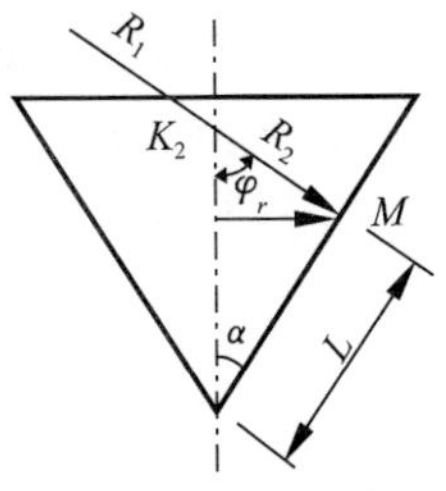	∞	$\dfrac{r}{\cos\varphi}=L\cdot\tan\alpha$
椭球壳	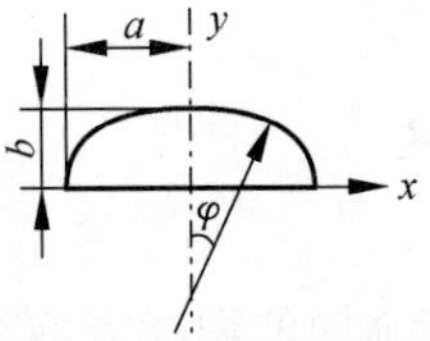	$\dfrac{[a^4\cdot y^2+b^4\cdot x^2]^{3/2}}{a^4\cdot b^4}$	$\dfrac{[a^4\cdot y^2+b^4\cdot x^2]^{1/2}}{b^2}$

第二节　回转薄壁壳体应力分析

一、无力矩理论及应用

在前面分析回转壳体的几何特性时，认为壳体的壁厚与直径相比很小，径比 $K = D_o/D_i \leqslant 1.2$，因此在分析壳体受内压的作用时，忽略了弯曲应力对器壁的影响，而只考虑壳体器壁所承受的拉应力。这种忽略弯曲应力而只考虑拉应力影响的分析方法称为无力矩理论。以下的回转薄壳应力分析均按照无力矩理论的分析方法进行受力分析。

按照无力理论的基本思想对一般回转壳体进行分析，可以得到求解回转壳体应力的两个基本方程。

微体平衡方程

$$\frac{\sigma_1}{R_1} + \frac{\sigma_2}{R_2} = \frac{p}{\delta} \qquad (2-1)$$

区域平衡方程

$$\sigma_1 = \frac{2\pi \int_0^{r_k} p \cdot r \cdot \mathrm{d}r}{2\pi r_k \cdot \delta \cdot \cos \alpha} = \frac{\int_0^{r_k} p \cdot r \cdot \mathrm{d}r}{r_k \cdot \delta \cdot \cos \alpha} \qquad (2-2)$$

当壳体仅受气体内压作用时，p 为常数，其轴向应力为

$$\sigma_1 = \frac{p \cdot r_k}{2\delta \cdot \cos \alpha} \qquad (2-3)$$

式中　σ_1——回转壳体上某一点的轴向应力，N/m^2 或 MPa；

σ_2——回转壳体上某一点的环向应力，N/m^2 或 MPa；

p——回转壳体上某一点所承受的内压力，N/m^2 或 MPa；

R_1——回转壳体上某一点 σ_1、σ_2 所在位置的第一曲率半径，mm；

R_2——回转壳体上某一点 σ_1、σ_2 所在位置的第二曲率半径，mm；

r_k——回转壳体上指定点 K 处的平行圆半径，mm；

r——回转壳体上任意点处的平行圆半径，mm；

δ——回转壳体的壁厚，mm；

α——轴向应力 σ_1 与旋转轴的夹角，(°)。

二、典型回转薄壁壳体应力分析

1. 受气体内压作用的圆柱形壳体应力分析

对仅承受内压的密闭圆柱形容器而言，受力后容器在长度方向上将伸长，直径方向上将增大，说明在轴线方向和圆周的切线方向都有拉应力的存在。如

图 2-2 中所示在远离封头的圆柱形容器上任取一点 A，其上受到沿轴线方向的拉应力 σ_1 和沿圆周的切线方向的拉应力 σ_2 即环向拉应力。除上述应力外，圆筒形壳体沿其壁厚度方向还具有弯曲应力，但根据无力矩理论，忽略弯曲应力而只考虑轴向拉应力 σ_1 和环向拉应力 σ_2。

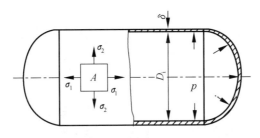

图 2-2　薄壁圆筒壳体在内压作用时的应力状态

利用工程力学中的"截面法"，来求解圆柱形壳体上的轴向拉应力 σ_1 和环向拉应力 σ_2，用一个垂直于圆筒轴线的横截面将圆筒体分为两部分，并留下左半部分如图 2-3 (a) 所示，设壳体的内压力为 p，中间面直径为 D，壁厚为 δ，则壳体壁横截面上沿轴向的总拉力为 $\frac{\pi}{4}D^2 \cdot p$，这个合力作用于封头内壁，左端封头上的轴向合力指向左方，右端封头上的轴向合力指向右方。根据力的平衡原理，所以在圆筒截面上必然存在轴向拉应力与之平衡，其合力为 $\pi D \cdot \delta \cdot \sigma_1$，如图 2-3 (b) 所示。

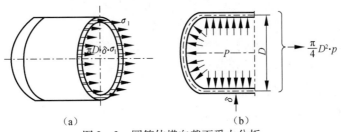

图 2-3　圆筒体横向截面受力分析
(a) 内压拉力；(b) 拉应力

根据力学平衡，内压产生的轴向合力与壳体壁横截面上的轴向拉应力相等，得

$$\frac{\pi}{4}D^2 \cdot p = \pi D \cdot \delta \cdot \sigma_1 \tag{2-4}$$

计算得轴向应力公式为

$$\sigma_1 = \frac{p \cdot D}{4\delta} \tag{2-5}$$

式中　σ_1——轴向应力，MPa；
　　　p——圆筒所受内压，MPa；

D——圆筒的中径，mm；

δ——圆筒壁厚，mm。

圆筒体环向应力计算仍采取"截面法"，通过圆筒体轴线作一个纵向截面，将其分成相等的两部分，留取下面部分进行受力分析，如图 2-4（a）所示，在内压 p 的作用下，壳体所承受的合力为 $L \cdot D \cdot p$。这个合力作用与筒体有将其沿纵向截面分开的趋势，因此，根据力学平衡原理，在筒体环向必须有个环向拉应力与之平衡，如图 2-4（b）所示，则壳体壁纵截面上产生的总拉力为 $2L \cdot \delta \cdot \sigma_2$。

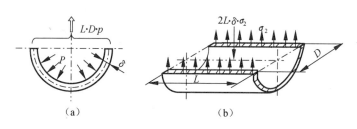

如图 2-4　圆筒体纵向截面受力分析
（a）内压拉力；（b）拉应力

根据力学平衡原理，由于内压产生垂直于截面的合力与壳体壁纵截面上产生的总拉力相等，得

$$L \cdot D \cdot p = 2L \cdot \delta \cdot \sigma_2 \tag{2-6}$$

计算得环向应力公式为：

$$\sigma_2 = \frac{p \cdot D}{2\delta} \tag{2-7}$$

式中　σ_2——环向应力，MPa；

p——圆筒所承内压，MPa；

D——圆筒的中径，mm；

δ——圆筒壁厚，mm。

由环向应力、轴向应力计算公式得：$\sigma_2 = 2\sigma_1$。说明在圆筒形壳体中，环向应力是轴向应力的 2 倍，因此，在制作圆筒形压力容器时，纵向焊缝的质量应比环向焊缝高，才能保证容器使用的安全可靠性。同时在圆筒体上开设椭圆形人孔或手孔时，应当将短轴设计在纵向，长轴设计在环向，以减小开孔对壳体强度的影响。

2. 受气体内压作用的球形壳体应力分析

球形壳体在几何特性上与圆筒形壳体是不相同的，球形壳体各点轴向与环向半径相等，且对称于球心。即无环向和轴向之分，在内压的作用下壳体有整体变大的趋势，说明器壳体上存在拉应力。仍按照"截面法"进行球形壳体应力分析，过球心作一截面，将壳体分成上、下两部分，留取下半部分进行分析，如图

2-5 所示。

设球形容器的内压力为 p，中间面直径为 D，壁厚为 δ，则气体内压力作用于壳体截面上的总拉力为 $\frac{\pi}{4} \cdot D^2 \cdot p$。这个力有使壳体分成两部分的趋势，因此根据力学平衡原理，在壳体截面上必有一个力与之平衡，壳体环形截面上的总拉力为 $\pi D \cdot \delta \cdot \sigma$。

图 2-5 球形壳体截面受力分析

根据力学平衡，垂直于截面的总压力与壳体环形截面上的总拉力相等，得

$$\frac{\pi}{4}D^2 \cdot p = \pi D \cdot \delta \cdot \sigma \qquad (2-8)$$

计算得球形壳体应力公式为

$$\sigma = \frac{p \cdot D}{4\delta} \qquad (2-9)$$

式中 σ——球形壳体应力，MPa；
p——圆筒所承内压，MPa；
D——圆筒的中径，mm；
δ——圆筒壁厚，mm。

将式（2-9）与式（2-5）、式（2-7）相比较可以看出，在相同压力、直径、壁厚的条件下，球形壳体在截面上产生的最大应力仅为圆筒形容器产生的最大压力的 1/2，而且球壳上各点应力都相等及受力均匀，这就是球壳的显著的受力特点。同时，根据球体与其他形状的壳体相比，在相同容积的情况下，表面积最小，也就最省材料，因此，现在压力容器采用球形壳体的越来越多。

3. 受气体内压作用的椭圆形壳体应力分析

椭圆形壳体在内压的作用下沿着轴向和经向有变大的趋势，说明器壳体上存在拉应力。且轴向拉应力 σ_1 和环向拉应力 σ_2 会随着各点的位置变化。如图 2-6 所示椭圆形壳体的长半轴 a，短半轴 b，椭圆形壳体上任意点处的坐标可表示为 $A(x, y)$。

A 点的位置满足椭圆曲线方程

$$\frac{x^2}{a^2} + \frac{y^2}{b^2} = 1$$

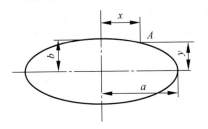

图 2-6 椭圆形壳体上任一点 A 的坐标

根据椭圆曲线方程和应用无力矩理论的微体平衡方程、区域平衡方程，得出椭圆形壳体上任意一点 A 处的轴向拉应力 σ_1 和环向拉应力 σ_2 分别为

$$\sigma_1 = \frac{p}{2\delta \cdot b}\sqrt{a^4 - x^2 \cdot (a^2 - b^2)} \qquad (2-10)$$

$$\sigma_2 = \frac{p}{2\delta \cdot b}\sqrt{a^4-x^2\cdot(a^2-b^2)}\left[2-\frac{a^4}{a^4-x^2\cdot(a^2-b^2)}\right] \quad (2-11)$$

由上述公式可以看出：在椭圆形壳体受到的内压 p 和壁厚 δ 确定的情况下，壳体上任意一点所受到的力是随着该点在椭圆形壳体上位置的变化而变化的。

下面分析椭圆形封头上的应力分布。

（1）在椭圆形壳体的顶点，即在 $x=0$，$y=b$ 处。将 $x=0$，$y=b$ 代入式（2-10）、式（2-11）中得到

$$\sigma_1 = \sigma_2 = \frac{p\cdot a}{2\delta}\cdot\left(\frac{a}{b}\right) \quad (2-12)$$

（2）在椭圆形壳体的赤道，即在 $x=a$，$y=0$ 处。将 $x=0$，$y=0$ 代入式（2-10）、式（2-11）中得到

$$\sigma_1 = \frac{p\cdot a}{2\delta}, \quad \sigma_2 = \frac{p\cdot a}{2\delta}\cdot\left(2-\frac{a^2}{b^2}\right) \quad (2-13)$$

由上述公式可以看出：

① 在椭圆形壳体的中心（$x=0$ 处），轴向应力与环向应力相等。

② 轴向应力恒为正值，是拉应力。

③ 环向应力最大值在 $x=0$ 处，最小值在 $x=a$ 处。

④ 当椭圆形壳体的形状发生变化时（长短半轴之比 a/b 变化），壳体上任意一点所受到的拉应力 σ_1、σ_2 也是变化的，具体分析如下。

Ⅰ. 当 $a/b=1$ 时，为球形壳体，$\sigma_1=\sigma_2$ 应力分布均匀，壳体受力情况最好，应力分布如图 2-7（a）所示；

Ⅱ. 当 $a/b=\sqrt{2}$ 时，赤道上的环向应力 $\sigma_2=0$，受力情况较好，应力分布如图 2-7（b）所示；但壳体深度较大不易冲压成型；

Ⅲ. 当 $a/b=2$ 时，顶点的轴向应力比赤道处的大 1 倍，赤道上的环向应力由正转负，从拉应力转变为压应力，其绝对值与顶点的环向应力相等，应力分布如图 2-7（c）所示；这种壳体的封头尽管在赤道上出现了环向压应力，但应力数值不大，且封头深度不大较易冲压成型，通常将这种封头称为标准型椭圆封头，在工业上广泛应用；

Ⅳ. 当 $a/b>3$ 时，赤道上的环向应力 σ_2 急剧增大，出现很高的峰值应力，可使壳体出现失稳，这对薄壁容器的受力是不利的，应力分布如图 2-7（d）所示。

4. 受气体内压作用的圆锥形壳体应力分析

圆锥形壳体在内压的作用下沿着轴向和环向有变大的趋势，说明器壳体上存在拉应力。根据无力矩理论圆锥形壳体上任意一点 A 处于二向应力状态，如图 2-8 所示，设圆锥形壳体的内压力为 p，锥壳的中间面直径为 D，壁厚为 δ，A 点所在平行圆半径为 r，圆锥形壳半锥角为 α。根据应用无力矩理论的微体平衡

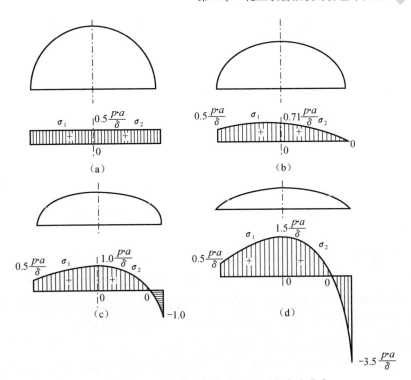

图 2-7 椭圆形壳体的轴向应力和环向应力分布

(a) $a/b=1$; (b) $a/b=\sqrt{2}$; (c) $a/b=2$; (d) $a/b=3$

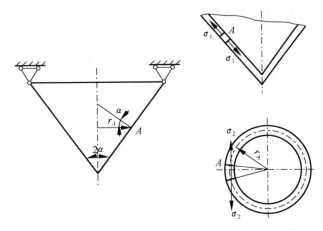

图 2-8 圆锥形壳体的应力

方程、区域平衡方程,可得出圆锥形壳体上任意一点 A 处轴向应力和环向应力。

由于 A 点处的平行圆半径为 r_A,应用区域平衡方程可以得到圆锥形壳体在 A 点处的轴向应力为

$$\sigma_1 = \frac{p \cdot r_A}{2\delta \cdot \cos\alpha} \qquad (2-14)$$

由前面几何特性分析可知,圆锥形壳体在 A 点处的第一曲率半径 $R_1 = \infty$,第二曲率半径 $R_2 = \dfrac{r}{\cos \alpha}$,代入微体平衡方程得

$$\sigma_2 = \frac{p \cdot r_A}{\delta \cdot \cos \alpha} \tag{2-15}$$

式中　α——圆锥形壳体的半锥角,(°);

　　　r_A——A 点处的中间面半径,mm。

其他符号与前面相同。

比较式(2-14)和(2-15)看出:

(1)圆锥形壳体在任意一点处的应力与圆筒形壳体类似,其环向应力也是轴向应力的 2 倍。

(2)圆锥形壳体的应力与半锥角变化趋势一致。

(3)当圆锥形壳体所受的内压力 p、壁厚 δ 和半锥角 α 确定后,锥壳上的轴向应力 σ_1 和环向应力 σ_2 会随着平行圆半径 r 发生变化,在锥壳大端处应力最大,在锥壳顶端处应力为零,应此锥形容器上开孔多在顶端开。

【**例 2-1**】　圆筒形和球形容器内气体压力均为 2 MPa,圆筒形容器外径为 1 000 mm,球形容器外径为 2 000 mm,壳体壁厚均为 20 mm,试求圆筒形和球形容器的应力。

解:

(1)计算圆筒形壳体的应力。

圆筒体的中间面直径为

$$D = D_i + \delta = 1\,000 + 20 = 1\,020 \text{ (mm)}$$

根据公式,圆筒体横截面的轴向应力为

$$\sigma_1 = \frac{p \cdot D}{4\delta} = \frac{2 \times 1\,020}{4 \times 20} = 25.5 \text{ (MPa)}$$

根据公式,圆筒体纵截面的环向应力为

$$\sigma_2 = \frac{p \cdot D}{2\delta} = \frac{2 \times 1\,020}{2 \times 20} = 51 \text{ (MPa)}$$

(2)计算球形壳体截面的拉应力。

球形壳体的中间面直径为

$$D = D_i + \delta = 2\,000 + 20 = 2\,020 \text{ (mm)}$$

根据公式,球形壳体横截面的轴向应力、环向应力都为

$$\sigma_1 = \sigma_2 = \sigma = \frac{p \cdot D}{4\delta} = \frac{2 \times 2\,020}{4 \times 20} = 50.5 \text{ (MPa)}$$

从上面的计算结果可见,虽然球形壳体的直径比圆筒体直径大 1 倍,但在压力和壁厚都相同的条件下,球形壳体上所受的应力值与圆筒形壳体所受的环向应

力值相当；结合前面的：分析当在相同压力、直径、壁厚的条件下，球形壳体在截面上产生的最大应力仅为圆筒形容器产生的最大压力的1/2，而且球壳上各点应力都相等及受力均匀。应此，对于内压较大、容积较大的场合选择球形压力容器。

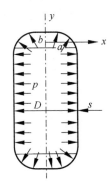

图 2-9 圆筒形容器

【例 2-2】 有图 2-9 所示的圆筒形容器，两端为椭圆形封头，已知圆筒平均直径 $D = 2\,020$ mm，壁厚 $\delta = 20$ mm，工作压力 $p = 2$ MPa。

（1）试求筒体上的轴向应力 σ_1 和环向应力 σ_2。

（2）如果椭圆形封头的 a/b 分别为 2，$\sqrt{2}$ 和 3，封头厚度为 20 mm，分别确定封头上最大轴向应力与环向应力及最大应力所在的位置。

解：

① 求筒身应力。

轴向应力

$$\sigma_1 = \frac{p \cdot D}{4\delta} = \frac{2 \times 2\,020}{4 \times 20} = 50.5 \text{ (MPa)}$$

环向应力

$$\sigma_2 = \frac{p \cdot D}{2\delta} = \frac{2 \times 2\,020}{2 \times 20} = 101 \text{ (MPa)}$$

② 求封头上最大应力。

Ⅰ. 当 $a/b = 2$ 时，$a = 1\,010$ mm，$b = 505$ mm。

在 $x = 0$ 处

$$\sigma_1 = \sigma_2 = \frac{p \cdot a}{2\delta}\left(\frac{a}{b}\right) = \frac{2 \times 1\,010}{2 \times 20} \times 2 = 101 \text{ (MPa)}$$

在 $x = a$ 处

$$\sigma_1 = \frac{p \cdot a}{2\delta} = \frac{2 \times 1\,010}{2 \times 20} = 50.5 \text{ (MPa)}$$

$$\sigma_2 = \frac{p \cdot a}{2\delta}\left(2 - \frac{a^2}{b^2}\right) = \frac{2 \times 1\,010}{2 \times 20} \times (2 - 4) = -101 \text{ (MPa)}$$

所以，最大应力有两处：一处在椭圆形封头的顶点，即 $x = 0$ 处，$\sigma_1 = \sigma_2 = 101$ MPa；另一处在椭圆形封头的底边，即 $x = a$ 处，$\sigma_2 = -101$ MPa。如图 2-10 (a) 所示。

Ⅱ. 当 $a/b = \sqrt{2}$ 时，$a = 1\,010$ mm，$b = 714$ mm。

在 $x = 0$ 处

$$\sigma_1 = \sigma_2 = \frac{p \cdot a}{2\delta}\left(\frac{a}{b}\right) = \frac{2 \times 1\,010}{2 \times 20} \times \sqrt{2} = 71.4 \text{ (MPa)}$$

在 $x=a$ 处

$$\sigma_1 = \frac{p \cdot a}{2\delta} = \frac{2 \times 1\,010}{2 \times 20} = 50.5 \text{ (MPa)}$$

$$\sigma_2 = \frac{p \cdot a}{2\delta}\left(2 - \frac{a^2}{b^2}\right) = \frac{2 \times 1\,010}{2 \times 20} \times (2 - 2) = 0$$

所以，最大应力在 $x=0$ 处，$\sigma_1 = \sigma_2 = 71.4$ MPa 如图 2-10（b）所示。

Ⅲ. 当 $a/b = 3$ 时，$a = 1\,010$ mm，$b = 337$ mm。

在 $x=0$ 处

$$\sigma_1 = \sigma_2 = \frac{p \cdot a}{2\delta}\left(\frac{a}{b}\right) = \frac{2 \times 1\,010}{2 \times 20} \times 3 = 151.5 \text{ (MPa)}$$

在 $x=a$ 处

$$\sigma_1 = \frac{p \cdot a}{2\delta} = \frac{2 \times 1\,010}{2 \times 20} = 50.5 \text{ (MPa)}$$

$$\sigma_2 = \frac{p \cdot a}{2\delta}\left(2 - \frac{a^2}{b^2}\right) = \frac{2 \times 1\,010}{2 \times 20} \times (2 - 3^2) = -353.5 \text{ (MPa)}$$

所以，最大应力在 $x=a$ 处，$\sigma_2 = -353.5$ MPa。如图 2-10（c）所示。

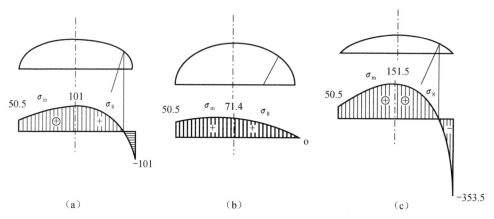

图 2-10 椭圆形壳体应力分布情况（单位：MPa）

(a) $m = a/b = 2$; (b) $m = a/b = \sqrt{2}$; (c) $m = a/b = 3$

第三节 回转壳体的边缘应力

一、边缘应力的产生

上面我们分析的应力都是假设在远离端盖的位置上，分析其受力时，可认为在内压作用时壳体截面产生的应力是均匀连续的。但在实际生产中的壳体绝大部分是由球壳、圆柱壳、圆锥壳等简单壳体等组合而成的，即壳体可看作是由一条特定形状的组合曲线绕回转轴旋转而得到。所以，其连续边缘处必然引起应力的不连续。另外，壳体沿轴向方向的厚度、载荷、温度和材料物理性能突变，也产生边缘应力。什么是连接边缘呢？

连接边缘是指壳体这一部分与另一部分相连接的边界，通常是指连接处的平行圆。例如，组合式壳体的圆筒体与封头、圆筒体与法兰、圆筒体与圆锥体的连接处，同一受压筒体上不同厚度材料的连接处，同一受压圆筒体上两种不同材料的连接处，以及圆筒体与支座的焊接处因受力后连接部位的变形不协调产生的应力集中，这些连接处也可看作是连接边缘。如图 2-11 所示。

边缘应力产生的实质：在内压作用时，由于组合壳体几何形状不同或材料的物理性质不同或载荷不连续等，使连接边缘处的变形不协调即产生了边缘应力。

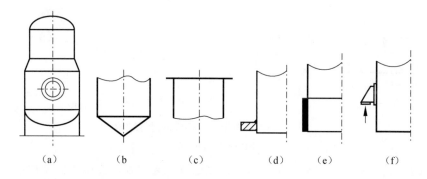

图 2-11 化工设备常见的连接边缘
(a) 圆筒体与封头；(b) 圆筒体与圆锥体；(c) 圆筒体与管板；(d) 圆筒体与法兰；
(e) 不同厚度筒体之间；(f) 圆筒体与支座

二、边缘应力的特征

边缘应力具有两个基本特征。

1. 局部性

边缘应力只存在于连接边缘处附近的局部区域，离开连接边缘稍远一些，边缘应力即迅速衰减并趋近于零。实验测得外部边缘应力区域距离 $x = 2.5\sqrt{R\cdot\delta}$ 时，其边缘应力已衰减掉 97.5%，如图 2-12 所示，说明边缘应力具有很大的局部性。

2. 自限性

边缘应力由边缘两侧壳体的弹性变形不协调以及它们的变形相互制约所致。所以，对于用塑性材料创造的壳体，当连接边缘的局部区域材料产生塑性变形会缓解原来的约束。即高应力区出现的变形不会连续发展，边缘应力也被自动限制。

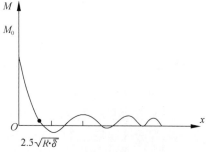

图 2-12 边缘应力的局部性

三、边缘应力的处理

1. 合理的结构设计

（1）减少两连接件的厚度差，尽量做到等厚连接，因为边缘应力主要由两连接件厚度不等，受力后变形不协调引起的，所以等厚连接是降低边缘应力的有效措施，若设计中无法做到等厚连接时，可采用如图 2-13 所示的单面削薄过渡或双面削薄过渡的结构。

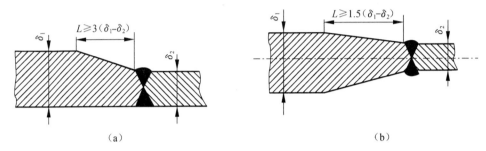

图 2-13　不等厚两连接件的过渡结构
(a) 单面削薄；(b) 双面削薄

（2）减少形状或尺寸上的突变，尽量做到圆弧过渡，缓解不协调形变，减小应力集中。如图 2-14 所示。

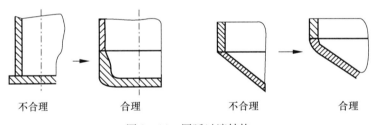

图 2-14　圆弧过渡结构

（3）尽量避免在边缘区开孔，开孔尽量在原来应力水平低的区域，以降低边缘应力。

（4）选择在合适的方位开孔。应避免在边缘区域开孔，孔尽量开在原来应力水平较低的位置，如椭圆形孔的长轴应与开孔的最大应力方向平行，以降低边缘应力。

2. 合理的加工制造、安装

（1）在容器加工制造过程中，尽量避免在容器的材料中留下气孔、夹渣、裂纹和未焊透等缺陷，降低在这些缺陷周围的较高的边缘应力。

（2）在安装过程中，对壳体的连接附件采取一定措施，如对管道、阀门等设备附件设置支架来降低这些附件自重对壳体连接部位的边缘应力。

思考题与习题

2-1 什么是无力矩理论？适用的条件是什么？

2-2 试比较各种形状薄壁壳体在仅受气压时的轴向应力和环向应力。

2-3 设一个圆筒形壳体承受气体内压为 p，圆筒形壳体中径为 D，壁厚为 δ，试求圆筒形壳体中的拉应力。若壳体材料由 20R（σ_b =400 MPa，σ_s =245 MPa）改为由 16MnR（σ_b =510 MPa，σ_s =345 MPa）时，圆筒形壳体中的拉应力将如何变化？为什么？

2-4 试分析椭圆形封头长半轴和短半轴 a/b 的比值分别是 2，$\sqrt{2}$，3 的受力特点，并求出该封头在这三种情况下，出现最大和最小环向应力、轴向应力的位置？

2-5 有一圆筒形容器，其上的封头为标准椭圆形封头，该封头的壁厚 δ 为 10 mm，中径 D 为 1 000 mm，通过封头应力测定，测得顶点处的环向应力为 50 MPa。在该容器圆筒与封头连接边缘下方，左、右两侧分别设置 A、B 两只压力表，此时压力表 A 的指示为 1 MPa，压力表 B 的指示为 2 MPa，试问哪一只压力表读数不准确，为什么？

2-6 有一外径为 219 mm 的氧气瓶，壁厚为 6.5 mm，常温下工作压力为 1.6 MPa，试求氧气瓶筒壁的内应力。

2-7 边缘应力的特点是什么？一般设备结构中对边缘应力是怎样考虑的？

第三章

内压薄壁容器设计

本章内容提示

大多数承受中、低压力的容器为薄壁容器。本章主要介绍中、低压薄壁容器设计方法及工程应用,并通过设计和校核实例进一步说明各设计参数确定的原则和方法,使学生在理解容器设计基本理论的基础上,通过对本章内容的学习,掌握中、低压薄壁容器的工程设计方法、步骤及相关的注意事项。

本章的任务就是在对回转薄壁容器壳体进行应力分析的基础上,推导出内压薄壁容器的强度计算公式。本章的压力容器设计计算公式、各种制造参数要求以及检验标准均与 GB 150—1998《钢制压力容器》保持一致。

第一节 内压薄壁容器壳体强度计算

一、内压圆筒与球壳的强度计算

1. 内压圆筒的强度计算

为了保证圆筒体的安全,根据第一强度理论(最大主应力理论):应使筒体上最大应力,即环向应力 σ_2 小于或等于材料在设计温度下的许用应力 $[\sigma]^t$。用公式表达

$$\sigma_{max} = \sigma_2 = \frac{p \cdot D}{2\delta} \leq [\sigma]^t \qquad (3-1)$$

式中 p——设计压力,MPa;

δ——圆筒壁厚,mm;

D——圆筒中径,即圆筒的平均直径,$D = \frac{D_i + D_o}{2}$,mm;

D_o——圆筒外径,mm;

D_i——圆筒内径,mm。

此外还应考虑到,筒体在焊接过程中,焊接金属组织以及焊接缺陷(夹渣、气孔、未焊透等)对焊接质量的影响,使壳体整体强度降低。所以将钢板的许用

应力乘以一个小于 1 的焊接接头系数 φ，以弥补在焊接后可能出现的强度削弱，故将式（3-1）变为

$$\frac{p \cdot D}{2\delta} \leqslant [\sigma]^t \cdot \phi \qquad (3-2)$$

此外，化工设备在制造和工艺计算时通常以 D_i 作为基本尺寸，故将 $D = D_i + \delta$ 代入上式得

$$\frac{p \cdot (D_i + \delta)}{2\delta} \leqslant [\sigma]^t \cdot \phi \qquad (3-3)$$

同时，根据 GB 150—1998 规定，确定厚度时的压力用计算压力 p_c 代替 p，最终可解出内压薄壁圆筒体的厚度计算公式，即

$$\delta = \frac{p_c \cdot D_i}{2[\sigma]^t \cdot \phi - p_c} \qquad (3-4)$$

公式（3-4）适用条件：$p_c \leqslant 0.4[\sigma]^t$。

考虑到介质或周围大气对容器壁的腐蚀，确定钢板厚度时，再加上腐蚀裕量 C_2，于是得到在设计温度 t 下的筒体的设计厚度公式为

$$\delta_d = \delta + C_2 = \frac{p_c \cdot D_i}{2[\sigma]^t \cdot \phi - p_c} + C_2 \qquad (3-5)$$

再考虑到钢板供货时的厚度负偏差 C_1，将设计厚度加上厚度负偏差。这时若得到的厚度值不是钢板规定的整数时，应将此值再向上圆整至相应的规格厚度，这样得到公式

$$\delta_n = \delta_d + C_1 + \Delta = \frac{p_c \cdot D_i}{2[\sigma]^t \cdot \phi - p_c} + C_2 + C_1 + \Delta \qquad (3-6)$$

式中 δ_n——圆筒的名义厚度，mm；

δ_d——圆筒的设计厚度，mm；

C_1——钢板的厚度负偏差，mm；

Δ——向上圆整至规格钢板所需的数值，mm；

p_c——圆筒的计算压力，MPa；

D_i——圆筒内径，mm；

$[\sigma]^t$——设计温度下的许用应力 MPa；

ϕ——焊接接头系数，小于或等于 1；

C_2——腐蚀裕量，mm。

名义厚度就是一般在化工设备图纸上所标注的容器的壁厚。公式（3-6）适用于 $p_c \leqslant 0.4[\sigma]^t$ 的情况。

应当指出的是，上式只是在考虑容器承受气体内压时，所推导出的壁厚计算

公式。当容器除了承受内压外，还承受其他较大的外部载荷时，如风载荷、地震载荷、偏心载荷、温差应力等，式（3-3）就不能作为确定圆筒壁厚的唯一依据，还需要同时校核由于其他外载荷作用所引起的筒壁应力。

筒体强度计算公式除了可以决定承压筒体所需的最小壁厚外，还可用该公式确定在设计温度下，圆筒的最大允许工作压力，可以对容器进行强度校核，可以计算在设计温度下的计算应力，判断在指定压力下筒体是否安全。

例如，在设计温度下，圆筒的最大允用工作压力由 $\dfrac{p \cdot (D_i + \delta)}{2\delta} \leq [\sigma]^t \cdot \phi$ 推导而来，同时筒体的有效厚度 $\delta_e = \delta_n - (C_1 + C_2)$，故在设计温度下圆筒的最大允许工作压力公式为

$$[p_w] = \frac{2\delta_e \cdot [\sigma]^t \cdot \phi}{(D_i + \delta_e)} \quad (3-7)$$

在设计温度下圆筒的计算应力应满足公式（3-8）

$$\sigma^t = \frac{p_c \cdot (D_i + \delta_e)}{2\delta_e} \leq [\sigma]^t \cdot \phi \quad (3-8)$$

2. 内压球壳的强度计算

在承受气体内压时，球壳的中心是对称的，即轴向应力和环向应力值相等。故根据第一强度理论，为了保证球壳的安全满足，球壳上的应力小于等于材料在设计温度下的许用应力 $[\sigma]^t$。即

$$\sigma_{max} = \sigma_1 = \sigma_2 = \frac{p \cdot D}{4\delta} \leq [\sigma]^t$$

同内压圆筒的计算推导一样，采用计算压力 p_c 代替 p，D_i 代替 D，并考虑焊接接头系数 ϕ 的影响，上式变形成

$$\frac{p \cdot (D_i + \delta)}{4\delta} \leq [\sigma]^t \cdot \phi \quad (3-9)$$

则在设计温度下，内压球壳的厚度计算公式为

$$\delta = \frac{p_c \cdot D_i}{4[\sigma]^t \cdot \phi - p_c} \quad (3-10)$$

公式（3-10）的适用范围为

$$p_c \leq 0.6[\sigma]^t \cdot \phi$$

考虑腐蚀裕量 C_2，设计厚度公式为

$$\delta_d = \delta + C_2 = \frac{p_c \cdot D_i}{4[\sigma]^t \cdot \phi - p_c} + C_2 \quad (3-11)$$

再考虑钢板厚度负偏差 C_1，再向上圆整得到钢板的名义厚度公式

$$\delta_n = \delta_d + C_1 + \Delta = \frac{p_c \cdot D_i}{4[\sigma]^t \cdot \phi - p_c} + C_2 + C_1 + \Delta \quad (3-12)$$

同理，可确定球壳的最大允许工作压力 $[p_w]$，并对其强度进行校核。公式如下

$$[p_w] = \frac{4\delta_e \cdot [\sigma]^t \cdot \phi}{(D_i + \delta_e)} \quad (3-13)$$

在设计温度下球壳计算应力 σ^t 按式（3-14）进行校核，即

$$\sigma^t = \frac{p_c \cdot (D_i + \delta_e)}{4\delta_e} \leqslant [\sigma]^t \cdot \phi \quad (3-14)$$

通过对比内压薄壁球壳与内压薄壁圆筒的壁厚计算公式（3-11）和式（3-5）可知：当条件相同时，球壳的壁厚约为圆筒形壁厚的一半，且球形容器的表面积比圆筒形容器的表面积小，所以目前在石油化工、煤化工行业中，大多数大容量、承受压力较高的储罐多采用球罐。但球形容器制造比较复杂，故当容器的直径小于 3 m 时，通常仍采用圆筒形容器。

二、容器的最小壁厚

对于大型的低压容器，按照上述公式计算出的容器器壁往往很薄，常常在制造、安装、储运过程中由于刚度不足发生形变。

例如：有一圆筒形容器 $D_i = 1\,000$ mm，$p = 0.1$ MPa，在温度为 150 ℃ 的条件下工作，材料为 Q235-A，焊接接头系数 $\phi = 0.85$，腐蚀裕量 $c_2 = 1$ mm。请计算它的壁厚。

解：Q235-A 在 150 ℃ 条件下许用应力 $[\sigma]^t = 113$ MPa，将上述已知条件代入公式（3-4）得

$$\delta = \frac{p_c \cdot D_i}{2[\sigma]^t \cdot \phi - p_c} = 0.6 \text{ (mm)}$$

如果仅以此计算出的厚度 0.6 mm，作为确定钢板的厚度条件，显然不能满足刚度要求。

对于这类低压容器，由强度公式求得的壁厚往往很薄，刚度不足，给制造、运输、安装带来钢板易变形的问题。按照 GB 150—1998 规定，对于壳体形成后不包括腐蚀裕量的最小计算厚度 δ_{min} 规定如下：

① 碳素钢、低合金钢制容器 $\delta_{min} \geqslant 3$ mm，高合金钢制容器 $\delta_{min} \geqslant 2$ mm。

② 对于标准椭圆封头，内半径 $R_i = 0.9D$、过渡圆弧半径 $r = 0.17D$ 的碟形封头，其有效厚度不得小于封头内径的 0.15%；对于其他的椭圆形封头和碟形封头，其有效厚度不得小于封头内径的 0.3%。

那么，上述例题中 $\delta = 0.6$ mm，并且 Q235-A 是碳素结构钢，故 δ_{min} 按上述规定①应该取为 3 mm。

三、各类厚度间的相互关系

1. 各类厚度的含义

（1）计算厚度 δ。

计算厚度为按有关公式采用计算压力得到的厚度，必要时还应计入其他载荷对厚度的影响。

（2）设计厚度 δ_d。

设计厚度为计算厚度与腐蚀裕量之和。

（3）名义厚度 δ_n。

名义厚度为设计厚度加上钢板的厚度负偏差并向上圆整至钢材标准规格厚度。

（4）有效厚度 δ_e。

有效厚度为名义厚度减去钢板的厚度负偏差和腐蚀裕量。

2. 各厚度之间的关系

各厚度之间的关系如图 3-1 所示。

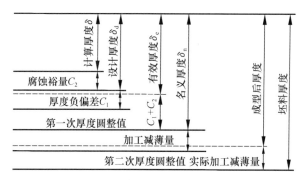

图 3-1　各类厚度之间的关系

第二节　设计参数的确定

由前面推导的强度公式可看出，其公式内包含各种设计技术参数，如计算压力、设计压力、设计温度、焊接接头系数、许用应力等。各参数值的计算、选取必须按 GB 150—1998《钢制压力容器》及相关行业规范。

一、压力参数

1. 工作压力 p_w

指在正常工作情况下，容器顶部可能达到的最高压力，也称为最高工作压力。

2. 计算压力 p_c

指在相应设计温度下，计算容器壁厚所用到的压力，其中包括液柱静压力，也就是计算压力 p_c 等于设计压力加上液柱静压力，即 $p_c = p + p_{液}$，若当 $p_{液} < 5\% p$ 时，$p_{液}$ 可以忽略不计。

3. 设计压力 p

指设定的容器顶部的最高压力，它与相应设计温度一起作为设计载荷条件，其值不低于工作压力。实际计算时可按照《压力容器安全技术监察规程》的相关规定，来确定相应的设计压力。

各种情况下设计压力的选取可参见表 3-1。

表 3-1 设计压力的选用

工作压力 p_w/MPa	设计压力 p/MPa	工作压力 p_w/MPa	设计压力 p/MPa
$p_w \leq 1.8$	$p_w + 0.18$	$4.0 < p_w \leq 8.0$	$p_w + 0.4$
$1.8 < p_w \leq 4.0$	$1.1 p_w$	$p_w > 8.0$	$1.05 p_w$

液化气体在不同温度下的饱和蒸汽压力可参见相关的化工手册，常见盛装液化气体的压力容器，其设计压力可按照表 3-2 进行选取。

表 3-2 常见盛装液化气体压力容器的设计压力

容器类别		设计压力/MPa
液化气容器（无保冷设施）	液氨	2.16
	液氯	1.62
	丙烯	2.16
	丙烷	1.77
	正丁烷、异丁烷、正丁烯、异丁烯、丁二烯	0.79
混合液化石油气容器（无保冷设施）	$1.62 \text{ MPa} < p_{50} \leq 1.94 \text{ MPa}$	以丙烯为相关组分，设计压力为 2.16 MPa
	$0.58 \text{ MPa} < p_{50} \leq 1.62 \text{ MPa}$	以丙烷为相关组分，设计压力为 1.77 MPa
	$p_{50} \leq 0.58 \text{ MPa}$	以异丁烷为相关组分，设计压力为 0.79 MPa

注：p_{50} 为混合液化气 50 ℃ 的饱和蒸汽压力，表中的 1.94、1.62、0.58 分别为丙烯、丙烷、异丁烷 50 ℃ 的饱和蒸汽压力。

当整个容器系统设置有控制装置，但单个容器无安全控制装置，各容器间的压力无法确定时，其设计压力可参见表 3-3 选取。

表 3-3 设计压力与计算压力的取值

	类型	设计压力
内压容器	无安全泄放装置	1.0~1.1 倍工作压力
	装有安全阀	不低于（等于或稍大于）安全阀开启压力（安全阀开启压力取 1.05~1.1 倍工作压力）
	装有爆破片	取爆破片设计爆破压力加制造范围上限

续表

类型			设计压力
真空容器	无夹套真空容器	有安全泄放装置	设计外压力取 1.25 倍最大内外压外差或 0.1 MPa 两者中的较小值
		无安全泄放装置	设计压力取 0.1 MPa
	夹套内为内压的带夹套真空容器	容器（真空）	设计外压力按无夹套真空容器规定选取
		夹套（内压）	设计内压力按内压容器规定选取
	夹套内为真空的带夹套内压容器	容器（内压）	设计内压力按内压容器规定选取
		夹套（真空）	设计外压力按无夹套真空容器规定选取
外压容器			设计外压力取不小于在正常工作情况下，可能产生的最大内外压力差

对于盛装液化气体且无保冷设施的容器，由于容器压力与介质的临界温度和工作温度密切相关，因此其设计压力应不低于液化气体 50 ℃时的饱和蒸汽压力；对于无实际组分数据的混合液化石油气容器，按其相关组分 50 ℃时的饱和蒸汽压力对应的设计压力作为设计压力。

二、设计温度 t

指容器在正常工作情况下，在相应的设计压力下，设定受压元件沿其截面厚度的平均温度。对于设计温度可用它来确定材料的许用应力。对 0 ℃以上的金属温度，设计温度 t 不得低于元件金属在工作状态下可能达到最高温度；对 0 ℃以下的金属温度，设计温度 t 不得高于元件金属在工作状态下可能达到的最低温度。元件金属温度可用传热计算求得，或在已使用的同类容器上测得，或按内部介质温度确定。当不可通过传热计算求得，可按照以下方法确定。

（1）容器内壁与介质直接接触且有保温设施时，可按表 3-4 选取设计温度 t。

表 3-4 与介质直接接触且有保温时设计温度的选用   ℃

最高或最低工作温度[①] t_w	设计温度 t	最高或最低工作温度[①] t_w	设计温度 t
$t_w \leq -20$	$t_w - 10$	$15 < t_w \leq 350$	$t_w + 20$
$-20 < t_w \leq 15$	$t_w - 5$（但最低为 -20）	$t_w > 350$	$t_w + (5 \sim 15)$

注：① 当工作温度范围在 0 ℃以下时，考虑最低工作温度；当工作温度范围在 0 ℃以上时，考虑最高工作温度；当工作温度范围跨越 0 ℃时，则按对容器不利的工况考虑。
② 当碳素钢容器的最高工作温度为 420 ℃以上时，铬钼钢容器的最高工作温度为 450 ℃以上时，不锈钢容器的最高工作温度为 550 时，其设计温度不再考虑裕度。

（2）容器内介质被热载体或冷载体间接加热或冷却时，按表 3-5 选取设计温度 t。

表 3-5 介质被载热体加热、冷却时设计温度的选用   ℃

传热方式	设计温度 t	传热方式	设计温度 t
外加热	热载体的最高工作温度	内加热	被加热介质的最高工作温度
外冷却	冷载体的最低工作温度	内冷却	被冷却介质的最低工作温度

（3）容器内介质用蒸汽直接加热或被内置加热元件间接加热时，其设计温度取被加热介质的最高工作温度。

（4）对盛装液化气的压力容器，当设计压力确定后，其设计温度就取其对应的饱和蒸汽的温度。

（5）安装在室外无保温设施的容器，最低设计温度（0 ℃以下）受地区历年月平均最低气温的控制时，对于盛装压缩气体的储罐，最低设计温度取月平均最低气温减3 ℃；对于盛装液体体积占容器容积的1/4以上的储罐，最低设计温度取月平均最低气温。

当压力容器具有不同操作工况时，应按最苛刻的工况条件下设计压力与设计温度的组合设定容器的设计条件。

三、许用应力 $[\sigma]^t$

指容器壳体、封头等受压元件的材料许用强度，它是根据材料各项强度性能指标分别除以相应的标准中规定的安全系数来确定的。设计计算时必须合理选择材料的许用应力，若选取过大的许用应力，会使设计计算出的容器器壁过于薄而导致强度不足发生破坏；若选取过小的许用应力，则会使设计计算出的容器器壁过厚浪费材料增加成本。

安全系数主要是为了保证受压元件的强度有足够的安全储备量，是考虑到材料的力学性能、载荷条件、设计计算方法、加工制造以及工作条件中的不确定因素后确定的。表3-6列出了我国GB 150标准中规定的安全系数。安全系数是一个不断发展变化的参数。随着科技发展，安全系数将逐渐变小。

表3-6 钢制压力容器用材料安全系数的取值方法

强度性能 安全系数 材料	常温下最低抗拉强度 σ_b n_b	常温或设计温度下的屈服点 σ_s （$\sigma_{0.2}$）或 σ_s'（$\sigma_{0.2}'$） n_n	设计温度下经10万小时断裂的持久强度的平均值 σ_D^t n_D	设计温度下经10万小时，蠕变率为1%的蠕变强度 σ_n^t n_o
碳素钢、低合金钢	≥3.0	≥1.6	≥1.5	≥1.0
高合金钢	≥3.0	≥1.5	≥1.5	≥1.0

注：① 对于奥氏体高合金钢制受压元件，当设计温度低于蠕变范围，且允许有微量的永久变形时，可适当提高许用应力至 $0.9\sigma_s^t$（$\sigma_{0.2}^t$），但不超过 $\dfrac{\sigma_s(\sigma_{0.2})}{1.5}$。此规定不适用于法兰或其他有微量永久变形就产生泄露或故障的场合。

GB 150给出了钢板、钢管、锻件及螺栓材料在设计温度下的许用应力，如表3-7~表3-10所示，当 $t \leq 20$ ℃取20 ℃。

表 3-7 常用钢板许用应力

钢号	钢板标准	使用状态	厚度/mm	常温强度指标 σ_b/MPa	常温强度指标 σ_s/MPa	≤20	100	150	200	250	300	350	400	425	450	475	500	525	550	575	600	注
									碳素钢钢板													
Q235-A·F	GB 912	热轧	3~4	375	235	113	113	113	105	94	—	—	—	—	—	—	—	—	—	—	—	①
	GB 3274		4.5~16	375	235	113	113	113	105	94	—	—	—	—	—	—	—	—	—	—	—	①
Q235-A	GB 912	热轧	3~4	375	235	113	113	113	105	86	77	—	—	—	—	—	—	—	—	—	①
	GB 3274		4.5~16	375	235	113	113	113	105	86	77	—	—	—	—	—	—	—	—	—	①
			>16~40	375	225	113	113	107	99	91	83	75	—	—	—	—	—	—	—	—	—	①
Q235-B	GB 912	热轧	3~4	375	235	113	113	113	105	94	86	77	—	—	—	—	—	—	—	—	—	①
	GB 3274		4.5~16	375	235	113	113	113	105	94	86	77	—	—	—	—	—	—	—	—	—	①
			>16~40	375	225	113	113	107	99	91	83	75	—	—	—	—	—	—	—	—	—	①
Q235-C	GB 912	热轧	3~4	375	235	125	125	125	116	104	95	86	79	—	—	—	—	—	—	—	—	
	GB 3274		4.5~16	375	235	125	125	125	116	104	95	86	79	—	—	—	—	—	—	—	—	
			>16~40	375	225	125	125	119	110	101	92	83	77	—	—	—	—	—	—	—	—	
20R	GB 6654	热轧,正火	6~16	400	245	133	133	132	123	110	101	92	86	83	61	41	—	—	—	—	—	
			>16~36	400	235	133	133	126	116	104	95	86	79	78	61	41	—	—	—	—	—	
			>36~60	400	225	133	125	119	110	101	92	83	77	75	61	41	—	—	—	—	—	
			>60~100	390	205	128	115	110	103	92	84	77	71	68	61	41	—	—	—	—	—	
									低合金钢钢板													
16MnR	GB 6654	热轧,正火	6~16	510	345	170	170	170	170	156	144	134	125	93	66	43	—	—	—	—	—	
			>16~36	490	325	163	163	163	159	147	134	125	119	93	66	43	—	—	—	—	—	
			>36~60	470	305	157	157	157	150	138	125	116	109	93	66	43	—	—	—	—	—	
16MnR	GB 6654	热轧,正火	>60~100	460	285	153	153	150	141	128	116	109	103	93	66	43	—	—	—	—	—	
			>100~120	450	275	150	150	147	138	125	113	106	100	93	66	43	—	—	—	—	—	

续表

钢号	钢板标准	使用状态	厚度/mm	常温强度指标 σ_b/MPa	σ_s/MPa	在下列温度（℃）下的许用应力/MPa ≤20	100	150	200	250	300	350	400	425	450	475	500	525	550	575	600	注
15MnVR	GB 6654	热轧，正火	6~8	550	390	183	183	183	183	183	172	159	147	—	—	—	—	—	—	—	—	②
			6~16	530	390	177	177	177	177	177	172	159	147	—	—	—	—	—	—	—	—	
			>16~36	510	370	170	170	170	170	170	163	150	138	—	—	—	—	—	—	—	—	
			>36~60	490	350	163	163	163	163	163	153	141	131	—	—	—	—	—	—	—	—	
15MnVNR	GB 6654	正火	6~16	570	440	190	190	190	190	190	190	175	163	—	—	—	—	—	—	—	—	
			>16~36	550	420	183	183	183	183	183	181	169	156	—	—	—	—	—	—	—	—	
			>36~60	530	400	177	177	177	177	177	172	159	147	—	—	—	—	—	—	—	—	
18MnMoNbR	GB 6654	正火加回火	30~60	590	440	197	197	197	197	197	197	197	197	197	177	117	—	—	—	—	—	
			>16~100	570	410	190	190	190	190	190	190	190	190	190	177	117	—	—	—	—	—	
16MnDR	GB 3531	正火	6~16	490	315	163	163	163	156	144	131	122	—	—	—	—	—	—	—	—	—	
			>16~36	470	295	157	157	156	147	134	122	113	—	—	—	—	—	—	—	—	—	
			>36~60	450	275	150	150	147	138	125	113	106	—	—	—	—	—	—	—	—	—	
			>60~100	450	255	150	150	138	128	116	106	100	—	—	—	—	—	—	—	—	—	
07MnNiCrMoVDR	—	调质	16~50	610	490	203	203	203	203	203	203	203	—	—	—	—	—	—	—	—	—	③
09Mn2VDR	GB 3531	正火，正火加回火	6~16	440	290	147	147	—	—	—	—	—	—	—	—	—	—	—	—	—	—	
			>16~36	430	270	143	143	—	—	—	—	—	—	—	—	—	—	—	—	—	—	
09MnNiDR	GB 3531	正火，正火加回火	6~16	440	300	147	147	147	147	147	147	138	—	—	—	—	—	—	—	—	—	
			>16~36	430	280	143	143	143	143	143	138	128	—	—	—	—	—	—	—	—	—	
			>36~60	430	260	143	143	143	141	134	128	119	—	—	—	—	—	—	—	—	—	
15CrMoR	GB 6654	正火加回火	6~60	450	295	150	150	150	150	141	131	125	118	115	112	110	88	58	37	—	—	
			>60~100	450	275	150	150	147	138	131	123	116	110	107	104	103	88	58	37	—	—	
14CrMoR	—	正火加回火	16~120	515	310	172	172	169	159	153	144	138	131	127	122	116	88	58	37	—	—	③

续表

钢号	钢板标准	使用状态	厚度/mm	在下列温度（℃）下的许用应力/MPa																	注
				≤20	100	150	200	250	300	350	400	425	450	475	500	525	550	575	600	625	650	675	700	
				高合金钢钢板																		
0Cr13Al	GB 4237	退火	2~15	118	105	101	100	99	97	95	90	87	—	—	—	—	—	—	—	—	—	—	—	
0Cr13	GB 4237	退火	2~60	137	126	123	120	119	117	112	109	105	100	89	72	53	38	26	16	—	—	—	—	
0Cr18Ni9	GB 4237	固溶	2~60	137	137	137	130	122	114	111	107	105	103	101	100	98	91	79	64	52	42	32	27	④
0Cr18Ni10Ti	GB 4237	固溶,稳定化	2~60	137	137	137	130	122	114	111	108	106	105	104	103	101	83	67	62	52	42	32	27	④
				137	137	137	130	122	114	111	108	106	105	104	103	101	83	58	44	33	25	18	13	④
0Cr17Ni12Mo2	GB 4237	固溶	2~60	137	137	137	134	125	118	113	111	110	109	108	107	106	105	96	81	65	50	38	30	④
0Cr18Ni12Mo2Ti	GB 4237	固溶	2~60	137	137	137	99	93	87	84	82	81	81	80	79	78	74	76	73	65	50	38	30	④
0Cr19Ni13Mo3	GB 4237	固溶	2~60	137	137	137	134	125	118	113	111	110	109	108	107	106	105	96	81	65	50	38	30	④
				137	137	137	99	93	87	84	82	81	81	80	79	78	78	76	73	65	50	38	30		④
00Cr19Ni10	GB 4237	固溶	2~60	118	118	118	110	103	98	94	91	89	—	—	—	—	—	—	—	—	—	—	—	④
00Cr17Ni14Mo2	GB 4237	固溶	2~60	118	97	87	81	76	73	69	67	66	—	—	—	—	—	—	—	—	—	—	—	④
				118	118	117	108	100	95	90	86	85	84	—	—	—	—	—	—	—	—	—	—	
00Cr19Ni13Mo3	GB 4237	固溶	2~60	118	97	87	80	74	70	67	64	63	62	—	—	—	—	—	—	—	—	—	—	④
				118	118	118	118	118	118	113	111	110	109	—	—	—	—	—	—	—	—	—	—	
00Cr18Ni5Mo3Si2	GB 4237	固溶	2~25	118	118	117	99	93	87	84	82	81	81	—	—	—	—	—	—	—	—	—	—	④
				197	197	190	173	167	163	—	—	—	—	—	—	—	—	—	—	—	—	—	—	

① 所列许用应力，已乘以质量系数 0.9。
② 该许用应力仅适用于多层包扎压力容器的层板。
③ 该钢板技术要求见国家标准 GB 150—1998 附录 A。
④ 该行许用应力仅适用于允许产生微量永久变形之元件，对于法兰或其他微量永久变形就引起泄漏或故障的场合不能采用。
注：中间温度的许用应力，可按本表的数值用内插法求得。

第三章 内压薄壁容器设计

表 3-8 常用钢管许用应力

钢号	钢管标准	壁厚/mm	常温强度指标 σb/MPa	常温强度指标 σs/MPa	在下列温度（℃）下的许用应力/MPa																注
					≤20	100	150	200	250	300	350	400	425	450	475	500	525	550	575	600	
碳素钢管																					
10	GB 6479	≤16	335	205	112	112	108	101	92	83	77	71	69	61	41	—	—	—	—	—	①
10	GB 6479	17~40	335	195	112	110	104	98	89	79	74	68	66	61	41	—	—	—	—	—	
20	GB 9948	≤16	410	245	137	137	132	123	110	101	92	86	83	61	41	—	—	—	—	—	
20G	GB 6479	≤16	410	245	137	137	132	123	110	101	92	86	83	61	41	—	—	—	—	—	
20G	GB 6479	17~40	410	235	137	132	126	116	104	95	86	79	78	61	41	—	—	—	—	—	
低合金钢管																					
16Mn	GB 6479	≤16	490	320	163	163	163	159	147	135	126	119	93	66	43	—	—	—	—	—	①
16Mn	GB 6479	17~40	490	310	163	163	163	153	141	129	119	116	93	66	43	—	—	—	—	—	
15MnV	GB 6479	≤16	510	350	170	170	170	170	166	153	141	129	—	—	—	—	—	—	—	—	
15MnV	GB 6479	17~40	510	340	170	170	170	170	159	147	135	126	—	—	—	—	—	—	—	—	
09MnD	—	≤16	400	240	133	133	128	119	106	97	88	—	—	—	—	—	—	—	—	—	
12CrMo	GB 6479	≤16	410	205	128	113	108	101	95	89	83	77	75	74	72	71	50	—	—	—	
12CrMo	GB 6479	17~40	410	195	122	110	104	98	92	86	79	74	72	71	69	68	50	—	—	—	
15CrMo	GB 9948	≤16	440	235	147	132	123	116	110	101	95	89	87	86	81	83	58	37	—	—	
12Cr2Mo	GB 6479	≤16	450	280	150	150	150	147	144	141	138	134	131	128	119	89	61	46	37	—	
12Cr2Mo	GB 6479	17~40	450	270	150	150	147	141	138	134	131	128	126	123	119	89	61	46	37	—	
1Cr5Mo	GB 6479	≤16	390	195	122	110	104	101	98	95	92	89	87	86	83	62	46	35	26	18	
1Cr5Mo	GB 6479	17~40	390	185	116	104	98	95	92	89	86	83	81	79	78	62	46	35	26	18	

续表

钢号	钢管标准	壁厚/mm	在下列温度（℃）下的许用应力/MPa																			注
			≤20	100	150	200	250	300	350	400	425	450	475	500	525	550	575	600	625	650	675	700	
高合金钢钢管																							
0Cr13	GB/T 14976	≤18	137	126	123	120	119	117	112	109	105	100	89	72	53	38	26	16	—	—	—	—	
0Cr18Ni9	GB 13296	≤13	137	137	137	130	122	114	111	107	105	103	101	100	98	91	79	64	52	42	32	27	②
	GB/T 14976	≤18	137	137	103	96	90	85	82	79	78	76	75	74	73	71	67	62	52	42	32	27	
0Cr18Ni10Ti	GB 13296	≤13	137	137	137	130	122	114	111	108	106	105	104	103	101	83	58	44	33	25	18	13	②
	GB/T 14976	≤18	137	137	103	96	90	85	82	80	79	78	77	76	75	74	58	44	33	25	18	13	
0Cr17Ni12Mo2	GB 13296	≤13	137	137	137	134	125	118	113	111	110	109	108	107	106	105	96	81	65	50	38	30	②
	GB/T 14976	≤18	137	137	107	99	93	87	84	82	81	81	80	79	78	78	76	73	65	50	38	30	
0Cr18Ni12Mo2Ti	GB 13296	≤13	137	137	137	134	125	118	113	111	110	109	108	107	—	—	—	—	—	—	—	—	②
	GB/T 14976	≤18	137	137	107	99	93	87	84	82	81	81	80	79	—	—	—	—	—	—	—	—	
0Cr19Ni13Mo3	GB 13296	≤13	137	137	137	134	125	118	113	111	110	109	108	107	106	105	96	81	65	50	38	30	②
	GB/T 14976	≤18	137	137	107	99	93	87	84	82	81	81	80	79	78	78	76	73	65	50	38	30	
00Cr19Ni10	GB 13296	≤13	118	118	118	110	103	98	94	91	89	—	—	—	—	—	—	—	—	—	—	—	②
	GB/T 14976	≤18	118	97	87	81	76	73	69	67	66	—	—	—	—	—	—	—	—	—	—	—	
00Cr17Ni14Mo2	GB 13296	≤13	118	118	117	108	100	95	90	86	85	84	—	—	—	—	—	—	—	—	—	—	②
	GB/T 14976	≤18	118	97	87	80	74	70	67	64	63	62	—	—	—	—	—	—	—	—	—	—	
00Cr19Ni13Mo3	GB 13296	≤13	118	118	118	118	118	118	113	111	110	109	—	—	—	—	—	—	—	—	—	—	②
	GB/T 14976	≤18	118	117	107	99	93	87	84	82	81	81	—	—	—	—	—	—	—	—	—	—	

① 该钢管技术要求见 GB 150—1998 的附录 A；10 号钢管还有标准 GB 8163，GB 9948；15CrMo 及 12CrMo 钢管也有 GB 6479，GB 9948 可用。
② 该行许用应力仅适用于允许产生微量永久变形之元件。
注：中间温度的许用应力，可按本表的数值用内插法求得。

表3-9 常用锻件许用应力

钢号	锻件标准	公称厚度/mm	常温强度指标 σ_b/MPa	常温强度指标 σ_s/MPa	在下列温度（℃）下的许用应力/MPa ≤20	100	150	200	250	300	350	400	425	450	475	500	525	550	575	600	注
20	JB 4726	≤100	370	215	123	119	113	104	95	86	79	74	72	61	41	—	—	—	—	—	
35	JB 4726	≤100	510	265	166	147	141	129	116	108	98	92	85	61	41	—	—	—	—	—	①
		>100~300	490	255	159	144	138	126	113	104	95	89	85	51	41	—	—	—	—	—	
碳素钢锻件																					
16Mn	JB 4726	≤300	450	275	150	150	147	135	129	116	110	104	93	66	43	—	—	—	—	—	
15MnV	JB 4726	≤300	470	315	157	157	156	147	147	135	126	113	—	—	—	—	—	—	—	—	
20MnMo	JB 4726	≤300	530	370	177	177	177	177	177	177	171	163	156	131	84	49	—	—	—	—	
		>300~500	510	355	170	170	170	170	170	169	163	153	147	131	84	49	—	—	—	—	
		>500~700	490	340	163	163	163	163	163	163	159	150	144	131	84	49	—	—	—	—	
16MnD	JB 4727	≤300	450	275	150	150	147	135	129	116	110	—	—	—	—	—	—	—	—	—	
09Mn2VD	JB 4727	≤200	420	260	140	140	140	—	—	—	—	—	—	—	—	—	—	—	—	—	
低合金钢锻件																					
15CrMo	JB 4726	≤300	440	275	147	147	147	138	132	123	116	110	107	104	103	88	58	37	—	—	
		>300~500	430	255	143	143	135	126	119	110	104	98	96	95	93	88	58	37	—	—	
35CrMo	JB 4726	≤300	620	440	207	207	207	207	207	207	207	200	194	150	111	79	50	—	—	—	
		>300~500	610	430	203	203	203	203	203	203	203	200	194	150	111	79	50	—	—	—	
12Cr2Mo1	JB 4726	≤300	510	310	170	170	169	163	159	156	153	150	147	144	119	89	61	46	37	—	①
		>300~500	500	300	167	167	166	159	156	153	150	147	144	141	119	89	61	46	37	—	
1Cr5Mo	JB 4726	≤500	590	390	197	197	197	197	197	197	197	190	136	107	83	62	46	35	26	18	

续表

高合金钢锻件

钢号	锻件标准	公称厚度/mm	在下列温度（℃）下的许用应力/MPa																	注
			≤20	100	150	200	250	300	350	400	425	450	475	500	525	550	575	600	625	650	675	700	
0Cr13	JB 4728	≤100	137	126	123	120	119	117	112	109	105	100	89	72	53	38	26	16	—	—	—	—	
0Cr18Ni9	JB 4728	≤200	137	137	137	130	122	114	111	107	105	103	101	100	98	91	79	64	52	42	32	27	②
			137	114	103	96	90	85	82	79	78	76	75	74	73	71	67	62	52	42	32	27	②
0Cr18Ni10Ti	JB 4728	≤200	137	137	137	130	122	114	111	108	106	105	104	103	101	83	58	44	33	25	18	13	
			137	114	103	96	90	85	82	80	79	78	77	76	75	74	58	44	33	25	18	13	
0Cr17Ni12Mo2	JB 4728	≤200	137	137	137	134	125	118	113	111	110	109	108	107	106	105	96	81	65	50	38	30	②
			137	117	107	99	93	87	84	82	81	81	80	79	78	78	76	73	65	50	38	30	②
00Cr19Ni10	JB 4728	≤200	117	117	117	110	103	98	94	91	89	—	—	—	—	—	—	—	—	—	—	—	
			117	97	87	81	76	73	69	67	66	—	—	—	—	—	—	—	—	—	—	—	②
00Cr17Ni14Mo2	JB 4728	≤200	117	117	117	108	100	95	90	86	85	84	—	—	—	—	—	—	—	—	—	—	
			117	97	87	80	74	70	67	64	63	62	—	—	—	—	—	—	—	—	—	—	②
00Cr18Ni5Mo3Si2	JB 4728	≤100	197	197	178	163	156	153	—	—	—	—	—	—	—	—	—	—	—	—	—	—	

① 该锻件不得用于焊接结构。
② 该许用应力仅适用于允许产生微量永久变形之元件，对于法兰等或其他有微量永久变形就引起泄漏或故障的场合不能采用。
注：中间温度的许用应力，可按本表的数值用内插法求得。还可采用的锻件材料有20MnMoNb、20MnMoD、10Ni3MoVD、12Cr1MoV等，详见GB 150—1998。

表 3-10 常用螺柱许用应力

钢号	钢材标准	使用状态	螺柱规格/mm	常温强度指标 σ_b/MPa	常温强度指标 σ_s/MPa	在下列温度(℃)下的许用应力/MPa ≤20	100	150	200	250	300	350	400	425	450	475	500	525	550	575	600
Q235-A	GB 700	热轧	≤M20	375	235	87	78	74	69	62	56	—	—	—	—	—	—	—	—	—	—
35	GB 699	正火	≤M22	530	315	117	105	98	91	82	74	69	—	—	—	—	—	—	—	—	—
			M24~M27	510	295	118	106	100	92	84	76	70	—	—	—	—	—	—	—	—	—
碳素钢螺柱																					
40MnB	GB 3077	调质	≤M22	805	685	196	176	171	165	162	154	143	126	—	—	—	—	—	—	—	—
			M24~M36	765	635	212	189	183	180	176	167	154	137	—	—	—	—	—	—	—	—
40MnVB	GB 3077	调质	≤M22	835	735	210	190	185	179	176	168	157	140	—	—	—	—	—	—	—	—
			M24~M36	805	685	228	206	199	196	193	183	170	154	—	—	—	—	—	—	—	—
40Cr	GB 3077	调质	≤M22	805	685	196	176	171	165	162	154	148	134	—	—	—	—	—	—	—	—
			M24~M36	765	635	212	189	183	180	176	167	160	147	—	—	—	—	—	—	—	—
低合金钢螺柱																					
30CrMoA	GB 3077	调质	≤M22	700	550	157	141	137	134	131	129	124	116	111	107	103	79	—	—	—	—
			M24~M48	660	500	167	150	145	142	140	137	132	123	118	113	108	79	—	—	—	—
			M52~M56	660	500	185	167	161	157	156	152	146	137	131	126	111	79	—	—	—	—
35CrMoVA	GB 3077	调质	M52~M105	835	735	272	247	240	232	229	225	218	207	201	—	—	—	—	—	—	—
			M110~M140	785	665	246	221	214	210	207	203	196	189	183	—	—	—	—	—	—	—
25Cr2MoVA	GB 3077	调质	≤M22	835	735	210	190	185	179	176	174	168	160	156	151	111	131	72	39	—	—
			M24~M48	835	735	245	222	216	209	206	203	196	186	181	176	168	131	72	39	—	—
			M52~M105	805	685	254	229	221	218	214	210	203	196	191	185	176	131	72	39	—	—
			M110~M140	735	590	219	196	189	185	181	178	174	167	164	160	153	131	72	39	—	—

第三章 内压薄壁容器设计

续表

钢 号	钢材标准	使用状态	螺柱规格/mm	常温强度指标 σ_b/MPa	常温强度指标 σ_s/MPa	在下列温度（℃）下的许用应力/MPa ≤20	100	150	200	250	300	350	400	425	450	475	500	525	550	575	600
低合金钢螺柱																				
40CrNiMoA	GB 3077	调质	M52～M140	930	825	306	291	281	274	267	257	244	—	—	—	—	—	—	—	—	—
1Cr5Mo	GB 1221	调质	≤M22	590	390	111	101	97	94	92	91	90	87	84	81	77	62	46	35	26	18
		调质	M24～M48	590	390	130	118	113	109	108	106	105	101	98	95	83	62	46	35	26	18

钢 号	钢材标准	使用状态	螺柱规格/mm	常温强度指标 σ_b/MPa	常温强度指标 σ_s/MPa	在下列温度（℃）下的许用应力/MPa ≤20	100	150	200	250	300	350	400	450	500	525	550	575	600	625	650	675	700
高合金钢螺柱																						
2Cr13	GB 1220	调质	≤M22	—	—	126	117	111	106	103	100	97	91	—	—	—	—	—	—	—	—	—	—
			M24～M27	—	—	147	137	130	123	120	117	113	107	—	—	—	—	—	—	—	—	—	—
0Cr18Ni9	GB 1220	固溶	≤M22	—	—	129	107	97	90	84	79	77	74	71	69	68	66	63	58	52	42	32	27
			M24～M48	—	—	137	114	103	96	90	85	82	79	76	74	73	71	67	62	52	42	32	27
0Cr18Ni10Ti	GB 1220	固溶	≤M22	—	—	129	107	97	90	84	79	75	71	73	70	75	74	58	44	33	25	18	13
			M24～M48	—	—	137	114	103	96	90	85	82	76	78	76	75	74	58	44	33	25	18	13
0Cr17Ni12Mo2	GB 1220	固溶	≤M22	—	—	129	109	101	93	87	79	77	76	74	73	71	68	65	50	38	30		
			M24～M48	—	—	137	117	107	99	93	82	81	79	78	76	73	65	50	38	30			

注：中间温度的许用应力，可按本表数值用内插法求得。

四、焊接接头系数 φ

绝大多数的容器都通过焊接制成,焊缝往往可能存在夹渣、气孔、裂纹等缺陷,使焊缝及其热影响区的强度受到削弱,为了补偿焊接时可能出现的缺陷对强度的影响,引入焊接接头系数 φ。

焊接接头系数用焊缝金属的强度与母材金属的强度之比来表示,反映焊缝对母材金属的削弱程度,即 $\phi = \dfrac{\text{焊缝金属强度}}{\text{母材金属强度}}$。设计时所选取的焊接接头系数应根据焊接接头的结构形式和无损检测的长度比例确定,具体可按照表 3-11 进行选取。

表 3-11 焊接接头系数选取

焊接接头形式	示意图	焊接接头系数 φ		
		全部无损探伤	局部无损探伤	不进行无损探伤
双面焊的对接接头和相当于双面焊的全焊透对接接头	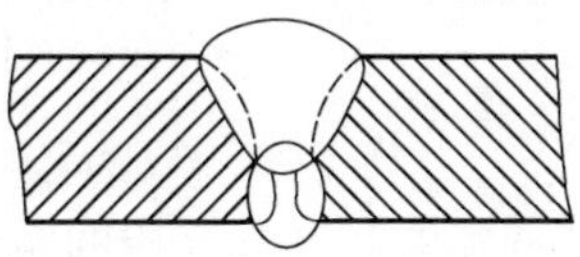	1.0	0.85	0.7
单面焊的对接接头,在焊接过程中沿着焊缝根部全长有紧贴基本金属的垫板	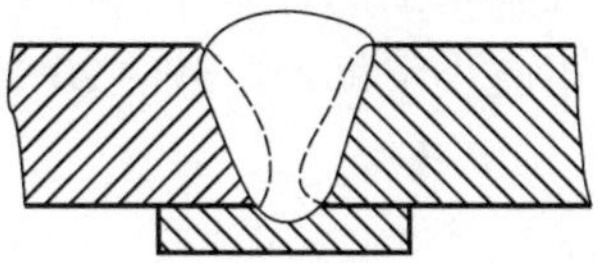	0.9	0.8	0.65
单面焊的对接接头,无垫板	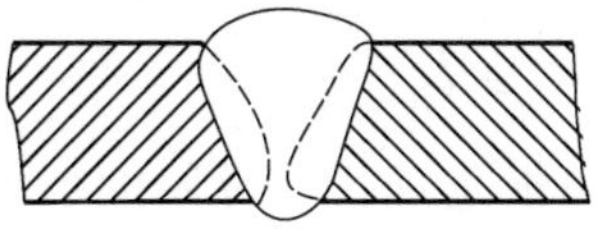	—	0.7	0.6

此外,按照 GB 150—1998 中"制造、检验与验收"的有关规定,容器主要受压部分的焊接接头分为 A、B、C、D 四类,如图 3-2 所示,对于不同类型的焊接接头,其焊接检验要求也各不相同。

凡符合下列条件之一的容器及受压元件,需要对 A 类、B 类焊接接头进行 100% 无损探伤检测。

(1) 钢材厚度大于 30 mm 的碳素钢、16MnR。
(2) 钢材厚度大于 25 mm 的 15MnVR、15MnV、20MnMo 和奥氏体不锈钢。

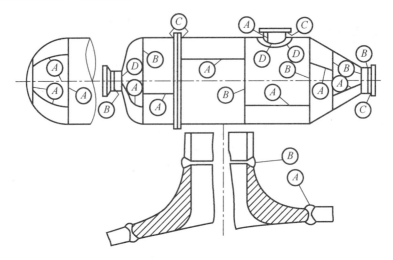

图 3-2 焊接接头类型

（3）标准抗拉强度下极限值大于 540 MPa 的钢材。

（4）钢材厚度大于 16 mm 的 12CrMo、15CrMoR、15CrMo；其他任意厚度的 Cr-Mo 低合金钢。

（5）进行气压试验的容器。

（6）图样注明承装毒性为极度危害的和高危介质的容器。

（7）图样规定必须进行 100% 检测的容器。

除以上规定及允许可以不进行无损检测的容器外，对 A 类、B 类焊接接头还可以进行局部无损检测，但检测长度不应小于每条焊缝的 20%，且不小于 250 mm。

五、厚度附加量 C

确定容器厚度时，不仅要依照强度计算公式得到，还要考虑钢材的厚度负偏差及腐蚀裕量，因此在确定容器厚度时还需引入厚度附加量 C，即

$$C = C_1 + C_2 \tag{3-15}$$

式中 C_1——钢板在轧制过程中可能出现比实际厚度小的情况，严重影响其强度，所需加上的钢板的厚度负偏差。

C_2——由于介质腐蚀、机械磨损而导致厚度削弱减薄，所需要考虑的腐蚀裕量。

1. 钢材的厚度负偏差 C_1

钢板或钢管在压制过程中其厚度可能出现偏差。若出现负偏差则会使实际厚度偏小，严重影响其强度，因此需要引入钢材的厚度负偏差 C_1 进行预先增厚，常用钢板、不锈钢板、钢管的厚度负偏差分别见表 3-12、3-13、3-14。

表3-12 钢板的厚度负偏差   mm

钢板厚板	2.0~2.5	2.8~4.0	4.5~5.5	6.0~7.0	8.0~25	26~30	32~34	36~40	42~50	50~60	60~80
负偏差 C_1	0.2	0.3	0.5	0.6	0.8	0.9	1.0	1.1	1.2	1.3	1.8

表3-13 不锈钢复合钢板的厚度负偏差

复合板总厚度/mm	总厚度负偏差/%	复层厚度/mm	复层偏差/%
4~7	9	1.0~1.5	10
8~10	9	1.5~2.0	10
11~15	8	2~3	10
16~25	7	3~4	10
26~30	6	3~5	10
31~60	5	3~6	10

表3-14 钢管的厚度负偏差

钢管种类	壁厚/mm	负偏差 C_1/%	钢管种类	壁厚/mm	负偏差 C_1/%
碳素钢低合金钢	≤20	15	不锈钢	≤10	15
碳素钢低合金钢	>20	12.5	不锈钢	>10~20	20

当钢材厚度负偏差不大于0.25 mm,且不超过名义厚度的6%时,负偏差可以忽略不计。

2. 腐蚀裕量 C_2

由于化工容器多占工作介质相接触,为防止容器元件由于腐蚀、机械磨损而导致厚度削弱减薄,应考虑腐蚀裕量。

(1)对有腐蚀或磨损的元件,应根据预期的容器使用寿命和介质对金属材料的腐蚀速率确定腐蚀裕量。

(2)容器各元件受到的腐蚀程度不同时,可采用不同的腐蚀裕量。

(3)介质为压缩空气、水或水蒸气的碳素钢和低合金钢制压力容器,腐蚀裕量不小于1 mm。

(4)对于不锈钢制压力容器,当介质腐蚀极其微小时,可取腐蚀裕量 $C_2 = 0$ mm。

如遇资料不全或难以具体确定时,腐蚀裕量可参考表3-15进行选用。

表3-15 腐蚀裕量的选取   /mm

容器类别	碳素钢低合金钢	铬钼钢	不锈钢	备注	容器类别	碳素钢低合金钢	铬钼钢	不锈钢	备注
塔器及反应器壳体	3	2	0		不可拆内件	3	1	0	包括双面
容器壳体	1.5	1	0		可拆内件	2	1	0	包括双面
换热器壳体	1.5	1	0		群座	1	1	0	包括双面
热衬里容器壳体	1.5	1	0						

同时强调，腐蚀裕量只对全面腐蚀有意义，对于局部腐蚀用增加腐蚀裕量的办法来防腐，效果并不好。

六、压力容器的公称直径、公称压力

为了便于设计和成批生产，增强零部件的互换性，降低生产成本，有关部门针对某些化工设备及其零部件制定了系列标准，设计时可采用标准件，容器各零部件标准化的基本参数是公称直径和公称压力。

1. 公称直径

容器的公称直径是指使容器直径成为一系列规定的数值，以便零部件的标准化，用符号 DN 表示，单位为 mm。用钢板卷制成的筒体，其公称直径近似等于内径，同时封头的公称直径与筒体一致。现行标准中规定的压力容器公称直径系列，见表 3-16。若 $D_i = 970$ mm，应将其调整为最接近标准值的 1 000 mm，这样选用公称直径 1 000 mm 的各种标准零部件。

表 3-16 压力容器的公称直径　　　　　　　　　　　　　　mm

300	(350)	400	(450)	500	(550)	600	(650)
700	800	900	1 000	(1 100)	1 200	(1 300)	1 400
(1 500)	1 600	(1 700)	1 800	(1 900)	2 000	(2 100)	2 200
(2 300)	2 400	2 600	2 800	3 000	3 200	3 400	3 600
3 800	4 000	4 200	4 400	4 500	4 600	4 800	5 000
5 200	5 400	5 500	5 600	5 800	6 000		

注：带括号的公称直径尽量不采用。

对于管子来说公称直径指与外径相关的数值，只要管子的公称直径一定，管子的外径也就确定了，内径会应壁厚不同而稍有不同。用于输送水、煤气的钢管，其公称直径见表 3-17。

表 3-17 输送水、煤气钢管的公称直径

公称直径	mm	6	8	10	15	20	25	32	40	50	70	80	100	125	150
	in[①]	$\frac{1}{8}$	$\frac{1}{4}$	$\frac{3}{8}$	$\frac{1}{2}$	$\frac{3}{4}$	1	$1\frac{1}{4}$	$1\frac{1}{2}$	2	$2\frac{1}{2}$	3	4	5	6
外径	mm	10	13.5	17	21.25	26.75	33.5	42.5	48	60	75.5	88.5	114	140	165

① 1 in = 0.025 4 m，下同。

2. 公称压力

容器的公称压力是指把压力容器所能承受的压力范围分成若干个标准压力等级，用 P_N 表示，选用标准零部件时必须将操作温度下的最高操作压力调整为某一公称压力等级。目前中国定制的压力等级分为常压、0.25、0.6、1.0、1.6、2.5、4.0、6.4，单位均为 MPa，选用零件时，必须将操作温度下的最高操作压

力或设计压力调整为所规定的某一公称等级,然后再根据公称直径和公称压力选定该零部件的尺寸。

【例 3-1】 某化工厂欲设计一台石油气分离用乙烯精馏塔。工艺参数为:塔体内径 D_i = 600 mm,设计压力 p = 2 MPa,工作温度 t = -20 ℃ ~ -3 ℃,容器内盛装液体介质,液柱静压力为 0.2 MPa,焊接接头采用带垫板的单面焊对接接头,局部无损检测。试选择塔体材料并确定塔体厚度。

解:
(1)选材。
由于石油气对钢材腐蚀不大,工作温度在 -20 ℃ ~ -3 ℃,压力为中压,故选用 16MnR。
(2)确定参数。
① 根据设计压力 p 和液柱静压力 $p_{液}$ 确定计算压力 p_c。
因为液柱静压力为 0.2 MPa,已大于设计压力的 5%,所以应计入计算压力中。所以 $p_c = p + p_{液} = 2 + 0.2 = 2.2$(MPa)
② 根据选用的材料是 16MnR,工作温度在 -20 ℃ ~ -3 ℃,且在中压下可设其筒体厚度为 6 ~ 16 mm,可查表 3-7 得 $[\sigma]^t$ = 170(MPa)。
③ 根据已知条件,焊接接头系数 ϕ = 0.8,经查表 3-15,腐蚀裕量 C_2 取 1 mm。

(3)厚度计算。
计算厚度确定

$$\delta = \frac{p_c \cdot D_i}{2[\sigma]^t \cdot \phi - p} = \frac{2.2 \times 600}{2 \times 170 \times 0.8 - 2.2} = 4.9(\text{mm})$$

设计厚度确定
$$\delta_d = \delta + C_2 = 4.9 + 1.5 = 6.4(\text{mm})$$

根据 δ_d = 6.4 mm,查表 3-12 得 C_1 = 0.6 mm
名义厚度确定:
$\delta_n = \delta_d + C_1 +$ 圆整量 = 6.4 + 0.6 + 圆整量 = 6.15 + 圆整量
圆整后,取名义厚度为 δ_n = 7 mm。
(4)检查。当 δ_n = 7 mm 时,$[\sigma]^t$ = 170 MPa,在设计温度下的许用应力没有变化,故该塔体可用 7 mm 厚的 16MnR 钢板制作。

第三节 内压封头结构和强度计算

一、封头的概述

封头是压力容器的重要组成部分,其种类很多,一般分为凸形封头、锥形封头和平盖封头3类。平盖封头在压力容器中一般作为人孔和手孔的盲板,在直径小厚度大的高压塔设备中采用平盖封头也较多。锥形封头广泛应用于许多化工设备的下端,便于收集与卸除这些设备中的固体物料或黏度较大的物料。凸形封头包括半球形封头、椭圆形封头和碟形封头等,本章将介绍这几种常用封头。

二、凸形封头

1. 半球形封头

半球形封头实际上就是由半个球壳构成的。如图3-3和图3-4所示。

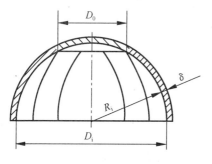
图3-3 半球形封头结构图

图3-4 半球形封头实物图

(1) 半球形封头的受力特点与强度计算。

半球形封头是由半个球壳构成的,因此在内压作用下,其应力状态与球壳完全相同,各点受力均等且大小等于 $\sigma = \dfrac{p \cdot D}{4\delta}$。因此其厚度计算公式也与球壳的厚度计算公式(3-10)相同,即

$$\delta = \frac{p_c \cdot D_i}{4[\sigma]^t \cdot \phi - p_c} \qquad (3-16)$$

式中 D_i ——半球形封头的直径,mm。

适用范围同样是:$p_c \leq 0.6[\sigma]^t \cdot \phi$。

(2) 半球形封头的优点。

半球形封头与其他封头相比,在直径和压力相同的情况下,其受力最好制造出来厚度最薄;当容积一定的情况下,球形封头表面积最小,即最省材料。

(3) 半球形封头的缺点。

半球形封头的深度较大,当封头直径较小时,整体冲压制造较困难;当封头直径较大时,采用分瓣冲压其组对焊接工作量大。

(4) 半球形封头的适用场合。

近年来随着化工机械制造业的发展,不仅中低压容器采用了半球形封头,高

压容器往往也采用半球形封头代替平盖封头,从而节省了材料。

2. 椭圆形封头

椭圆形封头由半个椭圆球面和高为 h_0 的短圆筒(又称为高为 h_0 的直边)组成,如图 3-5 和图 3-6 所示。

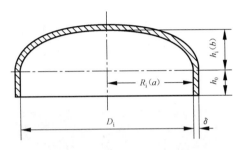

图 3-5 椭圆形封头结构图

图 3-6 椭圆形封头实物图

椭圆形封头直边段的作用:若是没有加直边段的椭圆形封头,筒体与封头的连接处由于形状不连续存在边缘应力,同时该处又有筒体与封头间焊缝,存在焊接热应力,这样筒体与封头的连接处存在边缘应力与热应力的叠加,受力不好。而若是加直边段的椭圆形封头,筒体与封头的直边段相连形状相同不存在边缘应力,避免筒体与封头间环向连接的焊缝处出现边缘应力与热应力的叠加,改善受力情况。

(1) 椭圆形封头的受力特点与强度计算。

由于封头的椭球部分经线曲率变化平滑连续,没有突变,故应力分布比较均匀。受力状态仅次于半球封头。经分析得到受内压的椭圆形封头最大的综合应力与椭圆形封头长短轴的比值有关,引入形状系数 K。故得到受内压椭圆形封头最大的综合应力为

$$\sigma_{max} = \frac{K \cdot p \cdot D_i}{2\delta} \tag{3-17}$$

式中 D_i——半球形封头的直径,mm。

工程上的实践证明,当 $K=1$(即椭圆形封头的长短轴的比值 $a/b=2$)椭圆形封头的应力分布较好,所以规定 $K=1$ 时的椭圆形封头称为标准椭圆形封头,其厚度计算公式为

$$\delta = \frac{K \cdot p_c \cdot D_i}{2[\sigma]^t \cdot \phi - 0.5 p_c} = \frac{p_c \cdot D_i}{2[\sigma]^t \cdot \phi - 0.5 p_c} \tag{3-18}$$

(2) 椭圆形封头的特点。

从式(3-18)中可以看出,标准椭圆形封头厚度大致和与其相连接的圆筒厚度相等,因此筒体和封头可采用等厚连接。这不仅给选材带来方便,也便于筒

体和封头的焊接加工。同时椭圆形封头深度较浅便于加工制造,而且受力状况仅次于球形封头,故标准椭圆形封头在工程上广泛应用。

(3) 标准椭圆形封头的适用场合。

由于标准椭圆形封头具有以上优点,故目前广泛地应用于各种中低压容器中。

3. 碟形封头

碟形封头又称带折边的球面封头,它由半径为 R_i 的球面中的一部分,高度为 h_0 的短圆筒以及连接此二者的过渡环壳半径 r 3 部分组成,如图3-7和图3-8所示。

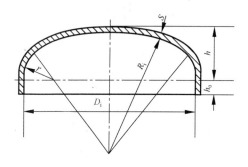

图3-7 碟形封头的结构图

图3-8 碟形封头的实物图

(1) 碟形封头的受力特点与强度计算。

碟形封头从其几何形状上看,由于球面与过渡区及与直边的连接处经线曲率半径产生突变,故存在边缘应力,应力分布不均匀。

一般碟形封头球面部分内半径 $R_i = D_i$,封头过渡环壳内半径满足下列条件

$$r \geq 10\% D_i, \quad 且 r \geq 3\delta$$

故在建立其厚度公式时,引入形状系数 $M = \frac{1}{4}\left(3 + \sqrt{\frac{R_i}{r}}\right)$,得到碟形封头的厚度计算公式

$$\delta = \frac{M \cdot p_c \cdot R_i}{2[\sigma]^t \cdot \phi - 0.5 p_c} \tag{3-19}$$

M 的取值可按照表3-18进行选取。

表3-18 碟形封头形状系数 M 取值表

R_i/r	1.0	1.25	1.50	1.75	2.0	2.25	2.50	2.75	3.0	3.25	3.50	4.0
M	1.00	1.03	1.06	1.08	1.10	1.13	1.15	1.17	1.18	1.20	1.22	1.25
R_i/r	4.5	5.0	5.5	6.0	6.5	7.0	7.5	8.0	8.5	9.0	9.5	10.0
M	1.28	1.31	1.34	1.36	1.39	1.41	1.44	1.46	1.48	1.50	1.52	1.54

(2) 碟形封头的特点。

碟形封头的最大的特点就是：封头深度较浅，易于加工制造，只要有球面胎具和折边胎具就可以模压成型；它的缺点就是：受力状况不如椭圆形封头好。

(3) 碟形封头的适用场合。

碟形封头虽然受力状况较球形封头和椭圆形封头较差，但制造容易，因此常作为中、低压容器的封头，尤其是在薄壁大直径场合，采用旋压制造的方法制造，来代替椭圆形封头。

【例 3-2】 为某一碱厂的储罐设计合适的凸形封头，已知：设计压力 p_c = 2.5 MPa，操作温度 -5 ℃ ~ 44 ℃，选 16MnR 钢板制造，封头材料与筒体一致，内径 D_i = 1 200 mm，焊接封头系数 ϕ = 0.85，许用应力 $[\sigma]^t$ = 170 MPa，腐蚀裕量 C_2 = 1 mm。

解：分别将各类封头的强度和经济合理性进行比较。

① 半球形封头

$$\delta = \frac{p_c \cdot D_i}{4[\sigma]^t \cdot \phi - p_c} = 5.21(\text{mm})$$

$\delta_d = \delta + C_2 = 5.21 + 1 = 6.21$ （mm），查表 3-12 得钢板厚度负偏差 C_1 = 0.6 mm，则

$$\delta_n = \delta_d + C_1 + \Delta = 6.21 + 0.6 + \Delta = 8(\text{mm})$$

Δ 是指向上圆整的量。

② 椭圆形封头（取标准椭圆封头 K = 1）

$$\delta = \frac{p_c \cdot D_i}{2[\sigma]^t \cdot \phi - 0.5 p_c} = 10.43(\text{mm})$$

则 δ_d = 10.43 + C_2 = 11.43 （mm），查表 3-12 取 C_1 = 0.8 mm。

得：$\delta_n = \delta_d + C_1 + \Delta = 11.43 + 0.8 + \Delta = 14$ （mm）

③ 碟形封头（取 R_i = 0.9D_i，r = 0.17D_i，则 R_i/r = 5.3，查表 3-18 得：M = 1.33）

$$\delta = \frac{M \cdot p_c \cdot R_i}{2[\sigma]^t \cdot \phi - 0.5 p_c} = 12.48(\text{mm})$$

则 δ_d = 12.48 + C_2 = 13.43 （mm），查表 3-12 取 C_1 = 0.8 mm。

得：$\delta_n = \delta_d + C_1 + \Delta = 13.48 + 0.8 + \Delta = 16$ （mm）

可知：半球形封头用材最小，但制造难；碟形封头比较浅，制造比较容易，但比半球形封头厚 8 mm，封头与筒体厚度相差悬殊结果不合理。因此，从强度、结构和制造等方面考虑，以采用椭圆形封头较理想。

三、锥形封头

1. 锥形封头的结构

锥形封头有 3 种结构如图 3-9、图 3-10、图 3-11 所示,按照锥形封头半顶角 α 的大小不同,制作成不同结构的锥形封头:当 $\alpha \leq 30°$ 时,锥形封头的大小端均可无折边,锥形封头与筒体可直接相连,选用图 3-9 无折边的结构;当锥形封头半顶角 $30° < \alpha \leq 45°$ 时,锥形封头的小端可无折边,大端的连接处局部应力较大,需加一个半径为 r 的圆环面光滑过渡,采用图 3-10 带有折边的封头结构;当锥形封头半顶角 $45° < \alpha \leq 60°$ 时,锥形封头的大、小端均须带折边,如图 3-11 所示。

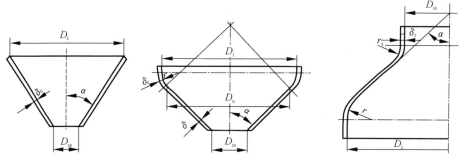

图 3-9 无折边锥形封头　　图 3-10 带折边锥形封头　　图 3-11 两端带折边锥形封头

锥形封头广泛应用于许多化工设备的底盖,便于收集与卸除这些设备中的固体物料。避免沉淀堆积。此外,有一些塔设备上、下部分的直径不等,也常用锥形壳体将直径不等的两段塔体连接起来,这时的锥形壳体称为变径段。

2. 锥形封头的受力特点与强度计算

锥形封头在同样条件下与半球形、椭圆形和碟形封头比较,其受力状况比较差,原因是应为锥形封头与圆筒连接处的曲率半径突变较大,而产生边缘应力的缘故。

根据第一强度理论得

$$\delta_c = \frac{p_c \cdot D_c}{2[\sigma]^t \cdot \phi - p_c} \cdot \frac{1}{\cos\alpha} \tag{3-20}$$

式中　D_c——锥壳大端直径,mm;

　　　α——锥形半顶角。

当锥形封头由同一半顶角的几个不同厚度的锥壳段组成时,式中 D_c 为各锥壳段大端内径。

1) 无折边锥形封头的计算

在锥形封头与圆筒体的连接处,由于曲率半径的突变,以及两壳体径向应力的不平衡，使锥形封头与筒体的连接边缘处产生较大的边缘应力。在前面锥形壳体应力分析的基础上，充分考虑边缘应力的影响和自限性的特点，采用局部加强结构，并引入与半顶角 α 及与 $\dfrac{p_c}{[\sigma]^t \cdot \phi}$ 有关的应力增值系数 Q，即可进行相应的强度计算。

（1）无折边锥形封头大端的强度计算。

无折边锥形封头大端与圆筒连接时，按以下步骤计算连接处锥壳大端的厚度。

① 根据封头半顶角 α 及 $\dfrac{p_c}{[\sigma]^t \cdot \phi}$，按图 3-12 判定是否需要在封头大端连接边缘处加强。

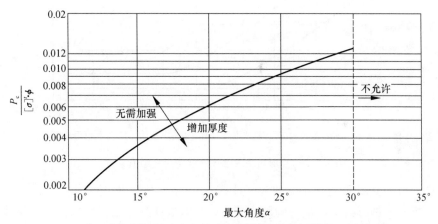

注：曲线系按最大应力强度（主要为轴向弯曲应力）绘制，控制值为 $3[\sigma]^t$。

图 3-12　确定锥壳大端连接处是否加强图

② 若无须加强，则在整个封头只有锥壳部分，而没有加强段。这时锥形封头大端厚度按式（3-20）确定。

③ 如果需要增加厚度予以加强，则应在锥形封头与圆筒之间设置加强段，封头大端加强段和与其连接的圆筒加强段具有相同的厚度，按下式计算

$$\delta_r = \dfrac{Q \cdot p_c \cdot D_i}{2[\sigma]^t \cdot \phi - p_c} \quad (3-21)$$

式中　δ_r——锥壳大端及其相邻圆筒的加强段计算厚度，mm；

　　　D_i——锥壳大端的内直径，mm；

　　　Q——应力增值系数，由图 3-13 查取。

在任何情况下，大端加强段厚度不得小于与其相连接的锥壳厚度。锥壳加强段

的长度 L_1 应不小于 $2\sqrt{\dfrac{0.5D_i \cdot \delta_r}{\cos\alpha}}$；圆筒加强段的长度 L 应不小于 $2\sqrt{0.5D_i \cdot \delta_r}$。

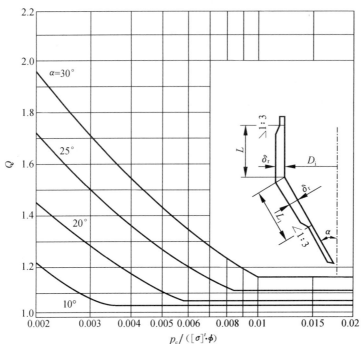

图 3-13　锥形封头大端连接处的应力增值系数

（2）无折边锥形封头小端的强度计算。

无折边的锥形封头小端与圆筒连接时，与大端计算方法相类似，按以下步骤计算连接处锥壳小端的厚度。

① 根据封头半顶角 α 及 $\dfrac{p_c}{[\sigma]^t \cdot \phi}$，按图 3-14 判定是否需要在封头小端连接边缘处加强。

② 若无须加强，则在整个封头只有锥壳部分，而没有加强段。这时锥形封头小端厚度按式（3-20）确定。

③ 如果需要增加厚度予以加强，则应在锥形封头小端与圆筒之间设置加强段，封头小端加强段和与其连接的圆筒加强段具有相同的厚度，按下式计算

$$\delta_{rl} = \dfrac{Q_1 \cdot p_c \cdot D_{is}}{2[\sigma]^t \cdot \phi - p_c} \qquad (3-22)$$

式中　δ_{rl}——锥壳小端及其相邻圆筒的加强段计算厚度，mm；

D_{is}——锥壳小端的内直径，mm；

Q_1——应力增值系数，由图 3-15 查取。

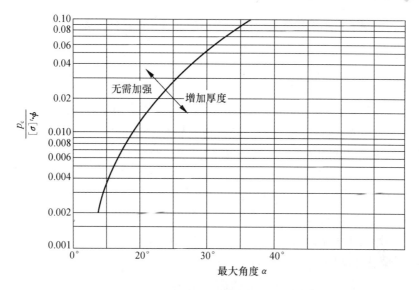

图 3-14　确定锥壳小端连接处是否加强图

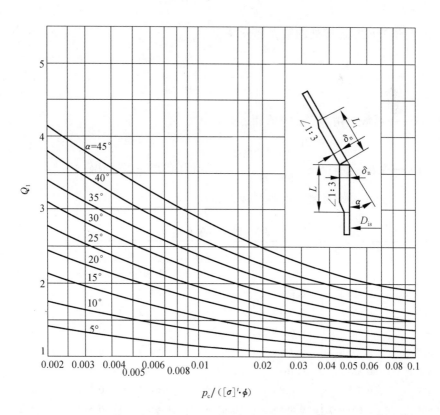

图 3-15　封头小端连接处的应力增值系数

在任何情况下,小端加强段厚度不得小于与其相连接的锥壳厚度。锥壳封头小端加强段的长度 L_1 应不小于 $\sqrt{\dfrac{D_{is} \cdot \delta_{rl}}{\cos\alpha}}$;圆筒加强段的长度 L 应不小于 $\sqrt{D_{is} \cdot \delta_{rl}}$。

2) 折边锥形封头的计算

为了减小锥形封头与圆筒连接处的局部应力,常采用带折边的锥形封头,以缓解几何不连续引起的边缘应力。带折边的锥形封头由 3 部分组成,即锥体部分、高度为 h 的圆筒部分、以 r 为半径的过渡圆弧部分,如图 3-10、图 3-11 所示。标准折边锥形封头有半顶角为 30°和 45°两种,封头大端过渡区圆弧半径、直边段高度 h 与凸型封头的取值相同。

(1) 折边锥形封头大端。

折边锥形封头大端厚度取以下计算值中较大值。

① 大端过渡段厚度

$$\delta = \frac{K \cdot p_c \cdot D_i}{2[\sigma]^t \cdot \phi - 0.5 p_c} \qquad (3-23)$$

② 与过渡段相连接处的锥壳部分厚度

$$\delta = \frac{f \cdot p_c \cdot D_i}{[\sigma]^t \cdot \phi - 0.5 p_c} \qquad (3-24)$$

式中 K——系数,由表 3-19 查得;

f——系数,$f = \dfrac{1 - \dfrac{2r}{D_i}(1 - \cos\alpha)}{2\cos\alpha}$,其值由表 3-20 查得;

r——封头大端过渡区的内半径,mm。

表 3-19 系数 K 值

α	r/D_i					
	0.10	0.15	0.20	0.30	0.40	0.50
10°	0.6644	0.6111	0.5789	0.5403	0.5168	0.5000
20°	0.6956	0.6357	0.5986	0.5522	0.5223	0.5000
30°	0.7544	0.6819	0.6357	0.5749	0.5329	0.5000
35°	0.7980	0.7161	0.6629	0.5914	0.5407	0.5000
40°	0.8547	0.7604	0.6981	0.6127	0.5506	0.5000
45°	0.9253	0.8181	0.7440	0.6402	0.5635	0.5000
50°	1.0270	0.8944	0.8045	0.6765	0.5804	0.5000
55°	1.1608	0.9980	0.8859	0.7249	0.6028	0.5000
60°	1.3500	1.1433	1.0000	0.7923	0.6337	0.5000

表 3–20 系数 f 值

α	r/D_i					
	0.10	0.15	0.20	0.30	0.40	0.50
10°	0.506 2	0.505 5	0.504 7	0.503 2	0.501 7	0.500 0
20°	0.525 7	0.522 5	0.519 3	0.512 8	0.506 4	0.500 0
30°	0.561 9	0.554 2	0.546 5	0.531 0	0.515 5	0.500 0
35°	0.588 3	0.577 3	0.566 3	0.544 2	0.522 1	0.500 0
40°	0.622 2	0.606 9	0.591 6	0.561 1	0.530 5	0.500 0
45°	0.665 7	0.645 0	0.624 3	0.582 8	0.541 4	0.500 0
50°	0.722 3	0.694 5	0.666 8	0.611 2	0.555 6	0.500 0
55°	0.797 3	0.760 2	0.723 0	0.648 6	0.574 3	0.500 0
60°	0.900 0	0.850 0	0.800 0	0.700 0	0.600 0	0.500 0

（2）折边锥形封头小端。

① 当锥形封头半顶角 $\alpha \leqslant 45°$ 时。若所采用小端无折边，其小端厚度与无折边锥形封头小端的厚度计算方法相同；如采用小端有折边，其小端过渡段厚度按式（3–22）计算，式中 Q_1 值由图 3–15 查取。

② 当锥形封头半顶角 $\alpha > 45°$ 时。其小端过渡段厚度按式（3–22）计算，但式中 Q_1 值由图 3–16 查取。

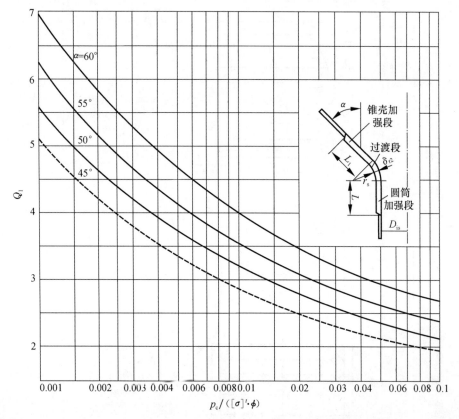

图 3–16 折边锥壳小端带过渡段连接的应力增值系数 Q

③ 与小端过渡段相连接的锥壳段厚度和圆筒的加强段厚度应与过渡段厚度相同。锥壳加强段的长度应不小于图 3-16 中所标出的规定值,即 L_1 应不小于 $\sqrt{\dfrac{D_{is} \cdot \delta_{r2}}{\cos \alpha}}$;圆筒加强段的长度 L 应不小于 $\sqrt{D_{is} \cdot \delta_{r2}}$。

在任何情况下,加强段的厚度不得小于与其连接的锥壳厚度。当考虑折边封头只有一种厚度组成的时候,为制造方便应取上述各部分厚度中的最大值作为整个封头的厚度。

四、平盖封头

平盖封头是容器和设备中结构最简单的一种封头,常用在常压小直径的设备上。平盖封头总处于受弯曲应力的应力状态,当条件相同时,平盖的厚度总比各种凸形封头和锥形封头的厚度大得多。常见平盖封头的几何形状见表 3-21,有圆形、椭圆形、长圆形、矩形和方形等,最常用的是圆形平盖封头。

表 3-21 平盖封头结构特征系数 K 选择

固定方法	序号	简图	系数 K	备注
与圆筒成一体或与圆筒对接	1		$K = \dfrac{1}{4}\left[1 - \dfrac{r}{D_c}\left(\dfrac{2r}{D_c}\right)\right]^2$,且 $K \geq 0.16$	只适用于圆形平盖 $r \geq \delta$ $h \geq \delta_p$
与圆筒成一体或与圆筒对接	2		0.27	只适用于圆形平盖 $r \geq 0.5\delta_r$,且 $r \geq \dfrac{D_c}{6}$
与圆筒角焊或其他焊接	3		圆形平盖 $0.44m$ ($m = \delta/\delta_e$) 且不小于 0.2;非圆形平盖 0.44	$f \geq 1.25\delta$

续表

固定方法	序号	简 图	系数 K	备 注
与圆筒角焊或其他焊接	4		圆形平盖 $0.44m$ ($m=\delta/\delta_e$) 且不小于 0.2；非圆形平盖 0.44	$f \geqslant 1.25\delta$
	5		圆形平盖 $0.44m$ ($m=\delta/\delta_e$) 且不小于 0.2；非圆形平盖 0.44	需采用全熔透焊缝 $\left.\begin{array}{l}f \geqslant 2\delta \\ f \geqslant 1.25\delta_e\end{array}\right\}$ 取大值 $\varphi \leqslant 45°$
	6			
	7		0.35	$\delta_1 \geqslant \delta_e + 3$ mm 只适用于圆形平盖
	8			
	9		0.30	$r \geqslant 1.5\delta$ $\delta_1 \geqslant \dfrac{2}{3}\delta_p$ 且不小于 5 mm 只适用于圆形平盖
	10		圆形平盖 $0.44m$ ($m=\delta/\delta_e$) 且不小于 0.2；非圆形平盖 0.44	$f \geqslant 0.7\delta$

续表

固定方法	序号	简图	系数 K	备注
与圆筒角焊或其他焊接	11		圆形平盖 $0.44m$ ($m = \delta/\delta_e$) 且不小于 0.2；非圆形平盖 0.44	$f \geq 0.7\delta$
螺栓连接	12		圆形平盖或非圆形平盖 0.25	
螺栓连接	13		圆形平盖 操作时： $0.3 + \dfrac{1.78 W \cdot L_G}{p_c \cdot D_c^3}$ 预紧时： $\dfrac{1.78 W \cdot L_G}{p_c \cdot D_c^3}$	
螺栓连接	14		非圆形平盖 操作时： $0.3Z + \dfrac{6W \cdot L_G}{p_c \cdot L \cdot a^2}$ 预紧时： $\dfrac{6W \cdot L_G}{p_c \cdot L \cdot a^2}$	

注：W——预紧状态或操作状态时螺栓设计载荷，N；L_G——螺栓中心至垫片压紧力作用中心线的径向距离，mm；Z——非圆形平盖的形状系数，$Z = 3.3 - 2.4\dfrac{a}{b}$，且 $Z \leq 2.5$；L——非圆形平盖螺栓中心连线周长，mm；a——非圆形平盖的短轴长度，mm；其他符号及意义同前或见表中简图说明。

1. 平盖封头、锥形封头的受力特点与强度计算

在工程计算中，一般采用平板理论的经验公式，引入结构特征系数 K，平盖周边受到的最大弯曲应力

$$\sigma_{max} = K \cdot p \cdot \left(\frac{D}{\delta}\right)^2$$

根据强度理论，并考虑焊接接头系数可得圆形平盖厚度公式

$$\delta_p = D_c \cdot \sqrt{\frac{K \cdot p_c}{[\sigma]^t \cdot \phi}} \qquad (3-25)$$

式中 σ_{max}——平盖受压时的最大应力，MPa；

K——平盖的结构特征系数,可由表3-21查取;

D_c——平盖的计算直径,见表3-21,mm。

2. 平盖封头的特点和适用场合

在各种封头中,平板结构最简单,制造最方便,但在同样直径、压力下所需的厚度最大,因此一般只用于小直径和压力低的容器。但有时在高压容器中,如合成塔中也用平盖,这是因为它的端盖很厚且直径较小,而制造直径小厚度大的凸形封头很困难。

第四节 压 力 试 验

按照强度、刚度设计计算的公式确定出容器器壁厚度,但由于材质、钢板卷弯、焊接及安装加工制造过程的不完善,将导致容器不安全,有可能在规定的工作压力下出现过大变形或焊缝有渗漏现象。因此,容器在制成或检修后还需进行压力试验或增加气密性试验。

一、压力试验的目的

压力试验的目的:在超过设计压力下,检查容器的强度以及密封结构和焊缝有无泄漏等。

气密性试验的目的:对密封性要求高的重要容器在强度试验合格后,进行泄漏检查。

二、压力试验的方法和要求

压力试验和气密性试验均是打压试验。压力试验又分为液压试验和气压试验,其中液压试验和气压试验的使用条件是:除了不适合进行液压试验的容器的情况外,如容器内不允许有微量残留液体或由于结构等原因不能使液体充满的容器(如高塔)或打入液体后的液体重力可能超过基础地基的承受能力等,其余均采取液压试验。

1. 液压试验

液压试验是将液体注满容器后,再用泵打压增至试验压力,来检验容器的强度和致密性。如图3-17为压力容器液压实验示意图,试验用两个程量相同且经过校正的压力表,表的量程为试验压力的两倍为宜。

(1)液压试验对介质的要求。

通常供液压试验使用的试验介质一般为清水,有特殊要求时可采用无危险液体,试验温度低于闪点或沸点温度。同时在液压试验时,为了防止材料发生低应力脆性破坏,液体温度不得低于容器壳体材料的脆性转变温度。通常,碳素钢、

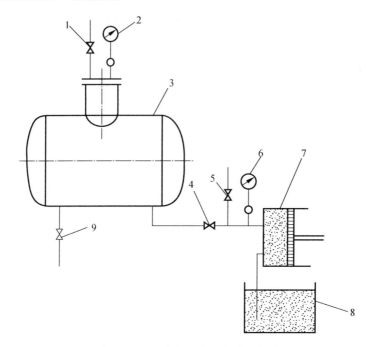

图 3-17 压力容器液压试验示意图
1—排气阀；2—压力表；3—容器；4—直通阀；5—安全阀；
6—压力表；7—试压泵；8—水槽；9—排液阀

16MnR 和正火 15MnVR 的钢制压力容器在液压试验时，液体温度不得低于 5 ℃；其他低合金钢制压力容器，液体温度不得低于 15 ℃。当容器为奥氏体不锈钢制造时，由于水中的氯离子能破坏奥氏体不锈钢表面的钝化膜，使其发生腐蚀破坏，因此应控制水中氯离子的含量不超过 25 mg/L，并且在试验后应立即将水渍清除干净。

（2）液压试验方法。

① 试验时容器顶部应设有排气口，以便排尽空气充满液体。

② 试验时压力应缓慢上升，达到试验压力后，保压时间一般不少于 30 min，同时应保证在此期间容器上的压力表读数应保持不变。然后将压力降至试验压力的 80%，并保持足够长的时间，对容器所有焊接接头和连接部位检查。若有渗漏，则进行标记，卸压后修补，重新试验。

③ 对带夹套的容器，先进行内筒液压试验，合格后再焊夹套，对夹套内进行液压试验。

④ 当液压试验完毕后，排尽液体并用压缩空气将内部吹干。

容器合格的标准：无渗漏、无结构外观宏观形变、试压过程无异常响声。对于标准抗拉强度下限 $\sigma_b \geq 540$ MPa 的钢制容器，试验后表面无损检测应不发现裂纹。

(3) 液压试验压力的确定。

液压试验压力是进行压力试验时规定容器应达到的压力，液压试验压力大小反映在容器顶部的压力表上，其大小为

$$p_\mathrm{t} = 1.25p \cdot \frac{[\sigma]}{[\sigma]^t} \qquad (3-26)$$

式中　p——设计压力，MPa；

　　　$[\sigma]$——材料在试验温度下的许用应力，MPa；

　　　$[\sigma]^t$——材料在设计温度下的许用应力，MPa。

注意事项：

① 若容器铭牌上规定有最大允许工作压力时，公式中用最大允许工作压力替代设计压力 p。

② 容器各元件（圆筒、封头、接管、法兰及紧固件等）所用材料不同，应取各元件 $[\sigma]/[\sigma]^t$ 最小值。

③ 若立式容器水平放置进行液压试验时，其试验压力应再加上容器直立时圆筒承受的最大液体静压力。

(4) 试验应力校核。

压力试验时，由于容器承受的压力 p_t 高于设计压力 p，为了防止容器产生过大的应力，要求在试验压力下圆筒产生的最大应力不超过筒体材料在试验温度下的 90%，按下式校核圆筒应力

$$\sigma_\mathrm{t} = p_\mathrm{t} \cdot \frac{(D_\mathrm{i} + \delta_\mathrm{e})}{2\delta_\mathrm{e}}, \quad \sigma_\mathrm{t} \leqslant 0.9\phi \cdot \sigma_\mathrm{s}(\sigma_{0.2}) \qquad (3-27)$$

式中　σ_t——试验压力下的圆筒应力，MPa；

　　　p_t——圆筒的试验压力，MPa；

　　　D_i——圆筒的内径，mm；

　　　δ_e——圆筒的有效厚度，mm；

　　　$\sigma_\mathrm{s}(\sigma_{0.2})$——圆筒材料在试验温度下的屈服点（或 0.2% 的屈服强度）

2. 气压试验

在气压试验前，必须对容器的主要焊缝进行 100% 无损检验，且试验所用的气体应为干燥洁净的空气、氮气或其他惰性气体。容器做定期检查时，若其内有残留易燃气体存在，将导致爆炸，因此不得使用空气作为试验介质。对于高压和超高压容器，不宜采用气压试验。

(1) 气压试验压力的确定。

气压试验压力的计算公式为

$$p_\mathrm{T} = 1.15p \cdot \frac{[\sigma]}{[\sigma]^t}$$

气压试验的校核条件为

$$\sigma_T \leqslant 0.84\phi \cdot \sigma_s(\sigma_{0.2})$$

(2) 试验方法。

压力应缓慢上升至规定试验压力的 10%，且不超过 0.05 MPa 时，保压 5 min，同时应保证在此期间容器上的压力表读数应保持不变。然后对所有焊接接头和连接部位进行初次泄漏检查（补修）至合格后，再继续缓慢升至规定试验压力的 50%。其后，以每级试验压力的 10% 的级差，逐级增至试验压力。保压 10 min 后，将压力降至规定试验压力的 87%，并保持足够长的时间，对容器所有焊接接头和连接部位进行检查。若有渗漏，则进行标记，卸压后修补，重新试验。

3. 气密性试验

对于介质为易燃或毒性程度为极度、高度危害或设计上不允许有微量泄漏的压力容器，必须进行气密性试验。气密性试验危险性大，应在液压试验合格后进行，且在气密性试验之前，应该将容器上的安全附件装配齐全。

(1) 气密性试验压力确定。

① 若容器上没有安全泄放装置，p_T 取设计压力的 1.0 倍。

② 若容器上装有安全泄放装置，p_T 应低于安全阀的开启压力或爆破片的设计爆破压力，取容器最高工作压力的 1.0 倍。即 $p_T = 1.0 p_I$。

(2) 气密性试验方法。

压力应缓慢上升，达到规定试验压力后保压 10 min。然后降至设计压力，对所有焊接接头和连接部位进行泄漏检查。有泄漏的修补后重新进行液压实验和气密性试验。

思考题与习题

3-1 为什么在压力容器厚度计算公式中，引入焊接接头系数 ϕ？

3-2 什么是壁厚附加量？它包含哪些内容？各有什么含义？

3-3 按形状不同可将封头分为哪几种？它们在承载能力和制造难易上有何差别？

3-4 为何要对容器进行压力试验？压力试验有几种方法？各在什么情况下采用？

3-5 某内压圆筒的已知条件为：设计压力 $p = 1.8$ MPa，设计温度 $t = 100$ ℃，圆筒内径 $D_i = 1\,000$ mm，选用 Q235-A，焊缝系数 $\phi = 0.85$，工作介质有轻微腐蚀性。试求筒体壁厚。

3-6 某化工厂欲设计一台石油气分离工程中的乙烯精馏塔。已知：塔体内

径 $D_i = 600$ mm，设计压力 $p = 2.2$ MPa，工作温度为 $-20\ ℃ \sim -3\ ℃$，选用材料为 16MnR 的钢板制造，单面焊，局部无损检测。试确定其厚度。

3-7 某化工厂一圆筒形的反应釜，内径为 $D_i = 1\ 600$ mm，工作温度为 $5\ ℃ \sim 105\ ℃$，工作压力为 1.5 MPa，介质无毒并非易燃易爆；材料选用 0Cr18Ni9Ti，双面焊局部无损探伤；其凸形封头上装有安全阀，开启压力为 1.6 MPa。

（1）试确定釜体壁厚，并说明本题采用的局部探伤是否符合要求。

（2）当分别采用半球形、标准椭圆形、标准碟形封头时，确定封头的壁厚。

第四章

外 压 容 器

本章内容提示

在石油、化工、医药、轻工、食品等工业生产过程中,除了受内压的容器外,还有不少承受外压的容器。例如:减压蒸馏塔的外壳受到来自大气的外压作用;用于加热或冷却的夹套容器中,内层壳体承受外压;各类真空操作的储槽等受到外压。凡是壳体外部压力大于壳体内部压力的容器均称为外压容器。

本章内容将理论分析与工程应用并重,以课堂教学为主要形式,主要介绍外压容器的失效形式、稳定性、临界压力、临界长度等概念,并通过举例使学生加深对外压容器图算法设计方法的理解。要求学生重点掌握:承受外压的典型壳体与封头的设计方法;理解加强圈设置的作用和加强圈的图算法;能够根据工艺条件,利用图算法正确确定外压容器的壁厚。

第一节 外压容器的稳定性

一、外压容器的失效形式

受均匀外压的圆筒,其薄膜应力分布规律和内压圆筒一样,不一样的是内压圆筒是拉应力,而外压圆筒是压应力,应力值为

$$\sigma_\varphi = -\frac{p \cdot R}{2\delta}, \quad \sigma_\theta = -\frac{p \cdot R}{\delta}$$

式中 σ_φ——外压圆筒轴向应力,MPa;

σ_θ——外压圆筒环向应力,MPa。

此时容器有两种可能的失效形式。

1. 因强度不足,发生压缩屈服破坏

当薄壁容器受外压作用时,在外压达到某一临界值之前,筒壁上的任何一个微元均在压应力作用下处于一种稳定的平衡状态。这种压力如果达到材料的屈服极限和强度极限,将和内压圆筒一样,引起筒体强度不足而被破坏,称为压缩屈服破坏。但这种破坏情况是极为少见的。

2. 因刚度不足，发生失稳破坏

工程实践中，经常是当外压薄壁圆筒筒壁的内压缩应力的数值还远远低于材料的屈服极限时，筒壁就已经失去自己原有的形态的现象。出现压瘪或发生褶皱而失效的现象。如图 4-1 所示，筒壁的圆环截面一瞬间变成了曲波形，出现的波形是有规则且为永久性的。波数 n 可能是 2，3，4，5 等，如图 4-2 所示。

图 4-1 外压容器失稳失效

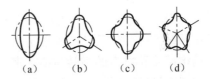

图 4-2 外压圆筒失稳后的形状
(a) $n=2$；(b) $n=3$；(c) $n=4$；(d) $n=5$

同样，轴向受压圆筒也存在类似失稳现象。如图 4-3 所示，薄壁圆筒承受轴向外压，当载荷达到某一数值时，圆筒丧失稳定性，但仍具有圆环截面，只是破坏了母线的直线性，母线产生了波形，即圆筒发生了褶皱。以上这两种现象称为外压容器的失稳，失稳后的容器所发生的变形是永久性的。

失稳是外压容器失效的主要形式。外压容器的失稳不仅破坏了设备，造成经济损失，甚至会导致生产和人身的安全事故。因此保证壳体的稳定性是维持外压容器正常工作的必要条件，也是外压容器计算和分析的主要内容。

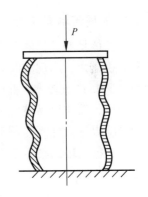

图 4-3 薄壁圆筒轴向失稳

二、外压容器的失稳过程及临界压力的概念

当外压容器失稳时，伴随着突然的变形，在筒壁内产生了以弯曲应力为主的复杂的附加应力。其实质是容器由一种平衡状态跃变到另一种平衡状态，即：器壁内的应力由单纯的压应力跃变到以弯曲应力为主的状态。

外压容器失稳需要一定的条件。对于特定的外压容器，在筒壁所承受的外压达到某一临界值之前，在压应力作用下筒壁处于一种稳定的平衡状态。这时增加外压并不引起筒体形状及应力状态的改变，外压卸除后，壳体能恢复原来形状。

在这一阶段的圆筒仍处于相对静止的平衡状态。但是，当外压增大到某一临界值时，筒壁内的应力状态及筒体形状发生了突变，原来的平衡遭到破坏，壳体产生横截面的曲波形或褶皱现象，即圆筒失稳。外压容器发生失稳时的这一临界值称为该筒体的临界压力，以 p_{cr} 表示，此时壳壁中的压应力称为临界应力 σ_{cr}。

容器之所以失稳，是由于其实际承受的外压力超过了它本身所具有的临界压力。所以说，临界压力是导致容器失稳的最小外压力或保证容器不失稳的最大外压力，它的大小反映了外压容器元件抵抗失稳的能力。

三、临界压力的计算

圆筒不圆或者材料不均等原因会导致外压容器失稳的加剧，但这些都不是最终的决定因素，超过临界压力的载荷作用才是导致失稳的根本原因。每一个具体的外压圆筒结构，客观上都对应着一个固有的临界压力值，其数值大小只决定于圆筒结构尺寸和材料的弹性常数，其中结构尺寸为主要影响因素。非弹性失稳时，它还和材料的屈服极限有关。

根据工程上失稳破坏的情况。外压圆筒可分为长圆筒、短圆筒和刚性圆筒3种类型。

1. 长圆筒临界压力的计算

当筒体足够长，两端刚性较高的封头对筒体中部的支撑作用很小时，筒体最容易失稳压瘪，出现波纹数 $n=2$ 的扁圆形，这种圆筒称为长圆筒。由于长圆筒的长径比 L/D 值较大，筒体刚性较差，且两端封头对中间部分筒体也基本上不起支撑作用，筒体容易被压扁，失稳时将呈现两个波纹，如图4-2（a）所示。故长圆筒临界压力计算与圆筒中远离边界处所切出的圆环的临界压力计算方法相同，可根据圆环的临界压力公式推导出来，即

$$p_{cr} = \frac{2E}{1-\mu^2}\left(\frac{\delta_e}{D}\right)^3 \qquad (4-1)$$

式中　p_{cr}——临界压力，MPa；

δ_e——筒体的有效厚度，mm；

E——圆筒材料在设计温度下的弹性模量，MPa；

D——圆筒的平均直径，可近似取圆筒外径，$D \approx D_o$，mm。

μ——材料的泊松比。

对于钢制圆筒，$\mu=0.3$，故式（4-1）可简写成

$$p_{cr} = 2.2E \cdot \left(\frac{\delta_e}{D}\right)^3 \qquad (4-2)$$

由上述两式可见：长圆筒的临界压力 p_{cr} 与圆筒的有效厚度 δ_e 的三次方成正比，与圆筒平均直径 D 的三次方成反比，与圆筒长度无关。

所以，在临界压力作用下，圆筒壳的环向应力为

$$\sigma_{cr} = \frac{p_{cr} \cdot D}{2\delta_e} = 1.1E \cdot \left(\frac{\delta_e}{D}\right)^2 \qquad (4-3)$$

值得注意的是，式（4-1）和式（4-2）适用于弹性失稳的情况，即要求 $\sigma_{cr} < \sigma_s^t$（材料在设计温度下的屈服极限，MPa）。否则，属于弹塑性失稳，其计算非常复杂，在工程上常采用图算法。

2. 短圆筒临界压力的计算

若圆筒两端的封头对筒体能起到支撑作用，约束筒体的变形，则这种圆筒为短圆筒。短圆筒的长径比 L/D 的值较小，筒体刚性较好，两端封头对中间部分筒体有一定的支撑作用，失稳时将呈现两个以上的波纹，如图4-2（b）、（c）、（d）所示。其临界压力计算公式为

$$p_{cr} = \frac{2.59E \cdot \delta_e^2}{L \cdot D \cdot \sqrt{D/\delta_e}} \qquad (4-4)$$

式中　L——筒体计算长度，mm。

所以，在临界压力作用下，筒壁内的环向应力为

$$\sigma_{cr} = \frac{p_{cr} \cdot D}{2\delta_e} = \frac{1.3E \cdot (\delta_e/D)^{1.5}}{L/D} \qquad (4-5)$$

同样，式（4-5）适用于弹性失稳的情况，即 $\sigma_{cr} < \sigma_s^t$。

长圆筒和短圆筒的临界压力计算公式，都是在认为圆筒横截面是规则圆形的情况下推导出来的。而实际圆筒不可能都是绝对圆的，故实际筒体的临界压力将低于公式（4-1）或式（4-4）计算出来的理论值。

3. 刚性圆筒临界压力的计算

若容器筒体较短、筒壁较厚，同时容器封头对筒体能起到足够支撑作用，容器刚性较好，不存在因失稳压瘪而丧失工作能力的问题，这种圆筒称为刚性圆筒。刚性圆筒在外压作用下一般不存在失稳问题，即在外压作用下不会被压扁，只是在外压所引起的最大环向应力超过筒体材料的屈服极限时，将产生强度破坏。因此，只需校验其强度是否足够就可以了，其强度计算公式与内压圆筒的应力计算公式一样。刚性圆筒所能承受最大外压为

$$p_{max} = \frac{2\delta_e \cdot \sigma_s^t}{D_i} \qquad (4-6)$$

式中　δ_e——筒体的有效厚度，mm；
　　　σ_s^t——材料在设计温度下的屈服极限，MPa；
　　　D_i——圆筒的内直径，mm。

四、外压圆筒类型的判定

以上讨论了长短圆筒的临界压力以及刚性圆筒所能承受的最大外压力的计算方法，接着的问题是如何区分长圆筒和短圆筒。长、短圆筒的区别在于是否受端部约束的影响，对于给定直径和壁厚的圆筒，用一特性尺寸区分 $n=2$ 的长圆筒和 $n>2$ 的短圆筒的界限，此特性尺寸称为临界长度，以 L_{cr} 表示。

相同直径和壁厚的情况下，短圆筒的临界压力高于长圆筒的临界压力。随着短圆筒长度的增加，封头对壁厚的支撑作用逐渐减弱，临界压力值也随之减小。当短圆筒的长度增加到某一数值时，封头的支撑作用开始完全消失，此时短圆筒的临界压力下降到与长圆筒的临界压力值相等，则式（4-2）与式（4-4）相等，即

$$p_{cr} = 2.2E \cdot \left(\frac{\delta_e}{D}\right)^3 = 2.59 \frac{E \cdot \delta_e^2}{L \cdot D \sqrt{D/\delta_e}}$$

得到区别长、短圆筒的临界长度为

$$L_{cr} = 1.17D \cdot \sqrt{\frac{D}{\delta_e}} \qquad (4-7)$$

同理，当短圆筒与刚性圆筒的临界压力相等时，式（4-4）与式（4-6）相等，即

$$p_{cr} = \frac{2.59E \cdot \delta_e^2}{L \cdot D \cdot \sqrt{D/\delta_e}} = \frac{2\delta_e \cdot \sigma_s^t}{D}$$

得到区别短圆筒和刚性圆筒的临界长度为

$$L'_{cr} = \frac{1.3E \cdot \delta_e}{\sigma_s^t \cdot \sqrt{D/\delta_e}} \qquad (4-8)$$

综上所述：当圆筒的计算长度 $L > L_{cr}$ 时属长圆筒；当 $L'_{cr} < L < L_{cr}$ 时，筒体可以得到封头或加强构件的支撑作用，属短圆筒；当 $L < L'_{cr}$ 时，属刚性圆筒。

根据上式判断圆筒类型后，即可选择相应类型圆筒的计算公式，对圆筒进行有关设计计算。

第二节　外压薄壁容器的壁厚确定

一、外压容器设计参数的确定

1. 设计压力 p

承受外压的容器其设计压力的定义与内压容器相同，但取值方法不同。确定

外压容器设计压力时，应考虑在正常工作情况下，可能出现的最大内外压差。外压容器设计压力可按表 4-1 确定。

表 4-1 设计外压力

类型			设计压力 p
外压容器			取不小于正常工作过程中可能产生的最大内外压差
真空容器	无夹套	设安全控制装置	取 1.25 倍最大内外压差或 0.1 MPa 两者中的较小值
		无安全控制装置	0.1 MPa
	带夹套	夹套内为内压的真空容器器壁	取无夹套真空容器设计压力，再加上夹套内设计压力
		夹套内为真空的夹套壁（内筒为内压）	按无夹套真空容器规定选取

2. 试验压力 p_T

外压容器和真空容器均以内压进行压力试验，其试验压力 p_T 为

$$液压实验的试验压力: p_T = 1.25p \quad (4-9)$$

$$气压实验的试验压力: p_T = 1.15p \quad (4-10)$$

式中　p——设计外压力，MPa。

外压容器和内压容器一样，应对压力试验时的应力进行校核。校核计算与内压容器一样。

3. 计算长度 L

外压圆筒的计算长度 L 是指筒体上相邻两个刚性构件之间的距离。封头、法兰、支座、加强圈等均可视为刚性构件。参见图 4-4，计算长度可根据以下方法确定。

（1）当圆筒部分没有加强圈或可作为加强的构件时，则取圆筒的总长度（包括封头直边高度）加上每个凸形封头曲面深度的 1/3，如图 4-4（a）所示。

（2）当圆筒与锥壳相连接，若连接处可作为支撑时，则取此连接处与相邻支撑之间的最大距离，如图 4-4（b）、（e）、（f）所示。

（3）当圆筒部分有加强圈或可作为加强的构件时，则取相邻加强圈中心线间的最大距离，如图 4-4（c）所示。

（4）取圆筒第一个加强圈中心线至圆筒与封头连线间的距离加凸形封头曲面深度的 1/3，如图 4-4（d）所示。

（5）对于带夹套的圆筒，结果如图 4-4（g）所示时，计算长度取承受外压圆筒的长度。若带有凸形封头，应加上封头的直边高度及曲面深度的 1/3；若有加强圈或有可作为加强的刚性构件，其计算长度按图 4-4（b）、（c）的方法计算。

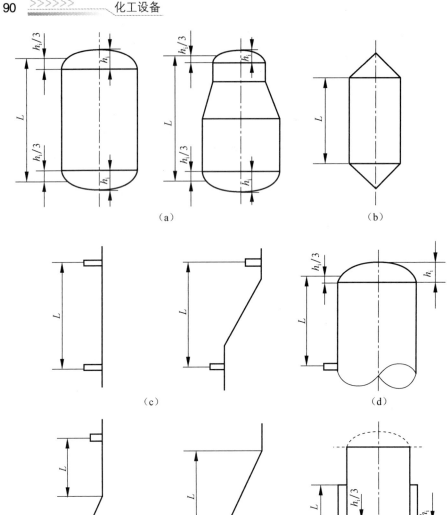

图 4-4　外压圆筒的计算长度

另外,外压容器的其他设计参数的确定与内压容器相同,如设计温度、焊接接头系数、许用应力等。

二、外压薄壁容器不失稳的条件

理论上讲,当容器实际承受的外压力不超过临界压力时,容器就不会失稳,但由于临界压力与圆筒的几何形状、尺寸偏差、材料性能不均匀等因素有关,因此工程设计中必须有一定的安全裕度。类似于强度计算中的安全系数,取稳定系数 m。这时外压容器的不失稳条件为

$$p_c \leqslant [p] = \frac{p_{cr}}{m} \qquad (4-11)$$

式中 p_c——计算外压力,其值在设计外压力基础上,加圆筒外表面承受的液柱静压力,即 $p_c = p + p_{液}$,MPa;

$[p]$——工作许用压力,MPa;

p_{cr}——临界压力,MPa;

m——稳定系数。其值取决于计算公式的精确程度、载荷的对称性、筒体的几何精度、制造质量、材料性能以及焊缝结构等。稳定系数选得过小,会使容器在操作时不可靠或对制造要求较高;选得太大,容器就会变得笨重,我国钢制压力容器标准取 $m = 3$。

由于临界压力与容器的形状偏差有很大关系,稳定性系数 $m = 3$ 是以达到一定规定的制造要求为前提的,所以,取此系数时对外压圆筒的圆度有严格的控制要求,当圆度超过规定时,稳定性将极大地降低。

三、圆筒壁厚确定的图算法

由外压圆筒的失稳分析可知,计算圆筒的临界压力首先要确定圆筒包括壁厚在内的几何尺寸,但在设计计算之前壁厚尚是未知量,所以需要一个反复试算的步骤。若用解析法进行外压容器的计算就比较繁复,现在设计规范一般都推荐采用图算法。图算法比较简便,不论是对于长圆筒或短圆筒,在弹性范围内或非弹性范围内都可使用,也不受 $\sigma_{cr} < \sigma'_s$ 的限制。

1. 图算法原理

对于承受外压圆筒的临界压力,无论是长圆筒还是短圆筒,均可用下式表示

$$p_{cr} = K \cdot E \cdot \left(\frac{\delta_e}{D_o}\right)^3 \qquad (4-12)$$

式中 K——外压圆筒的几何特征系数。对于长圆筒,$K = 2.2$;对于短圆筒,K 值则与 L/D_o 及 D_o/δ_e 有关。

若将临界应力用临界压力表示,可得

$$\sigma_{cr} = \frac{p_{cr} \cdot D_o}{2\delta_e} = \frac{K \cdot E}{2} \cdot \left(\frac{\delta_e}{D_o}\right)^2 \qquad (4-13)$$

等式两边除以 E,由胡克定理,则得临界应变 ε_{cr} 为

$$\varepsilon_{cr} = \frac{\sigma_{cr}}{E} = \frac{K}{2} \cdot \left(\frac{\delta_e}{D_o}\right)^2 \qquad (4-14)$$

从式(4-14)可以看出,临界应变 ε_{cr} 只是 L/D_o 及 D_o/δ_e 的函数。令 $A =$

ε_{cr},以 A 为横坐标,L/D_o 为纵坐标,D_o/δ_e 为参变量,即可得到外压圆筒几何参数计算图,如图 4-5 所示。

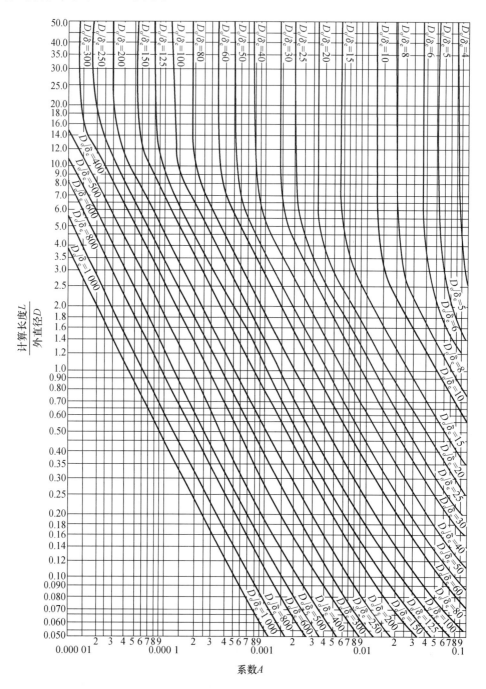

图 4-5 外压或轴向受压圆筒和管子几何参数计算图(用于所有材料)

于是，圆筒的许用外压力为

$$[p] = \frac{p_{\text{cr}}}{m} = \frac{1}{3} K \cdot E \cdot \left(\frac{\delta_e}{D_o}\right)^3 \quad (4-15)$$

那么得到

$$[p] \cdot \frac{D_o}{\delta_e} = \frac{K \cdot E}{3} \cdot \left(\frac{\delta_e}{D_o}\right)^2 = \frac{2}{3} \cdot \frac{K \cdot E}{2} \cdot \left(\frac{\delta_e}{D_o}\right)^2 = \frac{2}{3}\sigma_{\text{cr}} = \frac{2}{3} A \cdot E$$

令 $B = \dfrac{[p] \cdot D_o}{\delta_e}$，则得

$$B = \frac{2}{3} A \cdot E \quad (4-16)$$

上式表明 B 与 A 之间的关系实际上是材料的应力与应变的关系。以 A 为横坐标，B 为纵坐标，由实验可确定出材料在不同温度下的 $B-A$ 关系曲线，如图 4-6 ~ 图 4-13，这些图即为外压圆筒稳定性的厚度计算图。

2. 图算法设计步骤

（1）对于 $D_o/\delta_e \geqslant 20$ 的薄壁圆筒或管子，承受外压时仅需进行稳定性校核。

① 假定名义厚度 δ_n，令 $\delta_e = \delta_n - C$，计算出 L/D_o 和 D_o/δ_e。

② 使用以上 L/D_o 和 D_o/δ_e 值，由图 4-5 查取 A 值。若 L/D_o 值大于 50，则用 $L/D_o = 50$ 查取 A 值。

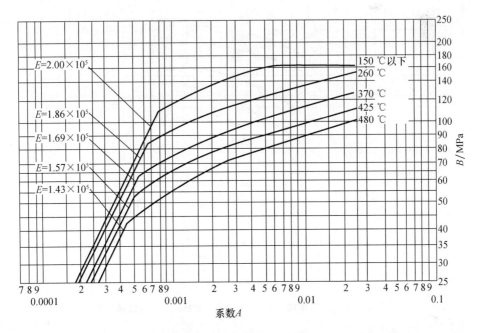

图 4-6　外压圆筒和球壳厚度计算图（屈服点 $\sigma_s > 207$ MPa 的碳素钢和 0Cr13、1Cr13 钢）

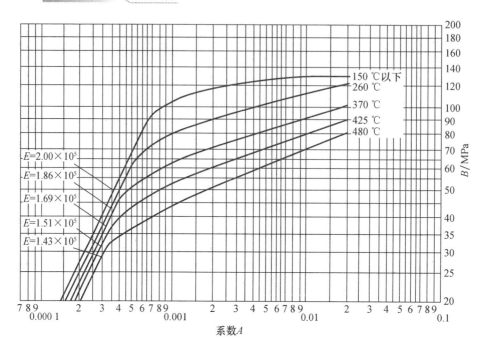

图 4-7 外压圆筒和球壳厚度计算图（屈服点 $\sigma_s < 207$ MPa 的碳素钢）

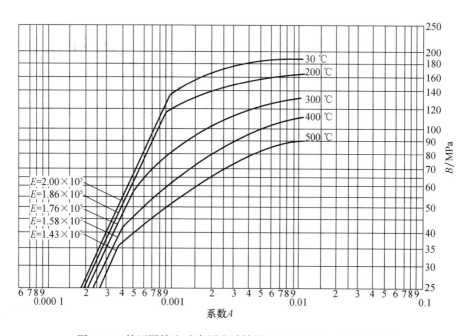

图 4-8 外压圆筒和球壳厚度计算图（16MnR 钢、15CrMo 钢）

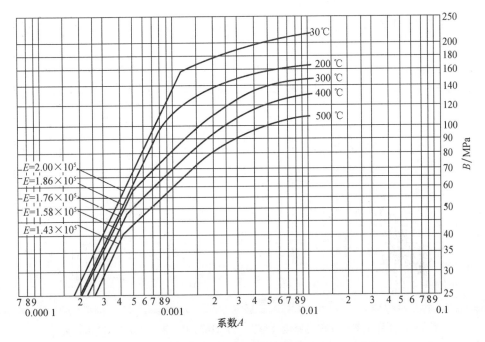

图4-9 外压圆筒和球壳厚度计算图（15MnVR钢）

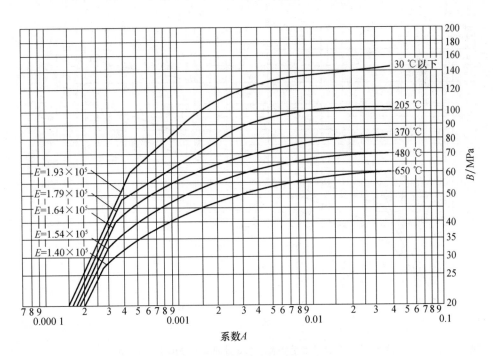

图4-10 外压圆筒和球壳厚度计算图（0Cr19Ni9钢）

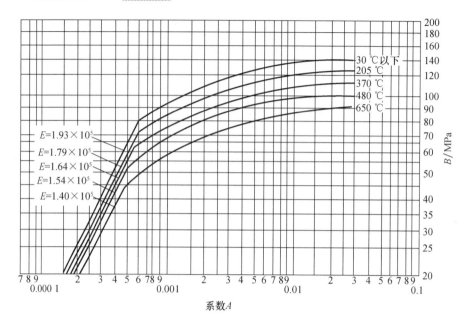

图 4-11　外压圆筒和球壳厚度计算图（0Cr18Ni10Ti 钢、0Cr17Ni12Mo2 钢、0Cr19Ni13Mo3 钢）

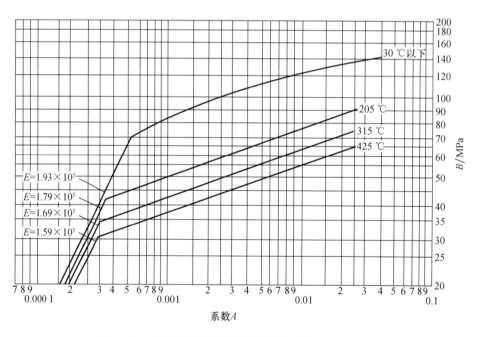

图 4-12　外压圆筒和球壳厚度计算图（00Cr19Ni10 钢）

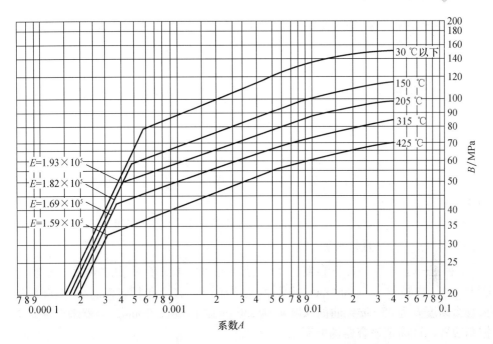

图4-13 外压圆筒和球壳厚度计算图（00Cr17Ni14Mo2钢、00Cr19Ni13Mo3钢）

③ 根据圆筒材料选用相应的厚度计算图（图4-6~图4-13），在图的横坐标上找出系数A值。在该A值和设计温度（遇中间温度用内插法）下，求取相应的B值。然后按公式（4-17）计算许用外压力$[p]$。

$$[p] = \frac{B}{D_o/\delta_e} \qquad (4-17)$$

若所得A值落在设计温度下材料线的左方，则用公式（4-18）计算许用外压力$[p]$。

$$[p] = \frac{2A \cdot E}{3(D_o/\delta_e)} \qquad (4-18)$$

④ 比较计算压力p_c与许用压力$[p]$，若$p_c < [p]$且较接近，则假设的名义厚度δ_n合理，否则应再假设名义厚度，重复上述步骤直至满足要求为止。

（2）对于$D_o/\delta_e < 20$的厚壁圆筒和管子，承受外压时应同时考虑强度和稳定性的问题。

求取B值的计算步骤与$D_o/\delta_e \geq 20$的薄壁圆筒相同，但对$D_o/\delta_e \leq 4.0$的圆筒，应按式（4-19）求A值。

$$A = \frac{1.1}{(D_o/\delta_e)^2} \qquad (4-19)$$

式中，当系数$A > 0.1$时，则取$A = 0.1$

厚壁圆筒和管子的许用外压力应满如下4点。

① 为满足稳定性，厚壁圆筒的许用外压力应不低于公式（4-20）的计算值。

$$[p] = \left(\frac{2.25}{D_o/\delta_e} - 0.0625\right) \cdot B \qquad (4-20)$$

② 为满足强度，厚壁圆筒的许用外压力应不低于公式（4-21）的计算值。

$$[p] = \frac{2\sigma_o}{D_o/\delta_e}\left(1 - \frac{1}{D_o/\delta_e}\right) \qquad (4-21)$$

式中　σ_o——应力，$\sigma_o = \min\{\sigma_o = 2[\sigma]^t,\ \sigma_o = 0.9\sigma_s^t\ 或\ \sigma_o = 0.9\sigma_{0.2}^t\}$，MPa。

③ 为防止圆筒失稳和强度失效，厚壁圆筒的许用外压力必须取式（4-20）和式（4-21）中的较小值。

④ 同理，$[p]$ 应大于或等于 p_c，否则须重新假设名义厚度 δ_n，重复上述步骤，直到 $[p]$ 大于且接近 p_c 为止。

【例4-1】 某一真空容器，工作温度为260 ℃，介质为水蒸气，材料为Q235-A，内径 D_i 为 1 000 mm，筒体长为 2 163 mm（不包括封头高），椭圆形封头直边高度 h 为 25 mm，曲面深度 h_i 为 250 mm，C_2 取 1.2 mm，容器未设置安全控制装置，试确定该容器的壁厚 δ_n。

解： 用图算法进行计算。

（1）因是真空容器，且无安全控制装置，故取计算外压力 $p_c = 0.1$ MPa。

（2）设塔体名义厚度 $\delta_n = 8$ mm，则

$$\delta_e = \delta_n - C = \delta_n - (C_1 + C_2) = 8 - (0.8 + 1.2) = 6(\text{mm})$$

$$D_o = D_i + 2\delta_n = 1\,000 + 2 \times 8 = 1\,016(\text{mm})$$

$$L = l + 2 \times (1/3)h_i + 2h = 2\,163 + 2 \times (1/3) \times 250 + 2 \times 25 = 2\,380(\text{mm})$$

$$L/D_o = 2\,380/1\,016 = 2.34$$

$$D_o/\delta_e = 1\,016/6 = 169 > 20$$

（3）查图。根据图4-5，L/D_o 和 D_o/δ_e 在图中交点处对应的 A 值为 0.000 25。

（4）因所用材料为Q235-A，故选图4-7，由 A 值及 $t = 260$ ℃读图得系数 $B = 32.5$ MPa，用式（4-17）计算

$$[p] = \frac{B}{D_o/\delta_e} = \frac{32.5}{1\,016/6} = 0.192(\text{MPa})$$

（5）因 $[p] > p_c$，故假定壁厚符合计算要求；如果通过了实验压力下的应力校核，那么可以确定容器壁厚为 8 mm。

第三节　外压薄壁圆筒的加强圈

一、加强圈的作用、结构及要求

通过前面知识的学习，外压容器在直径已定的条件下，增加壁厚或减小计算

长度能提高筒体的临界压力。增大壁厚往往不经济，适宜的方法是减小圆筒的计算长度。在工程上，对一定的设计压力，常采用减小计算长度的方法来减小壁厚，以降低金属材料的消耗。为了减小筒体计算长度，可在筒体的外部或内部装上若干个具有足够刚性的环状构件，即加强圈。

如图4-14所示，其截面形状有矩形、L形、T形、U字形、工字形等。常用型钢制作，如扁钢、角钢、槽钢、工字钢等，做成圆环，并间接地焊接在设备壁上。

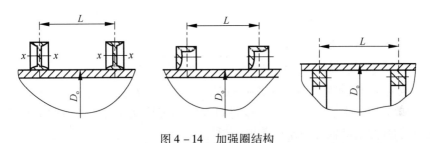

图4-14 加强圈结构

加强圈本身应具有足够的刚度，在外压作用下才不会失稳，才能对圆筒起到加强作用。加强圈与圆筒采取焊接连接，可以是连续焊，也可以是断续焊。对于外加强圈，其每侧断续焊的总长度不得少于圆筒外周长的1/2，最大间距不大于$8\delta_n$；对于内加强圈，其每侧断续焊的总长度不得少于圆筒外周长的1/3，最大间距不大于$12\delta_n$。

二、加强圈的间距

筒体设置加强圈后，为了使加强圈起到加强作用，两加强圈之间的距离必须使筒体为短圆筒。据此，可确定加强圈的最大间距L_{max}为

$$L_{max} = \frac{2.59 E \cdot D_o \cdot (\delta_o/D_o)^{2.5}}{m \cdot p_c} \qquad (4-22)$$

如果加强圈是均布的，则筒体所需加强圈数量n为

$$n = L/L_{max} - 1 \text{（取整）} \qquad (4-23)$$

加强圈的距离为：

$$L_s = L/(n+1)$$

若加强圈的实际间距$L_s \leqslant L_{max}$，表示加强圈的间距合适，该圆筒能够安全承受设计外压p。

在圆筒上设置多少加强圈合适，没有确切的定论。加强圈多、间距小，节省筒体材料；但若加强圈太多，则自身耗材也多、制造费用也高。最佳方案是圆筒材料和制造费用与加强圈材料和制造费用之和为最小，但在工程实际中很难实现。根据经验一般认为每隔1~2 m设置一个加强圈为宜。

三、加强圈的图算法计算

1. 加强圈的稳定条件

加强圈和圆筒一样,它本身也有稳定性问题。当加强圈具有的临界压力大于加强圈实际承受的外压力时,加强圈才不会失稳,才能对圆筒起到承载能力的作用。而临界压力与截面几何尺寸有关,所以上述条件可转化为:

加强圈组合截面实际具有的惯性矩 I_s 不小于保持加强圈不失稳所需要的组合截面惯性矩 I,即:$I_s \geq I$。

2. 加强圈稳定性设计步骤

(1) 保持加强圈稳定所需的组合截面惯性矩的计算。

① 初定加强圈的数目和间距,应使加强圈间距 $L_s \leq L_{max}$,L_{max} 按式(4-22)求得。

② 根据加强圈所选的材料,按材料规格初定截面尺寸,并计算它的横截面积 A_s 和加强圈与圆筒有效组合截面的惯性矩 I_s。

③ 用下式计算 B 值,即

$$B = \frac{p_c \cdot D_o}{\delta_e + A_s/L_s} \tag{4-24}$$

④ 根据加强圈所用材料,在相应材料的外压容器厚度计算图上(图4-6~图4-13),由计算出的 B 值和设计温度在横坐标上找到系数 A 值;若图中无交点,无法得到 A 值,则可直接用下式计算

$$A = 1.5 \frac{B}{E} \tag{4-25}$$

⑤ 用下式计算加强圈与圆筒组合段所需的惯性矩,即

$$I = \frac{D_o^2 \cdot L_s \cdot (\delta_e + A_s/L_s)}{10.9} \cdot A \tag{4-26}$$

⑥ 检验:I_s 应大于或等于 I,否则须另选一具有较大惯性矩的加强圈。重复上述步骤,直到 I_s 大于 I 为止。

(2) 组合截面实际具有的截面惯性矩 I_s 的计算。

如图4-15、图4-16所示,先假设一加强圈的截面尺寸,则组合截面实际具有的截面惯性矩按式(4-27)计算。

$$I_s = I_1 + A_s d^2 + I_2 + A_2 a^2 \tag{4-27}$$

式(4-21)~式(4-27)中,

A_2——圆筒有效段的截面积,$A_2 = 2L_e \cdot \delta_e$,$L_e$ 取 $\frac{L}{2}$ 和 $0.55\sqrt{D_o \cdot \delta_e}$ 二者中的小值;

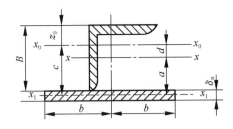

图 4-15 角钢加强圈组合截面

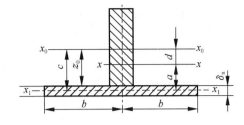

图 4-16 扁钢加强圈组合截面

I_2——圆筒有效段对其自身形心轴 x_1-x_1 轴的惯性矩,$I_2 = \dfrac{L_e \cdot \delta_e^3}{6}$;

a——圆筒有效段形心轴 x_1-x_1 至组合截面形心轴 $x-x$ 的距离,$a = \dfrac{A_s \cdot c}{A_s + A_2}$;

I_1——加强圈对其自身形心轴 x_0-x_0 轴的惯性矩,可查型钢表;

A_s——加强圈的截面积,可查型钢表;

d——加强圈形心轴 x_0-x_0 至组合截面形心轴 $x-x$ 的距离,$d = c - a$;

c——圆筒有效段形心轴 x_1-x_1 与加强圈形心轴 x_0-x_0 的距离;

L_s——加强圈形心轴至其左右相邻两加强圈形心轴距离之和的一半,对于均匀设置的加强圈,$L_s = L$。

比较:

若 $I_s \geq I$,则所选加强圈满足要求,否则重选、重做、重新计算,直至满足要求。

【例 4-2】 某石油化工厂减压塔,内直径为 6 000 mm,圆筒长 17 200 mm,两端采用球形封头,圆筒及封头材料均为 20R。操作时塔内绝对压力为 0.005 MPa,最高工作温度为 425 ℃,腐蚀裕量为 3 mm,焊接接头系数为 1.0。试确定塔体壁厚;若均匀设置 11 个加强圈,确定其尺寸。

解:

1) 参数确定

设计外压力取 $p = 0.1$ MPa(减压塔属于真空容器,塔体上未装安全控制装置);

计算外压力 $p_c = p = 0.1$ MPa(塔体外无液柱静压力);

设计温度 $t = 425$ ℃;

材料的弹性模量 $E = 1.57 \times 10^5$ MPa;

425 ℃时材料屈服极限 $\sigma_s^t = 120$ MPa。

当不设加强圈时,计算长度 $L_1 = 17\,200 + 2 \times \dfrac{1}{3} \times 3\,000 = 19\,200$(mm);

当容器上均匀设置 11 个加强圈时,计算长度 $L = \dfrac{L_1}{11+1} = 1\,600$(mm)。

2) 圆筒厚度确定

(1) 不设加强圈时（用解析法）。

① 假设圆筒的名义厚度 $\delta_n = 40$，查表得 $C_1 = 1.1$ mm，则

$$C = C_1 + C_2 = 1.1 + 3 = 4.1(\text{mm})$$

$$\delta_e = \delta_n - C = 40 - 4.1 = 35.9(\text{mm})$$

$$D_o = D_i + 2\delta_n = 6\,000 + 2 \times 40 = 6\,080(\text{mm})$$

② 计算临界长度并判定类型。

$$L_{cr} = 1.17 D_o \cdot \sqrt{\frac{D_o}{\delta_e}} = 1.17 \times 6\,080 \sqrt{\frac{6\,080}{35.9}} = 94\,575(\text{mm})$$

$$L'_{cr} = \frac{1.3 E \cdot \delta_e}{\sigma_s^t \cdot \sqrt{\frac{D_o}{\delta_e}}} = \frac{1.3 \times 1.57 \times 10^5 \times 35.9}{120 \times \sqrt{\frac{6\,080}{35.9}}} = 4\,692(\text{mm})$$

$4\,692 \text{ mm} < 19\,200 \text{ mm} < 92\,575 \text{ mm}$，即 $L'_{cr} < L < L_{cr}$，所以属于短圆筒。

③ 计算许用外压力和临界应力。

$$[p] = \frac{2.59 E}{3} \times \frac{(\delta_e/D_o)^{2.5}}{L_1/D_o} = \frac{2.59 \times 1.57 \times 10^5}{3}$$

$$\times \left(\frac{35.9}{6\,080}\right)^{2.5} \times \frac{6\,080}{19\,200} = 0.115(\text{MPa})$$

$$\sigma_{cr} = \frac{p_{cr} \cdot D_o}{2\delta_e} = \frac{3[p] \cdot D_o}{2\delta_e} = \frac{3 \times 0.115 \times 6\,080}{2 \times 35.9} = 29.2(\text{MPa})$$

④ 比较。

$[p] = 0.115 \text{ MPa} > p_c = 0.1 \text{ MPa}$，$\sigma_{cr} = 29.2 \text{ MPa} < \sigma_s^t = 120 \text{ MPa}$

所以 $\delta_n = 40$ mm 满足要求，假设成立。

(2) 当均匀设置 11 个加强圈时（用图算法）。

因为 $\dfrac{D_o}{\delta_e} = \dfrac{6\,000 + 2\delta_n}{\delta_e} > 20$，所以按薄壁圆筒计算。

① 假设圆筒名义厚度 $\delta_n = 18$ mm 查表得 $C_1 = 0.8$ mm，则

$$C = C_1 + C_2 = 0.8 + 3 = 3.8(\text{mm})$$

$$\delta_e = \delta_n - C = 18 - 3.8 = 14.2(\text{mm})$$

$$D_o = D_i + 2\delta_n = 6\,000 + 2 \times 18 = 6\,036(\text{mm})$$

② 计算：$\dfrac{L}{D_o} = \dfrac{1\,600}{6\,036} = 0.265$，$\dfrac{D_o}{\delta_e} = \dfrac{6\,036}{14.2} = 425$。

③ 查图 4-5 得 $A = 0.000\,65$，查图 4-6 得 $B = 56$ MPa。

④ 计算。按式（4-17）得到：$[p] = \dfrac{B}{D_o/\delta_e} = \dfrac{56}{425} = 0.132(\text{MPa})$

⑤ 比较。$[p] = 0.132$ MPa $> p_c = 0.1$ MPa，所以 $\delta_n = 18$ mm 满足要求。

3）加强圈设计

如图 4-16 所示，设矩形截面加强圈尺寸为 200 mm × 16 mm。

(1) 计算保持加强圈稳定所需要的组合截面惯性矩 I。

加强圈截面积 $A_s = 200$ mm × 16 mm $= 3\,200$ mm^2，

均匀设置的加强圈 $L_s = L = 1\,600$ mm；

$$B = \frac{p_c \cdot D_o}{\delta_e + A_s/L_s} = \frac{0.1 \times 6\,036}{14.2 + \dfrac{3\,200}{1\,600}} = 35.4(\text{MPa})$$

查图 4-6，得 $A = 0.000\,32$；

$$I = \frac{D_o^2 \cdot L_s \cdot (\delta_e + A_s/L_s)}{10.9} \cdot A = \frac{6\,036^2 \times 1\,600 \left(14.2 + \dfrac{3\,200}{1\,600}\right)}{10.9} \times$$
$$0.000\,32 = 2.77 \times 10^7 (\text{mm}^4)$$

(2) 计算组合截面实际具有的截面惯性矩 I_s。

$$I_1 = \frac{200^3 \times 16}{12} = 1.067 \times 10^7 (\text{mm}^4)$$

$$L_e = 0.55 \sqrt{6\,036 \times 14.2} = 161 \text{ mm} < \frac{L}{2} = \frac{1\,600}{2} = 800$$

所以取 $L_e = 161$ mm，

$$A_2 = 2L_e \cdot \delta_e = 2 \times 161 \times 14.2 = 4\,572(\text{mm}^2)$$

$$I_2 = \frac{L_e \cdot \delta_e^3}{6} = \frac{161 \times 14.2^3}{6} = 7.68 \times 10^4 (\text{mm}^4)$$

$$a = \frac{A_{s1} \cdot c}{A_s + A_2} = \frac{3\,200 \times 107.1}{3\,200 + 4\,572} = 44(\text{mm})$$

$$d = c - a = 107.1 - 44 = 63.1(\text{mm})$$

由式（4-27）得：$I_s = 1.067 \times 10^7 + 3\,200 \times 63.1^2 + 7.68 \times 10^4 + 4\,572 \times 44^2 = 3.22 \times 10^7 (\text{mm}^4)$

(3) 比较。$I_s = 3.22 \times 10^7$ mm$^4 > I = 2.77 \times 10^7$ mm^4，故所选加强圈满足要求。

答：塔体壁厚设计确定为 40 mm；若均设加强圈，壁厚设计为 18 mm；加强圈尺寸为 200 mm × 16 mm，经校核符合要求。

第四节　外压封头壁厚确定

外压容器封头的结构形式与内压容器封头相同，主要包括凸形封头，如半球形、椭圆形、碟形以及圆锥形封头。受外压作用的封头和筒体一样，也存在着失稳问题，因而外压封头设计计算的出发点与外压容器一样，主要考虑稳定性问题。

一、外压半球形封头

(1) 假设封头的名义厚度为 δ_n,得 $\delta_e = \delta_n - C$,$R_o = R_i + \delta_n$,定出 $\dfrac{R_o}{\delta_e}$ 的值。

(2) 按式(4-28)计算系数 A 值,即

$$A = \frac{0.125}{R_o/\delta_e} \quad (4-28)$$

式中　R_o——球壳外半径,mm;
　　　δ_e——球壳的有效厚度,mm。

(3) 根据所用球壳材料,选用图4-6~图4-13,在图的下方横坐标上找出系数 A。

① 若 A 值落在设计温度下材料线的右方,则过此点垂直上移,与设计温度下材料线相交(遇中间温度值用内插法),再过此交点沿水平移动,得到与纵坐标相交的系数 B 值。按式(4-29)计算许用外压力 $[p]$,即

$$[p] = \frac{B}{R_o/\delta_e} \quad (4-29)$$

② 若 A 值落在设计温度下材料线的左方。则用式

$$[p] = \frac{p_{cr}}{m} = \frac{0.0833E}{(R_o/\delta_e)^2} \quad (4-30)$$

(4) $[p]$ 应大于或等于 p_c,否则须再假设名义厚度 δ_n,重复上述步骤,直到 $[p]$ 大于且接近 p_c 为止。

二、外压椭圆形封头

对椭圆形封头 $R_o = K_1 \cdot D_o$,式中,K_1 为由椭圆长短轴比值决定的系数,按表4-2查取。

表4-2　系数 K_1 值

$D_i/2h_i$	2.6	2.4	2.2	2.0	1.8	1.6	1.4	1.2	1.0
K_1	1.18	1.08	0.99	0.9	0.81	0.73	0.65	0.57	0.5

厚度计算步骤同半球形封头。

三、外压碟形封头

凸面受外压的碟形封头,其过渡区承受拉应力,而球冠部分是压应力,需防止发生失稳。封头厚度的确定,仍可应用球壳失稳的公式和图算法,其设计步骤与外压半球形封头相同,只是其中 R_o 为碟形封头球面部分外半径,即 $R_o = R_i + \delta_n$。

四、外压锥形封头

受外压的锥形封头或锥形筒体,其稳定性是一个在数学、力学上很复杂的问题。因此,工程上依赖试验结果,根据锥壳半顶角 α 的大小,分别按圆筒和平盖进行计算。

比较锥壳与圆柱壳的试验结果,发现锥壳的失稳类似于一个等效的圆柱壳,故当半顶角 α≤60°时用相当于圆筒体进行计算。锥壳大端外径相当于圆筒体的直径 D_o,圆筒长度为锥壳当量长度 L_e。

1. 锥壳的当量长度 L_e

(1) 如图 4-17(b)所示,对于无折边锥壳或锥壳上相邻两加强圈之间的锥壳段,其当量长度按式(4-31)计算,即

$$L_e = \frac{L_x}{2} \cdot \left(1 + \frac{D_s}{D_1}\right) \tag{4-31}$$

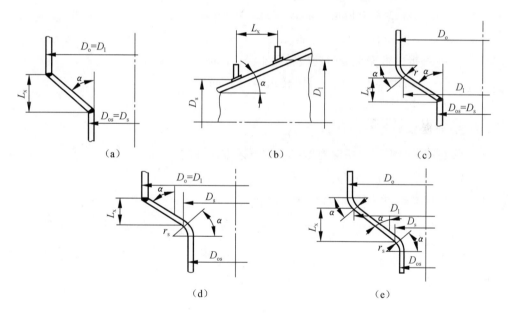

图 4-17 锥壳当量长度

(2) 大端折边锥壳如图 4-17(c)所示,其当量长度按式(4-32)计算,即

$$L_e = r \cdot \sin\alpha + \frac{L_x}{2}\left(1 + \frac{D_s}{D_1}\right) \tag{4-32}$$

(3) 小端折边锥壳如图 4-17(d)所示,其当量长度按式(4-33)计算,即

$$L_e = r \cdot \frac{D_s}{D_1} \cdot \sin \alpha + \frac{L_x}{2}\left(1 + \frac{D_s}{D_1}\right) \qquad (4-33)$$

(4) 折边锥壳如图 4-17（e）所示，当量长度按式（4-34）计算，即

$$L_e = r \cdot \sin \alpha + r \cdot \frac{D_s}{D_1} \cdot \sin \alpha + \frac{L_x}{2} \cdot \left(1 + \frac{D_s}{D_1}\right) \qquad (4-34)$$

式中 　D_i——锥壳大端内直径，mm；

　　　D_{is}——锥壳小端内直径，mm；

　　　D_1——所考虑锥壳的大端外直径，mm；

　　　D_{os}——锥形封头小端外直径，mm；

　　　D_o——圆筒外直径，mm；

　　　D_s——所考虑锥壳段的小端外直径，mm；

　　　L_x——锥壳轴向长度，mm；

　　　L_e——锥壳当量长度，mm；

　　　δ_{nc}——锥壳名义厚度，mm；

　　　δ_{ec}——锥壳有效厚度，mm；

　　　r——折边锥壳大端过渡段转角半径，mm；

　　　r_s——折边锥壳小端过渡段转角半径，mm；

　　　α——锥壳半顶角。

2. 外压锥形封头的计算

承受外压的锥壳，所需有效厚度按下述方法确定。

(1) 假设锥壳的名义厚度为 δ_{nc}。

(2) 计算 $\delta_{ec} = (\delta_{nc} - C) \cdot \cos \alpha$。

(3) 按外压圆筒的规定进行外压校核计算，并以 $\frac{L_e}{D_1}$ 代替 $\frac{L}{D_o}$，以 $\frac{D_1}{\delta_{ec}}$ 代替 $\frac{D_o}{\delta_e}$。

当锥形封头半角 $\alpha > 60°$ 时，此类封头壁厚按平盖计算，计算直径取锥壳的最大内直径。

思考题与习题

4-1　外压容器的设计准则是什么？

4-2　外压容器的主要失效形式是什么？

4-3　什么是外压圆筒的临界压力？影响临界压力大小的因素有哪些？

4-4　用图算法确定外压圆筒的厚度，是否要计算圆筒的临界长度？为什么？

4-5　外压容器设置加强圈的作用是什么？

4-6　某一外压容器，其内径为 2 000 mm，筒体计算长度为 6 000 mm，材料为 20R，最高操作温度为 150 ℃，最大压力差为 0.15 MPa。分别使用解析法和图算法求筒体厚度。腐蚀裕量 $C_2 = 1$ mm。

4-7　某石油化工厂需要一台减压分馏塔。塔的内直径为 6 000 mm，筒体长度为 15 600 mm，采用球形封头，筒体与封头材料均为 Q235-A。操作时塔内绝对压力为 0.005 MPa，最高操作温度为 420 ℃。塔的壁厚附加量为 2 mm，焊接接头系数 $\phi = 1.0$。试确定塔体壁厚及加强圈尺寸。

4-8　有一外径为 1 220 mm，计算长度为 5 000 mm 的真空操作的筒体，用有效厚度为 4 mm 的钢板制造，是否能满足稳定性要求？可否采取其他措施？

第五章

厚壁容器

本章内容提示

随着近代化工工业的迅速发展,高压容器获得愈来愈广泛的应用。如合成氨工业中的高压设备压力为 15~60 MPa,合成甲醛工业中的高压设备压力为 15~30 MPa,合成尿素工业中的高压设备压力为 20 MPa,石油加氢工业中的高压设备压力为 8~70 MPa,乙烯气体在超过 100 MPa 的超高压条件下进行聚合反应等,都是利用在高压条件下,化学平衡向有利于合成产品的方向进行的原理。高压设备可以提高化学反应速度,并大大减小反应设备的容积。从各方面的技术应用表明,高压容器在现代工业中的应用必不可少,而且是得到迅速发展的一个领域。

一般来讲,容器承受的压力越高,其壁厚就会越大,所以高压容器大多都是厚壁容器,而且呈圆筒形。由于厚壁容器的操作条件极其苛刻,在承受高压的同时,往往还伴随有高温和介质的强烈腐蚀,因此,其应力状态和结构形式与薄壁容器有很大差异。

本章将介绍厚壁容器的结构特点,以及单层、多层厚壁圆筒的结构形式和适用范围;理解厚壁圆筒自增强的基本原理、应用特点和常见的处理方法;能够利用规范对厚壁容器的常用平盖和筒体进行计算。

第一节 厚壁容器的总体结构与选材要求

一、厚壁容器的总体结构及特点

如图 5-1 所示,厚壁容器尽管与薄壁容器一样,包括有圆筒体、球壳(封头)密封结构和一些必要的附件,但由于厚壁容器是高压技术应用中的关键设备,一旦发生事故,大多是灾难性的。因此,厚壁容器除对设计、制造和检验的可靠性要求更高外,在结构方面也更加复杂,并在结构上表现出如下一些特点。

(1) 厚壁容器采用轴对称形状,且长径比比薄壁容器大。厚壁容器由于操作条件苛刻,应力水平高,考虑到轴对称结构受力情况较好,制造方便,操作时容易密封,因此一般都用圆筒形容器。且直径不宜太大,早期厚壁容器的高度与内径之比 H/D_i 多在 12~28,故显得细长。随着制造技术的日益完善,设备也在向大型化方向发展,大型厚壁容器的 H/D_i 值已逐渐降至 6 左右。

(2) 厚壁容器筒体结构复杂,壁厚大,质量重。由于受设备制造厂的生产能力、操作条件和钢板资源等的限制,为了改善受力状况、充分利用材料和避免深厚焊缝,同时还要保证在工作条件下能长期连续使用并确保安全,厚壁容器大多采用较复杂的结构形式,如多层包扎式、多层热套式、绕板式、绕带式等,端盖通常采用平端盖或半球形端盖。20 世纪二三十年代由于受制造水平的限制,厚壁容器的内径在 700~800 mm,质量只有 30 t 左右。如今直径已达 4 500 mm,壁厚达 280 mm,质量已达 1 000 t,因此,所要求的制造技术和装备水平也越来越高。

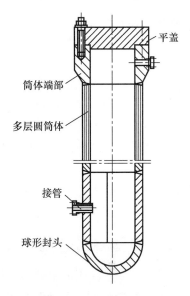

图 5-1 厚壁容器结构

(3) 开孔受限制,直径较小。由于厚壁容器壁较厚,应力水平较高,开口附件出现应力集中现象严重,故对厚壁容器的开孔有一定限制,以减少补强的困难。为了不削弱筒壁的强度,工艺性或其他必要的开孔尽可能开在端盖上,一般不用法兰接管或凸出接口,而是用平座或凹座钻孔,用螺塞密封并连接工艺管,尽量减小孔径,如图 5-2 所示。

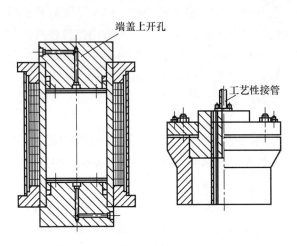

图 5-2 厚壁容器开孔与接管

(4) 广泛采用具有良好塑性和韧性的高强度钢。过去厚壁容器大多采用屈服极限为 200~300 MPa 级的高延性低碳钢,安全系数取得较高。随着各方面技术的提高,广泛应用于厚壁容器的是屈服极限 300~500 MPa 级的低合金高强度钢,这不仅减小了厚壁容器的壁厚尺寸,也大大提高了容器的安全可靠性。

(5) 密封结构较特殊，形式多样，要求较高。由于厚壁容器苛刻的操作条件，如果在厚壁上多一个开孔，就多一个密封面，也就多一个泄漏机会。因此，为保证密封组件在正常操作或压力、温度有波动的情况下，能满足容器的密封性要求，大多密封结构比较复杂，加工要求也较高。因此，厚壁容器如没有必要两端开口的，一般设计成一端是不可拆的，另一端是可拆的。内件一般是组装件，称为芯子，安装检修时整体吊装入容器壳体内。在实际生产过程中，根据不同的需要，厚壁容器可以采用多种不同的密封结构，如强制式密封中的平垫密封、卡扎里密封，自紧式密封中的伍德密封、八角垫密封、O 形环密封、C 形环密封，半自紧式的双锥密封等。

二、厚壁容器的选材要求

生产中所使用的厚壁容器的工作条件严格，要求苛刻，同时还要经受各种变动工况的考验。为了确保厚壁容器的使用安全，选用材料时除了遵循一般压力容器的选材原则外，还应根据厚壁容器的使用特点，充分考虑载荷和载荷性质、工作温度、介质特性、结构形式以及加工制造等方面的影响。厚壁容器必须满足下列基本要求：机械强度高、塑性和冲击韧性好、断裂韧性值高、疲劳强度高、可锻性好、淬透性好，以满足厚壁容器的特殊使用要求。高压厚壁容器常用钢如表 5-1 所示，对材料性能要求如下。

(1) 具有较高的机械强度，良好的塑性。由于厚壁容器使用条件特殊，一般应选择具有较高强度的材料来制造容器（目前采用抗拉强度 1 000 MPa 以上的材料制作）。但对同一钢种，由于热处理条件的不同，强度也会随之不同。另外，强度级别的提高，势必会引起材料塑性和韧性指标的降低，因此，在选用高强度钢材的同时，还应充分考虑材料塑性指标。对于焊接或多层厚壁容器，一般选择材料的伸长率 δ_s 应不小于 15% ~ 20%。

(2) 要有较好的冲击韧性和断裂韧性。厚壁容器在实际操作时，有可能出现载荷波动，包括周期性循环载荷和操作条件突然变化而引起的压力变化，这样的工况已经超出静载荷的范围。因此，对于制造厚壁容器的材料，还必须进行夏比（V 形缺口）冲击试验，应有较高的冲击韧性，一般要求冲击功值 $A_{kv} \geq 40$ J。这一指标的控制对厚壁容器的安全性有着重要意义。另外，随着材料强度级别的提高，以及加载速度的增加，一些金属材料断裂韧性的数值将有所降低，难以预测的低压力破坏的倾向也就会增大，这时当强度指标相差不大时，应尽可能考虑选用断裂韧性较高的钢种来制造容器。

(3) 具有较好的抗蠕变性能。厚壁容器除了承受高压外，有时还要受到高温的作用。在应力作用下，当温度超过所用材料决定的某一数值时，材料就会发生蠕变。应力越大，温度越高，蠕变速率也就越快，因此对于给定的温度，最大许用压力是由可接受的蠕变速率确定的。所以适当地选用钢种可避免出现过大的蠕变。

（4）有一定的抗腐蚀性能。用于石油和化工的厚壁容器，在高温、高压下都有可能受到介质的腐蚀，在选材时必须要考虑应力腐蚀问题。这是因为在腐蚀环境中，无论是氢脆还是应力腐蚀，都会引起临界压力的降低并出现延迟断裂的现象。如果根据载荷所选用材料的强度级别越高，应力腐蚀的敏感性也就越大。

（5）要有良好的加工工艺性能。由于厚壁容器结构复杂，加工要求较高，选材时要充分考虑钢材的可焊性、可锻性以及抗氧化性能。对于厚壁容器的热套结构或必须对容器本身进行自增强处理的结构，还需要进行一些特殊考虑。如热套制造不仅需要进行精加工，以保证理论计算的过盈量，还同时需要考虑热套温度的影响，因此，选材时，就必须考虑材料在最终热处理后必须具备的特性，并以此为依据来进行容器的设计与计算。

（6）材料的热处理及淬透性。热处理是挖掘材料潜力，得到所需要的综合力学性能的重要手段。特别是对于超高强度钢，它的优越性都是经过热处理后获得的。为了防止早期断裂，常选择强度与韧性有良好匹配的热处理。近年来，对中低合金超高强度钢，为改善其塑性和韧性，常用以下热处理方法：可控气氛和真空热处理、形变热处理、超高温淬火、超细晶粒淬火等。

（7）要充分考虑材料的经济性和来源。考虑到材料的使用性能和供应问题，应尽量根据本国资源及冶金设备能力选用材料。特别是要以富产元素为基础，多选用发展性能好、合金元素利用更加节约和合理的新型钢种。

表 5-1 高压厚壁容器常用钢

名 称		材 料
多层包扎式容器	内筒	20R，16MnR，15MnVR，12Cr3MoA，20Cr3NiMoA，14MnMoVB
	层板	19R，16MnR，15MnVR
型槽绕带式	内筒	20R，16MnR，12Cr3MoA，18MnMoNbR
	钢带	16MnR，15MnV
扁平绕带式	内筒	20R，16MnR，15MnVR
	钢带	Q235，16Mn，15MnV
单层卷焊式	筒体	20R，16MnR，15MnVR，12Cr3MoA，20Cr3NiMoA，18MnMoNbR
锻造式	整体锻造式	32MnMoVB，34CrNi3Mo，14CrMnMoVB，35，20MnMo 20CrMo，12Cr3MoA，20Cr3NiMoA
	锻焊式	20MnMo，20MnMoNb，20CrMo，20Cr3NiMo，12Cr3MoA
顶盖		20MnMo，20MnMoNb，35CrMo，14CrMnMoVB，32MnMoVB
主螺栓		35CrMoA，40Cr2MoV，45，25Cr2MoV，38CrMoA，40MnB，40MnVB，40Cr
主螺母		30Mn 或 35CrMo，30Mn 或 30CrMo，35 或 35Mn，40Mn，20Cr，35

第二节 厚壁容器筒体的主要结构形式

近年来,随着高压技术的发展以及厚壁容器操作压力的提高,容器尺寸也越来越大,这就要求人们不断地去研究厚壁容器的新结构、新的设计方法和制造方法。目前,已普遍使用或常见于有关文献中的厚壁容器的筒体结构形式比较多,常见的结构有以下几种。

(1) 单层圆筒结构。包括整体锻造式、锻焊式、单层卷焊式、单层瓦片式等。

(2) 多层圆筒结构。包括多层包扎式、多层绕板式、多层绕带式、多层热套式、无深环焊缝的多层包扎式、螺旋绕板式圆筒等。

筒体结构的选择和设计,不仅取决于设备制造厂的生产能力、操作条件、容器的技术经济指标,同时还要保证在工作条件下能长期连续使用并安全。

一、单层圆筒结构

1. 整体锻造式圆筒

这是厚壁容器中最早采用的一种结构形式,国内外应用均比较广泛。锻造时,将去除浇口、冒口等缺陷后的钢锭放在大型水压机上锻成圆柱形,用棒形冲头把钢锭通心,再将其套在心轴上锻内径,使其接近设计内径。锻造完后,对内外壁进行切削加工,并车出端部连接法兰的螺纹,如图5-3所示。

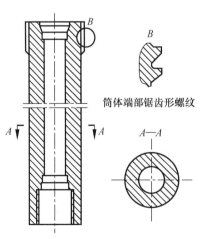

图5-3 整体锻造式圆筒

整体锻造式圆筒,主要优点是:结构比较简单,而且由于大型钢锭中的缺陷部分被切除,余下部分经锻压后,组织密实,材料性质均匀,筒体无焊缝,机械强度得到提高,是一种比较安全可靠的厚壁筒体结构。如果在锻造过程中,配合采用真空脱气加喷粉、钢包精炼、电渣重熔等先进的冶金技术,锻造筒体的性能还会有明显的改善。其缺点是:这种结构需要大型冶炼、锻造和热处理设备,并且生产周期长、金属切削量较大,不能按内、外层的工作条件选用不同的材料,以减少贵重金属的消耗,因而制造成本较高,在生产上受到一定的限制。

整体锻造式圆筒一般适用于直径小于1 500 mm,长度不超过12 m的压力容器。德国和美国有较多的大型锻压设备,所以高压容器采用整体锻造式的较多。

中国多数超高压水晶釜均采用整体锻造式结构。

2. 锻焊式圆筒

锻焊式圆筒是在整体锻造式基础上发展起来的。因为制造较大容量的厚壁容器，会受到冶炼、锻造、热处理以及金属加工设备的限制，因此，可以根据筒体设计长度，先锻造成若干个筒节，然后通过深环焊缝将各个筒节连接起来，最后进行焊接热处理，消除热应力和改善焊缝区的金相组织。如图 5-4（a）、（b）所示。

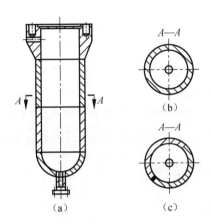

图 5-4　锻焊式圆筒和单层卷焊式圆筒
(a)、(b)——锻焊式圆筒及横截面；(c) 单层卷焊式圆筒横截面

由于这种结构造价很高，故常用于制造一些有特殊要求和安全性较高的压力设备，如制造热壁加氢反应器、煤液化反应器、核容器等。

3. 单层卷焊式圆筒

单层卷焊式筒体是将厚钢板（例如厚度为 120 mm）加热至 700 ℃～900 ℃后，在大型卷板机上卷成圆筒，然后焊接纵缝得到筒节。通过环焊缝将筒节连接成所需长度的筒体，再将预先锻造好的法兰或端盖焊上，即可得到整个容器。其制造方法与中、低压圆筒的制造方法类似。如图 5-4（c）所示。

单层卷焊式圆筒的优点是：加工工序少，工艺简单，因而周期短、效率高，是迄今为止使用最多的一种高压容器圆筒结构。其缺点是：由于采用大型卷板机，若圆筒直径过小便无法卷筒，如直径 400 mm 以下时就难以成型，另外钢板厚度也受卷板机的能力限制。目前国内最大卷制厚度可达 250 mm 而筒体直径不小于 1 000 mm。

4. 单层瓦片式圆筒

将厚钢板加热后，在水压机上先压成瓦片形板坯，然后将两块瓦片形板坯组对在一起，通过纵缝焊接形成卷筒节，再将筒节组焊成筒体。此时每一筒节上至少有两条纵焊缝。它的生产效率要比单层卷焊式低，只是在卷板机能力不够大时才采用这种结构。

5. 无缝钢管式圆筒

单层厚壁高压容器也可用厚壁无缝钢管制造，效率高，周期短。中国小型化肥厂的许多小型高压容器都采用这种结构。

上述几种厚壁圆筒尽管结构简单，使用经验丰富，但它们都有一些共同的缺点。

（1）除整体锻造式厚壁圆筒外，不能完全避免较薄弱的深焊缝（包括纵焊缝和环焊缝）。焊缝检验和缺陷消除均较困难，结构本身缺乏阻止裂纹快速扩展的自保护能力。

（2）大型锻件及厚钢板的性能不及薄钢板。不同方向力学性能差异较大，发生低应力脆性破坏的可能性也较大。

（3）应力沿壁厚不是均匀分布，材料未得到充分利用。

因此，人们根据需要，相继研制了不同结构的多层组合式圆筒。

二、多层组合式圆筒结构

1. 多层包扎式圆筒

多层包扎式圆筒由内筒和外面包扎的多层层板两部分组成。用优质碳素钢或不锈钢板卷焊成薄壁圆筒作为内筒（厚度一般为 14~20 mm），在其外面逐层包扎上厚度为 4~8 mm 的层板以达到所需的厚度，如图 5-5 所示。将层板卷成半圆（瓦片）形，在专用包扎机上，将其包在内筒外表面。用钢丝索扎紧，点焊固定点，再松去钢丝索。焊接纵焊缝并磨平后，第一层板包扎完工。用同样的方法包扎第二层，但纵焊缝要错开 75°左右，如图 5-6 所示。当包扎至厚度满足设计要求时，就构成了一个筒节。在筒节两端车出环焊缝坡口，通过环缝焊接，把筒节连成筒体。每个筒节上应开设直径为 6 mm 的安全孔和数个通气孔，如图 5-7 所示。一方面，通气孔可以防止环焊缝在焊接时把空气密封在层板间，造成不良影响；另一方面，通气孔可作为操作时的安全孔使用，一旦内筒因腐蚀或其他一些原因产生破裂，高压介质必然会从安全孔渗漏出来，通过该孔便能很方便地进行观察和处理，以防止恶性事故的发生。

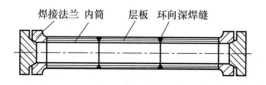

图 5-5 多层包扎式圆筒

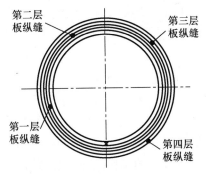
图5-6 多层包扎筒节层板
纵缝错开形式图

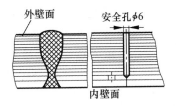
图5-7 多层包扎筒节上
深环焊缝及安全小孔

多层包扎式圆筒是目前中国应用最多的一种厚壁圆筒。其制造厂家较多，结构形式的主要优点如下。

（1）只要薄板不需厚板，原料来源广泛，且薄板比厚板的质量更容易达到要求。

（2）制造条件要求不高。所使用的加工设备比较简单，不需要大型锻压装置，一般中小型压力容器专用厂都能制造。

（3）层板在包扎与焊接过程中，由于钢丝索的拉紧及纵焊缝的冷却收缩，筒体沿厚度产生一定的压缩预应力。在承受工作内压时，此预应力可抵消一部分由内压产生的拉应力，改善了筒体的应力分布，提高了容器的承载能力。

（4）筒体上纵焊缝互相错开，任何轴向剖面上均无两条以上焊缝，减小了焊缝区因缺陷或应力集中对整个容器强度的影响，因此具有较高的安全可靠性。如果发生破裂，也只是逐层裂开，一般无碎片，安全性较单层好。

（5）层板上开有许多通气小孔，工作时从小孔可以监察内筒有无泄漏现象，同时，这种小孔可使层间空隙中的气体在工作时因温度升高而排出。

（6）层板与内筒可用不同的材料，以适应介质的要求并节省贵重材料，使成本降低。

多层包扎式圆筒的结构形式的主要缺点如下。

（1）对钢板厚度的均匀性要求高，否则整个筒体的椭圆度大。

（2）包扎工艺要求高，否则层间松动大。

（3）工序烦琐，生产效率低，生产周期长，不适合制造大型容器。

（4）层板下料后边角余料多，钢板利用率低（仅60%左右）。

（5）因层间有间隙使导热性差，器壁不宜作传热用。

多层包扎式圆筒一般用于直径 $\phi 500 \sim 3200$ mm，压力≤50 MPa，温度≤500 ℃的场合。过大的直径和过高的压力将使包扎层数太多，这种结构便不再适宜了。

2. 多层绕板式圆筒

为了克服多层包扎式焊缝多、生产周期长、效率低等缺点，发展了多层绕板式圆筒。这种结构是将薄板（通常 3~5 mm 厚）一端与内筒相焊，然后将薄板连续地缠绕在筒体上，达到所需厚度后，将薄板割断并将薄板末端焊住，形成筒节。最外层往往再加焊一层套筒作为保护层。即多层绕板式筒体由 3 部分组成：内筒、卷板层和外筒。内筒长度决定于钢板的宽度，一般为 2.2 m。制造时把筒体分成多个筒节，其内筒厚度为 10~40 mm，内筒的长度与所绕钢板的宽度相等。开绕时，由于绕板的厚度会在起始端出现一个台阶，为此，在起绕处先点焊一个楔形板，并且一端磨尖，另一端与绕板厚度相同并与绕板连接，如图 5-8 所示。另外，图 5-9 和图 5-10 是绕板式圆筒筒节的制作过程和卷制示意图。

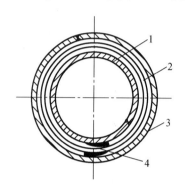

图 5-8 多层绕板式圆筒横截面
1—内筒；2—绕板层；3—保护筒；4—楔形板

图 5-9 绕板式圆筒筒节的制作过程
1—楔形板下料；2—楔形板及圆筒弯曲成型；3—纵焊缝电焊；4—楔形板与钢板电焊；5—楔形板沿纵焊缝焊接并绕制；6—绕板结束，焊接外楔形板

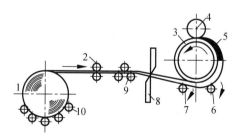

图 5-10 绕板式圆筒筒节的卷制示意图
1—钢板滚筒；2—加紧辊；3—内筒；4—加压辊；5—楔形板；6—主动辊；7—从动辊；8—切板机；9—校正辊；10—托辊

与多层包扎式相比，多层绕板式有如下特点。
（1）生产效率高，无需一片一片地下料成型，无需逐层焊接，纵向焊缝少。
（2）材料利用率高（达 90% 以上），基本没有边角余料，材料成本较低。
（3）机械化程度高，内筒制成后可在绕板机上一次绕制完毕，操作简便。

多层绕板式结构主要缺点是：由于该结构筒节长度与钢板宽度相等，筒节与封头均需要用深环向焊缝进行连接，增加了焊接和检验的工作量；钢板厚度误差累计会使圆筒圆度增大；绕板不容易绕紧，层间存在间隙等。

国内已形成一定绕板容器生产能力。一般来说，绕板容器所用钢板太薄，不适合于绕制大型大厚度的高压容器。多层绕板式圆筒的应用范围：内直径为 500 ~ 7 000 mm，单个筒节最大长度为 2 200 mm，制作容器最大质量为 1 000 t，最高设计压力为 147.2 MPa，最高设计温度为 468 ℃。

3. 多层绕带式圆筒

多层绕带式圆筒是通过在内筒外面，绕上多层钢带以增大筒壁厚度，是我国首创的一种结构。根据不同的钢带型号有槽形绕带式和扁平绕带式两种结构形式。目前使用较多的是扁平绕带式圆筒。

扁平绕带式厚壁容器结构简单，内筒无需加工螺纹槽，也不采用需特殊轧制的槽形钢带，因而其制造要比槽形绕带式方便很多。所用扁平钢带一般厚 4 ~ 8 mm，宽 40 ~ 120 mm。缠绕时通过一个油压装置施加一定拉力，使内筒产生预压缩应力，从而使内筒在工作状态下的应力有所减少。钢带的起始端与筒的端部焊牢，每层钢带按多头螺纹绕制，并与筒体环向成 15°~30°倾角，这样可以增加带间摩擦力以承受轴向力。每层钢带互相为左右螺旋错开，并使钢层为偶数，避免筒壁产生附加扭矩，如图 5 - 11、图 5 - 12 所示。

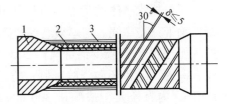

图 5 - 11　扁平绕带式圆筒
1—筒体端部；2—内筒；3—钢带层

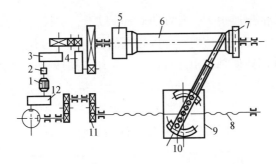

图 5 - 12　扁平绕带式圆筒绕带制作示意图
1—电动机；2—刹车装置；3，4，12—减速箱；5—床头；6—内筒；
7—尾架；8—丝杠；9—小车；10—压紧装置；11—挂轮

扁平绕带式圆筒的结构形式的主要优点如下。

（1）扁平钢带尺寸公差要求不高，结构简单，轧制方便，来源广，价格低。

（2）所用加工设备简单，绕带机精度要求不高，小型机械厂都能做到。

（3）绕带时机械化程度较高，可节省大量手工劳动，生产效率高，生产周期短。

（4）材料利用率高，制造成本低。

(5) 整体绕制,无深厚环焊缝。
(6) 内、外层材料可以不同,以适应介质的要求和节省贵重金属材料。
(7) 内筒较薄,带层呈网状结构,爆破时不容易整个裂开,比较安全。

多层绕带式圆筒的结构形式的主要缺点如下。

(1) 缠绕倾角 α 对带层及内筒承受轴向、周向应力的分配非常敏感,须选取一个合适的值,否则带层受力情况不好。

(2) 绕带时导轨给钢带绕上圆筒的位置不够准确,常要人工纠正钢带的位置。

(3) 钢带的拉力不够,带层有时松,不易产生对内筒的预应力。

(4) 水压试验的残余变形量稍大,爆破压力稍低。

扁平绕带倾角错绕厚壁容器是中国首创,它在国内 20 世纪六七十年代大规模发展小型化肥工业中发挥了重要作用,也取得了重大经济效益。它兼有绕带式和多层包扎式筒体的优点,可以用轧制容易的扁平钢带代替轧制困难的型槽钢带,钢带只需冷绕。与厚板卷焊圆筒相比,它能够提高工效 1 倍,降低焊接和热处理能耗 80%,减少钢材消耗 20%,降低制造成本 30%~50%。另外筒体全长没有深的纵向和环向焊缝,制造方法容易掌握。该结构主要适用于压力不小于 1 MPa,内直径大于或等于 300 mm 的内压容器。目前,国内可以生产直径达 2 500 mm 的扁平绕带式厚壁容器。

4. 多层热套式圆筒

大型高压容器的壁厚很大,常在 100 mm 以上,层板(带)较薄时,要达到所需厚度很是费时。工程上迫切需要以较厚的板材组合成层数不多的厚壁筒,那么多层热套式厚壁圆筒便是其中选择之一。采用双层或更多层中厚板(30 mm 以上)卷焊成直径不同,可过盈配合的筒节,然后将外层筒加热到计算好的温度,便可进行套合,冷却收缩后便配合紧密。如此逐层套合到所需厚度,将套合好的筒节加工出环缝坡口再焊成筒体。如图 5-13 所示。

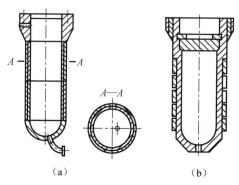

图 5-13 多层热套式厚壁圆筒
(a) 双层热套式厚壁圆筒;(b) 外筒环焊缝不焊接的热套式结构

热套筒体需要较准确的过盈量，但又力求配合面不进行机械加工，这就对卷筒的精度要求较高，而且套合时需选配套合。即使有过盈量，套合也很难保证贴合均匀。如果在套合并组接成筒体后，再进行超压处理，则可使其贴合紧密，这样可降低对过盈量及圆筒精度的要求。

多层热套式高压容器的主要优点如下。

（1）采用中厚板，层数少（一般 2~3 层），生产效率高，明显优于多层包扎式。

（2）材料来源广泛且材料利用率高。中厚板的来源比厚板来源广，且质量比厚板好，材料利用率比多层包扎式高 15%~20%。

（3）焊缝质量容易保证。每层圆筒的纵焊缝均可分别探伤，且热套之前均可做热处理。

虽然热套时的预应力可以改善筒体受内压后的应力状态，但对一般的高压容器来说这一点并不重要。而且这种热套筒体不是在经过精密切削加工后，再进行套合的，因此热套后各处的预应力分布很不均匀。所以在套合后或组装成整个筒体后，再放入炉内进行退火处理，以消除套后或组焊后的残余应力。只是在超高压容器采用热套结构时，才期望以过盈套合应力来改善筒体的应力分布状态。

多层热套式的主要缺点如下：

由于热套式结构只能热套短圆筒，故筒体间连接较多，深环焊缝存在缺陷的可能性增大，同时也增加了环焊缝焊接和探伤检测的工作量；除此之外，热套式结构需要大型设备加工坡口和进行整体热处理的加热炉。

多层热套式圆筒的常用范围是：设计压力为 10~70 MPa，设计温度为 -45 ℃~538 ℃，内直径为 600~4 000 mm，壁厚 50~500 mm，筒体长度为 2.4~38 m。

5. 无深环焊缝的多层包扎式

上面所述的各种多层容器均先制成筒节，筒节与筒节之间就不可避免地需要采用深环缝焊接。深环焊缝的焊接质量对容器的制造质量和安全有重要影响，原因有以下几点。

（1）探伤困难，由于环缝的两侧均有多层板，影响了超声波探伤的进行，仅能依靠射线检验。

（2）有很大的焊接残余应力，且焊接晶粒极易变得粗大而致使韧性下降。

（3）环缝的坡口切削工作量大，焊接也复杂。

无深环焊缝的多层包扎式高压容器，可以克服这些缺点。它是将内筒首先拼接到所需的长度，两端便可焊上法兰或封头，然后在整个长度上逐层包扎层板，待全长度上包扎好并焊好磨平后，再包扎第二层，直至包扎到所需厚度。这种方法包扎时，各层环焊缝可以相互错开，至少可错开 200 mm 的距离。另外每层包扎层还应将层板的纵焊缝也错开一个较大的角度，以使各层板的纵焊缝不在同一方位。这些做法均对保障结构的安全有好处。这种结构的厚壁容器完全避免了出现深环焊缝，连与法兰及封头连接的深环焊缝也被一般的浅焊缝所代替，使得焊缝质量较易保证，又简化了工艺，但需较大型的包扎机，国内近年来已进行了研制，并已取得了成功。

6. 螺旋绕板式圆筒

螺旋绕板式圆筒与扁平绕带式圆筒在结构上没有实质性的区别，只是前者使用的钢板宽度比钢带大而已。该结构是根据内筒直径的大小，在内筒外面以 0.2~2.2 倍的筒体内径为螺距，使用厚度约 4 mm，宽度为 400~2 500 mm 的薄钢板进行螺旋错绕，直到所需厚度，如图 5-14 所示。

图 5-14 螺旋绕板式圆筒

1—筒体端部；2—用于螺旋缠绕的钢板；3—封头

这种结构除了具有扁平绕带式圆筒的一些优点外，没有深环焊缝，制造时不需进行热处理。另外，与单层卷焊式圆筒相比较，制造工时节约 60%，能耗降低 90%，制造成本降低 6%，使用更加安全可靠。但由于采用了大宽度的钢板进行缠绕，显然增加了制造难度，例如：在圆筒端部对接处，钢板的切削比较困难；螺距控制和精度调节要求更高；随着钢板厚度和宽度的增加，为了保证一定的缠绕力，需要大功率的绕板机床等。

目前，螺旋绕板式圆筒适用于：最高设计压力为 100 Mpa，设计温度为 -40 ℃ ~ 350 ℃，圆筒体最大壁厚为 200 mm，筒体最大长度可达到 9.5 m。

三、新型超高压厚壁圆筒结构

1. 楔形块式厚壁筒体

其筒体是由两部分组成，如图 5-15 所示，圆筒内层制成径向剖分结构，外

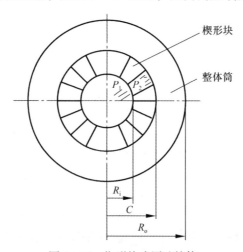

图 5-15 楔形块式厚壁筒体

筒为整体筒。圆筒内层是由许多楔形块构成，楔形块的接触面经研磨，并垫上薄的垫片，使介质只能与内表面接触，以防止内筒介质沿接触面泄漏。由于筒体内层的径向楔形块形成不连续结构，因此，筒体内层没有周向应力，从而提高了筒体的承载能力。

2. 扇形块式厚壁筒体

扇形块式高压容器的筒体沿圆周方向，由许多扇形块彼此像砖墙那样一层一层搭叠在一起，用柱销紧固，如图 5 – 16 所示。筒体内腔装有一薄衬里层或密封薄膜，以防止筒内流体介质渗漏。容器的封头用连接柱销与筒体紧固，柱销承受轴向力，整个筒体沿壁厚方向产生均匀的拉伸应力，材料强度得到充分利用，从而避免筒体承载时产生周向应力。

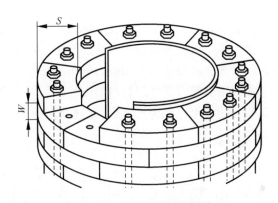

图 5 – 16　扇形块式厚壁筒体

综上所述，各种结构形式的厚壁容器主要是围绕如何用经济的方法获得大厚度这一中心问题，而逐步发展起来的。这些圆筒结构都有自己的特点，选用时除了要了解不同结构的优缺点外，还应综合考虑材料来源，配用的焊条焊丝，制造厂的设备条件以及特殊材料的焊接能力、热处理要求、技术可靠性和使用的经济性等。目前，对于这些形式的厚壁容器我国都有一定的设计生产能力，国内压力容器的有关标准已经纳入了其中的一些圆筒结构，如整体锻造式、锻焊式、单层卷焊式、多层热套式、多层包扎式、多层焊缝错开式以及扁平绕带式等，实际需要时可以查阅相关手册。

第三节　厚壁圆筒的自增强

对于多层厚壁圆筒，在包扎、绕制和热套过程中，会在层板（带）间形成预应力，该预应力能改善在工作压力下筒壁的应力分布，使其趋于均匀；对于单层厚壁圆筒，也可以利用预应力方法达到改善应力分布的目的。

一、自增强技术原理

由厚壁圆筒形容器的弹性应力分析可知,当厚壁圆筒承受的内压超过一定值后,筒体内壁处的材料就会首先发生塑性屈服,形成一个塑性层,随着压力的升高,该塑性层会不断向外扩展。如果将内压卸除,则弹性层的金属企图恢复弹性变形,而塑性层的金属因发生了不可恢复的塑性变形,就会阻止弹性层的恢复变形。正是由于弹性层对塑性层的弹性收缩作用,使得在靠近筒体内壁处的塑性层中,形成了残余压应力,而在靠近外壁的弹性层中形成了残余拉应力。

筒壁上的弹塑性应力分布如图5-17所示。通过应力分析可知,仅受内压作用的厚壁圆筒,其内壁上的当量应力为最大,外壁为最小,且应力沿壁厚分布不均匀。这就意味着厚壁圆筒在承载时,只要圆筒未进入整体塑性变形状态,外层材料总是没有得到充分利用。因此,当对存在上述残余应力的筒体施加工作压力时,在工作压力下的弹性应力就会与残余应力叠加,结果使内壁的拉应力有所减少,外壁的拉应力有所增大,从而使筒壁的应力分布趋于均匀,使容器的弹性承载能力得到提高。这种利用器壁自身外层材料的弹性收缩来产生残余应力,从而提高容器的弹性承载能力的技术,称为厚壁容器的自增强技术。

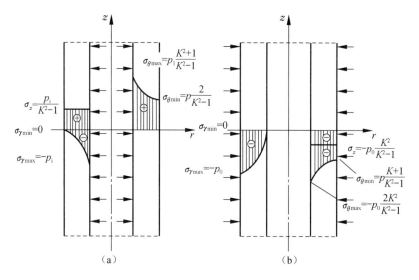

图5-17 厚壁圆筒弹性应力分析
(a) 仅受内压;(b) 仅受外压

自增强处理就是将厚壁筒体在使用前,进行大于工作压力的超压处理,目的是形成预应力使工作时壁内应力趋于均匀。如前所述,超压时可形成塑性层和弹性层。泄压后,塑性层将有残余应变,而弹性层又受到该残余应力的阻挡也恢复不到原来的位置,两层之间便形成相互作用力。无疑,塑性层中形成残余压应力,弹性层中形成残余拉应力,也就是筒壁中形成了预应力。

厚壁圆筒产生预应力的常用方法有两种：一是将一个圆筒缩套到另一个圆筒上，使内壳产生压缩应力，所有的应力与应变都限制在弹性范围内，故称为弹性操作筒体。属于这类容器的是一些组合式厚壁容器，如绕带式、绕丝式和多层缩套配合容器等。二是在厚壁容器操作使用前进行加压处理，此压力一般超过操作压力，使圆筒内壁屈服，产生径向扩大的残余变形并形成塑性区，而外层仍保持弹性变形。保压一段时间后卸载，由于外层材料的弹性收缩，使已经进入塑性状态的内层材料在弹性恢复后产生压缩应力。由于此类方法是利用圆筒自身外层的弹性收缩来获得预应力，故称为自增强筒体。

二、自增强筒体的特点

自增强技术最早出现于 20 世纪初，当时主要是用于炮筒的制造。自第二次世界大战以后，由于人们对该技术的进一步研究，使其逐步由炮筒的设计、制造转移到石油化工生产的应用。特别是后来针对高压聚乙烯等生产工艺的实施，在反应设备、换热设备、超高压管道以及超高压压缩机气缸等装置中普遍采用了自增强技术。目前，自增强技术已经成为高压或超高压容器设计过程中不可或缺的一项重要手段。

该技术之所以能得到广泛应用，主要由于具有如下特点。

（1）经过自增强处理的圆筒，因为产生了预压缩应力，使圆筒内壁原有的最大应力降低应力分布更为均匀，而且全部应力维持在弹性范围内，弹性操作范围扩大，弹性承载能得到较大提高。如：试验证明 0Cr18Ni9 的不锈钢圆筒，经超应变处理 4% 的变形率后，内壁材料的屈服极限。$\sigma_{0.2}$ 可以提高 43%；经过自增强处理的管子，其屈服压力提高 40%～59%，由此可以代用强度较低的管子或使壁厚减薄。

（2）经过自增强处理的圆筒，由于内壁存在压缩残余应力，操作时使内壁平均应力降低，疲劳强度显著提高。特别是对有径向小孔和内壁有缺陷或有裂纹的圆筒，经自增强处理后，其疲劳持久极限和疲劳寿命均比非自增强圆筒有显著提高。如：国外曾用 En25 钢制圆筒做自增强与非自增强的疲劳比较试验。每个圆筒开设多个不同直径的孔，自增强压力为 325 MPa 时，内壁不开孔部位刚好超应变，而开孔处已产生相当大的超应变，其疲劳持久极限比非自增强圆筒至少增加 50%。

（3）尽管过去认为高压和超高压自增强圆筒在高温或交变内压循环作用下，会产生残余应力松弛，但经过试验证明，经自增强处理的圆筒在高温（如454 ℃）下经一定时间后，内壁残余应力的松弛会趋于缓和稳定，但仍留下较高的环向压缩残余应力，对提高圆筒的弹性承载能力依然有很大作用。因此，只要选择抗蠕变性能良好、合适的材料，自增强圆筒仍然可以很好地应用在高温工作环境。

三、自增强处理的方法

目前，自增强加压处理主要有液压法、机械挤压法和爆炸胀压法等方法。

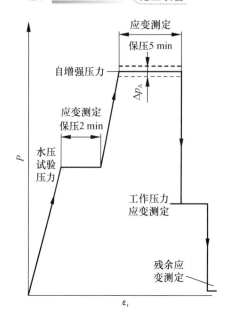

图 5-18 厚壁圆筒加载和卸载的工艺过程

1. 液压法

液压法是利用液体压力直接作用于圆筒内壁，使之塑性变形，然后卸除压力获得残余应力。这种最早的加压处理方法，广泛应用于各种大、中口径的炮管，高压或超高压容器以及高压管道的自紧处理，以提高弹性强度极限和疲劳寿命。液压法与容器的液压试验过程基本相同。如图 5-18 中 Δp_A 为自增强压力公差，取加压泵额定压力误差的 1% 与仪器、仪表目测误差值之和。压力卸除后，作残余应变的测定，以确定内径胀大量。从图中可以看出，为了详细了解加压圆筒的内壁或外壁的应变情况，可以在加压过程中分多次测定各点的应变值，每次保压 3~5 min，并待应变稳定后读取相应的数据。

液压法的主要特点：操作比较简单，机动灵活，不需要特殊的压力元件，而且能够使圆筒内壁获得均匀的塑性变形，特别适用于闭式容器的自增强处理。

但是由于圆筒产生塑性变形所需的压力与材料的屈服极限成正比，所以必须要有提供压力源的超高压泵和管道（附件），因此，常常受到使用上的限制。

2. 机械挤压法

机械挤压法是利用有过盈的滑动锥形心轴通过圆筒内壁，使内壁受到挤压而产生塑性变形及残余压缩应力，从而实现自增强的目的。推动心轴有以下几种方法。

① 用冲头或水压机压入心轴。

② 用机械设备拉动心轴（见图 5-19）。

③ 将液压直接作用到心轴的一端来压迫和推动心轴（见图 5-20）。

在机械挤压过程中，为了降低心轴和内壁之间的摩擦力，避免心轴对筒体内壁的损伤，必须使用金属涂层作润滑剂，一般选用纯铅或铅锡合金。

机械挤压法的主要特点：比较经济，不需要外部限定模具，密封也比较容易；它只受心轴材料压缩强度限制，而不受圆筒强度的约束，因此，通过机械挤压可以得到 1 500 MPa 以上的残余应力。一般多用于开式圆筒的自增强处理。

3. 爆炸胀压法

这是一种试验技术，至今尚未见到应用于生产实际。此法是利用高能量炸药在极短时间内爆炸所产生的高压冲击波的作用，使圆筒内壁迅速产生塑性变形。

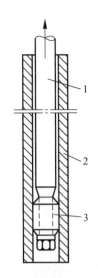
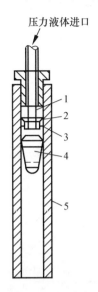

图 5-19 机械拉牵挤压装置
1—拉杆；2—筒体；3—心轴

图 5-20 液压推动挤压装置
1—堵头；2—软钢填环；
3—橡胶 O 形环；4—心轴；5—筒体

通过试验分析，圆筒内壁塑性变形的量是炸药强度的函数，炸药使用量的准确程度直接影响到自增强处理的效果。因此，只要有效控制炸药用量，使爆炸产生的压力符合一定的超应变所需要的数值，就可以实现使圆筒产生一定塑性变形的目的。

第四节　厚壁容器的主要零部件

厚壁容器的零部件也是厚壁容器结构的重要组成部分，如筒体端盖（封头）、筒体端部、连接件及开孔补强等。

一、厚壁容器的封头

厚壁容器端盖目前使用较广泛的有平盖和半球形端盖两种形式，较小型的厚壁容器（如化肥厂的高压合成塔等）多趋于采用半球形端盖代替以前的平盖，这样既可省去大锻件，又节省机加工工作量和金属消耗量，收到了明显的经济效益。但对于大直径厚壁容器，由于直径大、厚度大的球形端盖冲压成型困难，故仍多采用平端盖。

根据平端盖与筒体连接方式的不同，分为不可拆与可拆连接平盖。

不可拆连接平盖有两种结构，如图 5-21 所示。

这种平盖由于边缘应力的影响，通常采用减小内径或增大外径的办法来加强筒体端部，如图 5-22 所示。或使不连续的直角相交改为圆弧过渡，使之由刚性连接变为弹性连接，尽可能将边缘应力降低，如图 5-23 所示。

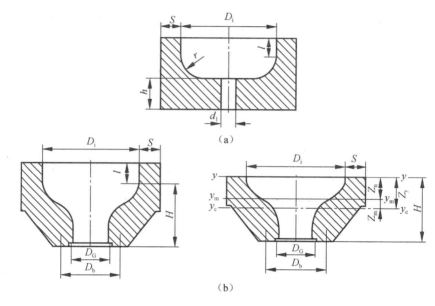

图 5-21 不可拆连接平盖
(a) 平封头；(b) 紧缩口平端盖

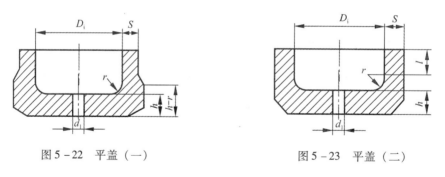

图 5-22 平盖（一）　　　　　　图 5-23 平盖（二）

可拆连接平盖根据密封结构的不同有多种结构，如图 5-24 所示。其中图 (a) 用于平垫强制密封；图 (b) 用于双锥环密封；图 (c) 用于外螺纹卡扎里密封；图 (d) 用于平垫自紧密；图 (e) 用于楔形垫密封；图 (f) 用于径向 C 形环密封。

对于中小型高压厚壁容器的半球形封头，可采用分层多次冲压成型或多层叠合板一次冲压成型。所谓分层多次冲压成型，就是采用较薄的钢板进行冲压成型，每冲压一层钢板需更换一次阴模，直至达到要求的厚度。出于层间钢板的氧化皮难以去净，故层间的间隙不易保证。多层叠合板一次冲压成型。制造时先将开好料的板材分别调平后进行喷砂除锈，再叠合在一起，在水压机压紧的情况下进行层板的焊接，在层间仅留有四处，每处 20~30 mm 不焊接，作为排气间隙，其余全部封焊、焊后再热冲压成型，见图 5-25。

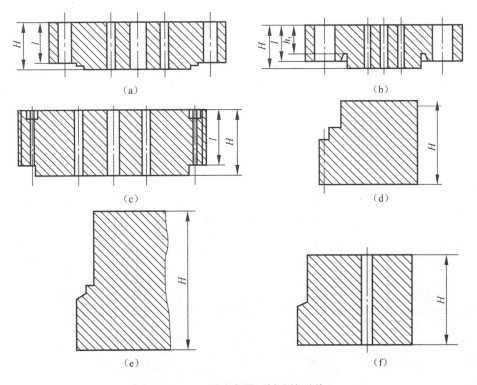

图 5-24 厚壁容器可拆连接平盖
(a) 用于平垫强制密封；(b) 用于双锥环密封；(c) 用于外螺纹卡扎里密封；
(d) 用于平垫自紧密；(e) 用于楔形垫密封；(f) 用于径向 C 形环密封

对于直径较大的高压半球形封头，采用分片冲压成型，成型后再将球片组装成一层半球形壳，在专用夹具压紧下进行焊接。焊后，将焊缝打磨光滑再组装另一层球片。层与层之间的球片焊缝不能重台，要均匀相错，且每层均备探测孔。该种结构的半球形封头由于每层球片焊接时的收缩，可使层间间隙非常微小，且由于层板焊接收缩产生自紧效果，形成压力容器理想的残余应力分布。由于层间间隙很小，所以与圆筒容器的连接部分和接管处的连接部分等结构不连续部分的局部应力较小。因层间间隙微小，且每层又由若干球片组装焊接而成，所以在热状态下使用时，产生的层间热阻较小。

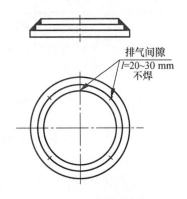

图 5-25 多层叠合板

在容器较小，壁厚不大时，为了便于焊接，一般采用与筒体壁厚相等的整半球封头，如图 5-26（a）所示。但在容器直径较大，壁厚较大的情况下，则采用与筒体不等厚度的缺球体，这样的缺球体既可减少压制衬头的深度和便于脱模，同时又可使封头与筒体的不等厚连接处的球带部分得到加强，使受力情况更为合理。为了使缺球体与筒体的内壁圆滑过渡，尽量减少器壁的附加应力，因而缺球体的半径比筒体的半径大。需使连接处缺球体的弦长与筒体的直径相等，如图 5-26（b）所示。对于不等厚的成型封头与筒体连接，为了控制在连接处器壁上的附加应力，美国 ASME 标准及压力容器规范对连接处的过渡区加以限制，如图 5-24（c）。

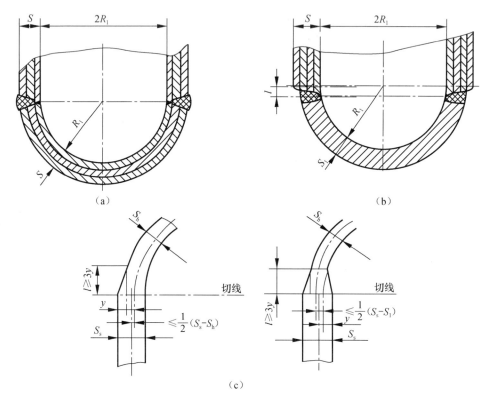

图 5-26　半球形封头与器身连接结构

[结构（c）中锥体长度 l 包括焊缝宽度在内]

（a）等厚壁半球封头；（b）不等厚缺球体；（c）ASME 过滤区域

二、厚壁容器的筒体端部

筒体端部的结构与筒体结构、密封形式和制造方法有关，通常采用的形式，如图 5-27 所示。筒体端部有的用层板式与筒体锻制或焊接成一体，有的用锻件与筒体焊接在一起或用螺纹套合在筒体上。

三、厚壁容器的主要连接件

高压厚壁容器的紧固连接件有螺栓连接、卡箍连接等。由于高压螺栓的直径

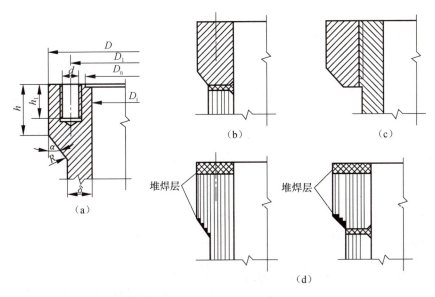

图 5-27 厚壁容器筒体端部结构
(a) 整锻式；(b) 锻焊式；(c) 螺纹式；(d) 层板式

大，加工精度高，热处理要求也严格，而且高压螺栓的装拆过程既费事又繁重，因此目前普遍采用无螺栓连接即卡箍连接。

1. 螺栓连接

高压螺栓一般都采用细颈双头螺栓，如图 5-28 所示。这种螺栓结构可降低螺栓的刚度，使之不易产生断裂，即高压双头螺栓中间部分车光到小径大小，并与螺纹部分有一较大的圆角半径 r 过渡，从而提高了双头螺栓的疲劳强度。

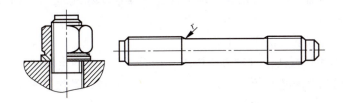

图 5-28 双头螺栓连接结构

2. 卡箍

卡箍连接可用于 O 形环、C 形环和 B 形环等自紧式密封。卡箍的结构较为紧凑轻便，加工制造和安装都比较方便。卡箍的纵向断面呈凹形，可分为两块拼合式和三块拼合式两种，几块卡箍之间用螺栓连接起来，如图 5-29 所示。卡箍纵向断面在内侧的上下两个面是斜面，当紧固螺栓拧紧时，卡箍的每一块都向中心靠拢，通过卡箍的这两个斜面与平盖及筒体端部上的斜面相互作用，迫使密封件

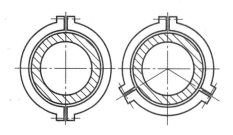

图 5-29 卡箍连接结构

受压,以获得密封预紧力。为了达到自锁的目的,卡箍的斜面与水平面之间的夹角应小于摩擦角,一般 α 取 5°～7°。为了减少应力集中,在卡箍的转角处有过渡圆角。

3. 法兰盲板

高压容器上的人孔、手孔或检修用孔及高压管道的密封,在正常操作时都要安装盲板。由于用途不同,盲板的结构形式不同,技术要求也不相同。用作透镜垫密封的盲板如图 5-30 (a) 所示,用作平垫密封的盲板如图 5-30 (b) 所示。盲板是一个圆平板,板上开数个与法兰连接的螺栓孔。在制造安装时,要注意盲板密封面上不得有划痕、刮伤和凹陷等影响密封的缺陷。

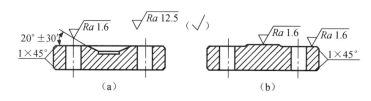

图 5-30 法兰盲板
(a) 透镜垫密封形式;(b) 平垫密封形式

四、高压厚壁容器的开孔补强

1. 开孔补强方法

高压厚壁容器开孔周围的集中应力往往是容器破坏的隐患,因此,容器开孔较大时必须补强。

目前开孔补强的方法有以下 3 种。

(1) 等面积补强法。这种方法要求开孔后,必须在规定的加强区域内进行补强,补强所需的金属量必须等于因开孔挖去的金属量,显然这种方法比较安全,但是偏于保守,补强区域比较分散。

(2) 弹性失效补强法。这种方法以弹性失效理论为基础,即允许开孔范围的最大应力:$\sigma_{max} = 1.5\sigma_s$,故补强用材料比等面积补强法少些。

(3) 塑性失效补强法。这是以塑性失效理论与实验为基础提出的方法,其要点是允许开孔接管周围的最大应力(峰值应力)可达到材料屈服点的 2 倍(即 $\sigma_{max} = 2\sigma_s$),即允许开孔周围出现局部的点屈服,而相邻部位仍处于弹塑性状态。因而补强范围与孔的内直径、筒体内径、接管的壁厚、筒体的壁厚等尺寸有关,这一补强方法已作为压力容器开孔设计的规范。

2. 开孔补强结构

高压容器开孔补强结构应采用整体补强结构,如图 5-31 所示。不采用补强圈,这是因为补强圈与筒体间存有间隙,传热效果差,容易产生附加温差应力,且抗疲劳性能也很差。实验证明,当采用厚壁接管补强时,最大应力集中发生在接管根部与筒体交界处的内、外侧,且内侧比外侧更为严重,为了控制开孔处的应力集中,厚壁接管根部的内、外侧均应打磨成光滑的圆角过渡,以降低应力集中系数。

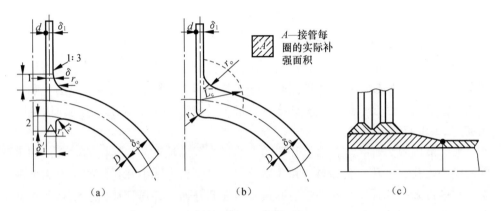

图 5-31 整体补强结构
(a) 插入式补强接管;(b) 密集补强结构;(c) 多层厚壁容器补强接管

综上所述,对高压容器开孔补强的结构要求如下。

① 单层高压容器筒体上开孔补强,应采用整体补强元件补强或厚壁接管全焊透结构。

② 多层高压容器或扁平钢带高压容器上开孔补强应采用厚壁接管全焊透结构。

③ 高压容器顶盖和封头上的开孔补强,应用整体元件补强或采用厚壁接管全焊透结构。

思考题与习题

5-1 厚壁容器的圆筒有哪些结构?它们各有何特点和适用范围?

5-2 国内有哪些制造厚壁容器圆筒的方法?

5-3 简述自增强的基本原理,为什么厚壁圆筒要进行自增强处理?处理后的圆筒有哪些特点?

5-4 厚壁容器的主要零部件有哪些?

5-5 高压厚壁容器常见开孔补强的结构有哪些?

第六章

化工设备的主要零部件

本章内容提示

本章介绍化工设备的主要部零件。

第一节内容是法兰连接，以及法兰连接的密封机理和密封形式。法兰连接包括压力容器法兰连接和管法兰连接两部分。其中压力容器法兰包括平焊法兰和对焊法兰；管法兰连接包括板式平焊法兰、带颈平焊法兰和带颈对焊法兰。法兰的标准为 JB/T 4701~4703。

第二节内容为开孔与补强。开孔的目的是为了满足工艺和结构的需要，其主要形式是人孔、手孔、装卸料口和介质的出入口。为了减小开孔处的应力集中现象，须进行开孔补强。开孔补强的形式有补强圈补强、补强管补强和整体锻件补强。此外，本部分还将介绍人孔和手孔的结构形式及适用范围。

第三节是对于支座的介绍。支座的主要类型包括鞍式支座、裙式支座、支撑式支座和耳式支座。此外还将介绍各种支座的结构形式，以及每种支座的尺寸和标记及选用原则。

第四节内容是安全附件，包括视镜、安全阀和爆破片。

第一节 法 兰 连 接

一、法兰连接的组成及应用

为了化工设备的制造、安装、运输和检修方便，以及满足生产工艺的需要，化工设备和管道通常采用可拆连接。例如，在大型设备（如换热器、塔器等）的筒体与封头处一般采用可拆连接，然后再组装成一个整体；管道与管道之间、设备接管与管道之间都做成可拆连接。为了安全，可拆连接必须满足强度、刚度、耐腐蚀性和密封性的要求。常见的可拆连接有法兰连接、螺栓连接和插承连接。在化工设备和管道中应用最为广泛的就是法兰连接。

法兰连接是由一对法兰、若干个螺栓、螺母和一个垫片组成。工作时，在螺栓预紧力的作用下，较软的垫片变形后填平两个密封表面的不平处，阻止介质泄漏，从而达到密封的目的。法兰连接结构如图 6-1 所示。

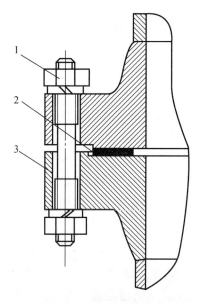

图 6-1 法兰连接结构
1—螺栓、螺母、垫圈；2—垫片；3—法兰

二、法兰的分类

法兰的分类方式很多，根据法兰的接触面不同可分为宽面法兰和窄面法兰。窄面法兰是指垫片的接触面位于法兰螺栓孔包围的圆周范围内；宽面法兰是指垫片的接触面分布于法兰螺栓中心圆的内外两侧。一般情况下，设备和管道中多使用窄面法兰。

按照使用场合不同可分为压力容器法兰和管法兰。压力容器法兰适用于封头与管板、筒体与筒体和筒体和封头的连接；管法兰适用于管子与管子、管子与管件或阀门、外管道与容器的连接。

按照法兰的形状分可分为圆形法兰、方形法兰和椭圆形法兰。其中圆形法兰较常见，用途比较广泛；方形法兰的优点是有利于管道的紧密紧凑的排列；椭圆形法兰适用于小直径和阀门的高压管道上。

按照法兰其整体的程度分可分为整体式法兰、松式法兰和任意式法兰。接下来详细讲述。

1. 整体式法兰

整体式法兰是指法兰与管道或者筒体连接成一体的结构。结构如图 6-2 (a)、(b) 所示。在 (a) 图中，法兰盘与锥形颈部锻制为一体结构，再与筒体或管道对焊在一起，故又称为长颈对焊法兰。在 (b) 图中的法兰材质是铸铁或者铸钢，如图所示制造时直接将法兰和筒体或管道铸造成整体的结构。

这两种整体式法兰都有颈部，颈部的存在能够提高法兰的刚度和强度。缺点是由于是整体结构，所以在受力后，容易在筒体或管道上产生附加弯曲应力，从而导致设备或管道出现应力集中现象。适用于设备直径大、较高的压力和温度的场合。

2. 松式法兰

松式法兰是指法兰不直接与筒体或者管道连成一体。法兰盘套在翻边或者焊环上，故又称为活套法兰。结构如图 6-2（c）、（d）所示。松式法兰适用于有色金属或不锈钢材质的设备。法兰的材质选用碳钢可节约贵重金属的用量。

这种法兰的优点是：法兰结构对筒体或者管道不会产生附加弯曲应力；缺点是：法兰的刚度较小，承受较大的载荷时，需增加其厚度，因此适用于管道和压力较小的场合。

3. 任意式法兰

任意式法兰的结构介于整体式法兰和松式法兰之间。结构如图 6-2（e）、（f）所示。在（e）图中，法兰与管道是通过螺纹连接的，这样的结构使得法兰对管道产生的附加弯曲应力小。这种法兰结构的整体性接近于松式法兰，适用于高压管道的连接中。在图（f）中，法兰的结构接近整体式法兰的结构，这种法兰称为压力容器用乙型法兰。

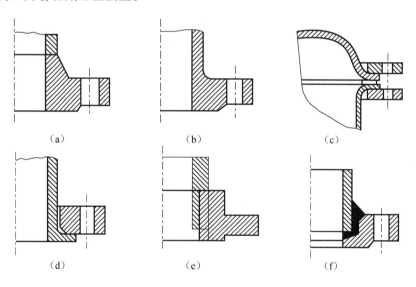

图 6-2　法兰类型

（a）长颈对焊法兰；（b）整体法兰；（c）、（d）活套法兰；（e）任意式螺纹法兰；（f）乙型法兰

三、法兰连接的密封

1. 法兰连接的泄漏途径

法兰连接的失效形式主要是由于流体的泄漏导致法兰失效。对于螺栓连接的

法兰，流体在密封处的泄漏形式主要有两种途径，即垫片渗透泄漏和界面泄漏。垫片渗透泄漏是指流体通过垫片材料本体的毛细管的渗漏。垫片的密封除了受介质压力、温度、黏度、分子结构等流体性质的影响外，还与垫片的结构和垫片材料的性质有关。消除渗透泄漏的措施主要是：对垫片材料添加某些添加剂，进行改良，减小渗透性，或者与不透性的材料组合成型制作垫片，从而减少渗透。界面泄漏是指流体沿着垫片与法兰压紧面之间的泄漏。界面地漏泄漏量的大小主要与界面的间隙尺寸有关。造成界面泄漏的主要原因是：加工时在法兰密封面上凹凸不平的间隙以及压紧力不足。界面泄漏产生的流体泄漏量占到总泄漏量的80%～90%，因此界面泄漏是法兰连接最主要的泄漏形式。

法兰连接的密封是在螺栓预紧力的作用下，使垫片产生变形以填满法兰密封面上凹凸不平的间隙，阻止流体沿界面的泄漏。

2. 法兰连接的密封原理

法兰连接的密封过程可分为预紧和工作两个阶段。法兰在螺栓预紧力的作用下，压紧密封面之间的垫片，当垫片单位面积上所受的压紧力达到一定值的时候，垫片发生变形，填满法兰密封面上的凹凸不平处，为阻止介质泄漏创造了初始条件。这时作用在垫片单位面积上的压紧力称为垫片的预紧密封比压。在预紧工况下，当垫片单位面积上所受的压紧力小于预紧密封比压时，就会发生介质的泄漏。当设备或管道升压后，由于介质压力的作用，螺栓受到进一步的拉伸。法兰密封面沿着彼此分离的方向移动，这就会使得密封面和垫片间的压紧力下降，但是由于垫片的弹性变形部分会产生回弹现象，使得法兰密封面上的比压继续保持一定值，从而阻止介质的泄漏。当法兰密封面和垫片之间的比压降低到某一临界值以下时，介质就会发生泄漏，这个临界的比压值称为工作密封比压。这个比压值是在工作状态下必须保留下来的最低比压。为了保证法兰密封，就必须保证在法兰密封面上实际存在的比压不低于压紧时垫片的预紧密封比压。法兰工作时，垫片单位面积上的压力不得低于 m 倍的介质压力，m 是垫片系数，其值与垫片材料、结构，介质特性、压力、温度，法兰密封面的形式等有关。实际应用时可查询有关垫片标准。

四、法兰的结构类型

1. 压力容器法兰

（1）压力容器法兰的结构类型。

压力容器标准法兰有甲型平焊法兰、乙型平焊法兰和长颈对焊法兰 3 种类型，如表 6-1 所示。

表 6-1　标准压力容器法兰分类

类型	平焊法兰										对焊法兰					
	甲型				乙型						长颈					
标准号	JB/T 4701				JB/T 4702						JB/T 4703					
简图																
公称压力 PN/MPa \ 公称直径 DN/mm	0.25	0.60	1.00	1.60	0.25	0.60	1.00	1.60	2.50	4.00	0.60	1.00	1.60	2.50	4.00	6.40
300	按 PN=1.00															
350	按 PN=1.00															
400	按 PN=1.00															
450																
500	按 PN=0.60															
550	按 PN=0.60															
600	按 PN=0.60															
650									—							
700																
800																
900																
1 000																
1 100																
1 200																
1 300																
1 400																
1 500				—											—	
1 600				—												
1 700			—													
1 800														—		
1 900																
2 000																
2 200				—	按 PN=0.60											
2 400				—	按 PN=0.60											
2 600			—													
2 800						—										
3 000																

甲型平焊法兰的结构是法兰盘直接与设备的筒体或封头焊接。这种结构的法兰在工作时,会对设备的器壁产生一定的附加弯曲应力,刚度较小,适用于压力较低和筒体直径较小的场合。

乙型平焊法兰有一个厚度大于筒体厚度的短节，短节直接与筒体或封头焊接，这样增加了法兰的刚度，而且还可以降低工作时对设备产生附加弯曲应力的影响。因此乙型平焊法兰适用于较高压力和较大直径的场合。

长颈对焊法兰用根部增厚，并且与法兰合为一体的颈代替了乙型平焊法兰的短节，这样就有效地增加了法兰的整体刚度。由于法兰盘与颈部是整体结构，所以能够消除制造过程中产生的焊接变形和残余应力的影响。长颈对焊法兰适用于压力更高、直径更大的场合。

（2）法兰的密封面形式。

压力容器法兰密封面有平面密封面、凹凸密封面和榫槽密封面3种形式。法兰密封面形式如图6-3所示，其代号见表6-2。

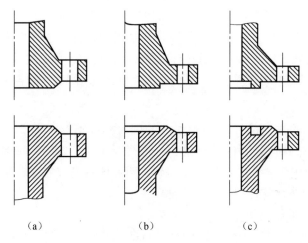

图6-3　压力容器法兰密封面形式

（a）平面密封面；（b）凹凸密封面；（c）榫槽密封面

表6-2　压力容器法兰密封面形式及代号

密封面形式		代号
平面密封面	平面密封	RF
凹凸密封面	凹面密封	FM
	凸面密封	M
榫槽密封面	榫密封面	T
	槽面	G

平面密封面是一个突出的光滑平面，结构如图6-3（a）所示。这种密封面结构简单、加工方便，方便进行衬里防腐。但是垫片上没有定位处，上紧螺栓后易往两侧伸展，不易压紧，密封性差。因此适用于压力和温度较低，且介质无毒的场合。

凹凸密封面由一个凹面和一个凸面组成，结构如图6-3（b）所示。在凹面上放置垫片，由于凹面的外侧有台阶，压紧时垫片不会被挤出，且便于对中，因此密封性比平面密封面的密封性好。适用于压力及温度稍高，且介质易燃、易爆、有毒的场合。

榫槽密封面由一个榫面和一个槽面组成，结构如图6-3（c）所示。使用缠绕式或金属包垫片，垫片放在槽内，压紧时垫片不会被挤出，有良好的密封性能。但其结构复杂，所以更换垫片困难。适用于压力及温度较高，且介质易燃、易爆、有毒的场合。

甲型平焊法兰有平面型和凹凸型两种密封面，乙型平焊法兰和长颈对焊法兰有3种密封面形式。法兰的材料为碳钢或低合金钢，对于不锈钢的压力容器选择法兰时，考虑到经济性，可以在现有的低碳钢或碳钢的法兰盘的接触面上焊接一个不锈钢的衬环，并在乙型平焊法兰的短节内表面或长颈对焊法兰颈部内表面加一层不锈钢的衬里，这样既起到了防腐的作用又降低了费用。

法兰的密封垫片材质有3种，分别是非金属软垫片、缠绕式垫片和金属包垫片。其中非金属软垫片适用于平面密封面和凹凸密封面，且温度低于35℃的场合。缠绕式垫片和金属包垫片适用于乙型平焊法兰和长颈对焊法兰的各种密封面。

2. 管法兰

我国现行的管法兰的标准有管法兰的国家标准GB/T 9112~9124—2000和《钢制管法兰、垫片、紧固件》标准，标准号是HG/T 20592~20635—2009。其中HG标准中，包含欧洲体系和美洲体系，两大体系内容完整、体系清楚，广泛应用于设计、制造、管理和生产技术部门。

（1）管法兰的结构类型。

管法兰的种类很多，HG/T 20592~20635—2009中规定了8种不同类型的管法兰，管法兰结构如图6-4所示。常用的管法兰的有3种，即：板式平焊法兰、带颈平焊法兰和带颈对焊法兰。

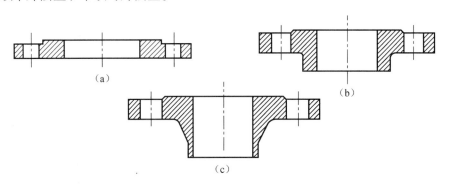

图6-4 管法兰类型
（a）板式平焊法兰；（b）带颈平焊法兰；（c）带颈对焊法兰

板式平焊法兰如图6-4（a）所示。板式平焊法兰直接与接管焊接，刚性较差，操作时法兰盘会产生弯曲应力，同时会给管壁增加弯曲应力适用于压力较低,真空度要求不高,介质属于无毒、不易燃、不易爆的配管的场合。

带颈平焊法兰如图6-4(b)所示。带颈平焊法兰增加了一个短节法兰颈,这样就增加了法兰的刚度,这个短节能够承受本该附加给管壁的弯曲应力,有效地减小了法兰变形,适用于较高压力的场合。

带颈对焊法兰如右图6-4(c)所示。带颈对焊法兰的颈比带颈平焊法兰的颈还要长,因此又称为高颈法兰。高颈法兰的刚性较好,法兰与管子之间采取的是对焊连接,方便施焊,承压是焊接接头产生的局部集中应力较小,故能承受较高的压力,带颈对焊法兰是承载能力最好的一种管法兰,适用范围较广。

(2)管法兰密封面的形式。

管法兰的密封面的形式有突面、凹凸面、全平面、榫槽面和环连接面5种。密封面形式的代号见表6-3,密封面的结构如图6-5所示。这5种密封面中,前4种为常用的密封面,由于突面密封面和全平面密封面的垫片没有定位挡台,所以密封效果差;凹凸密封面和榫槽密封面的垫片可以放在凹面或槽内,因此垫片不易被挤出,密封效果较突面密封面和全平面的密封面有了较大的改善。

表6-3 管法兰密封面的形式及代号

密封面形式	突面	凹面	凸面	榫面	槽面	全平面	环连接面
代号	RF	MF	M	T	G	EF	RJ

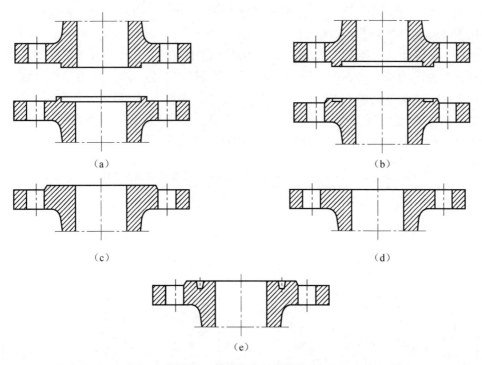

图6-5 管法兰密封面的形式
(a)凹面/凸面;(b)榫面/槽面;(c)突面;(d)全平面;(e)环连接面

适用于板式平焊法兰的密封面有突面和全平面密封面；适用于带颈平焊法兰的密封面有突面密封面、凹凸面密封面、榫槽面密封面和全平面密封面 4 种。5 种密封面均适用于带颈对焊法兰。

五、标准法兰的选用

化工生产过程中，法兰的使用面比较广，且使用量也较大，为了便于管理和进行批量生产，各国都制定有统一的法兰标准，我国目前使用的法兰标准是 JB/T 4700~4707—2000《压力容器法兰标准》。

1. 压力容器法兰的选用

(1) 压力容器法兰的公称直径和公称压力。

压力容器法兰的公称直径是指与法兰相配合使用的筒体或封头的内径。筒体用钢板卷制时，此时筒体的公称直径是指筒体的内径，当钢管作为筒体时，此时筒体的公称直径是指钢管的外径。带衬环的甲型平焊法兰的公称直径是指衬环的内径。公称直径的符号是"DN"，单位是 mm。

压力容器法兰的公称压力是指在规定的设计条件下，在确定法兰尺寸时所采用的设计压力。公称压力的符号是"PN"，单位 MPa。压力容器法兰的公称压力分为 7 个等级，即：0.25、0.60、1.00、1.60、2.50、4.00、6.40。压力容器法兰的公称压力在数值上等于在规定的螺栓材料和垫片的基础上，以 16 Mn 或 16 MnR 制造的法兰，在 200 ℃时最大允许工作压力。例如，公称压力是 1.6 MPa 的压力容器法兰，说明用 16 Mn 或 16 MnR 制造的法兰，在 200 ℃时法兰的最大允许工作压力为 1.6 MPa。同一公称压力级别的法兰，若材料不是 16 Mn 或 16 MnR，或者是材料 16Mn 或 16 MnR，但是工作温度不是 200 ℃，那么压力容器法兰的最大允许工作压力也会有所不同。甲型、乙型平焊法兰的最大允许工作压力及公称压力见表 6-4，长颈对焊法兰的最大允许工作压力见表 6-5。

表 6-4 甲型、乙型平焊法兰适用材料及最大允许工作压力

公称压力 PN/MPa	法兰材料		工作温度/℃				备 注
			-20~200	250	300	350	
0.25	板材	Q235A、B	0.16	0.15	0.14	0.13	工作温度下限 0 ℃
		Q235C	0.18	0.17	0.15	0.14	工作温度下限 0 ℃
		20R	0.19	0.17	0.15	0.14	
		16MnR	0.25	0.24	0.21	0.20	
	锻件	20	0.19	0.17	0.15	0.14	
		16Mn	0.26	0.24	0.22	0.21	
		20MnMo	0.27	0.27	0.26	0.25	

续表

公称压力 PN/MPa	法兰材料		工作温度				备 注
			-20~200	250	300	350	
0.60	板材	Q235A、B	0.40	0.36	0.33	0.30	工作温度下限0℃
		Q235C	0.44	0.40	0.37	0.33	工作温度下限0℃
		20R	0.45	0.40	0.36	0.34	
		16MnR	0.60	0.57	0.51	0.49	
	锻件	20	0.45	0.40	0.36	0.34	
		16Mn	0.61	0.59	0.53	0.50	
		20MnMo	0.65	0.64	0.63	0.60	
1.00	板材	Q235A、B	0.66	0.61	0.55	0.50	工作温度下限0℃
		Q235C	0.73	0.67	0.61	0.55	工作温度下限0℃
		20R	0.74	0.67	0.60	0.56	
		16MnR	1.00	0.95	0.86	0.82	
	锻件	20	0.74	0.67	0.60	0.56	
		16Mn	1.02	0.98	0.88	0.83	
		20MnMo	1.09	1.07	1.05	1.00	
1.60	板材	Q235B	1.06	0.97	0.89	0.80	工作温度下限0℃
		Q235C	1.17	1.08	0.98	0.89	工作温度下限0℃
		20R	1.19	1.08	0.96	0.90	
		16MnR	1.60	1.53	1.37	1.31	
	锻件	20	1.19	1.08	0.96	0.90	
		16Mn	1.64	1.56	1.41	1.33	
		20MnMo	1.74	1.72	1.68	1.60	
2.5	板材	Q235C	1.83	1.68	1.53	1.38	工作温度下限0℃
		20R	1.86	1.69	1.50	1.40	
		16MnR	2.50	2.39	2.14	2.05	
	锻件	20	1.86	1.69	1.50	1.40	
		16Mn	2.56	2.44	2.20	2.08	
		20MnMo	2.92	2.86	2.82	2.73	DN<1 400 mm
		20MnMo	2.67	2.63	2.59	2.50	DN≥1 400 mm
4.0	板材	20R	2.97	2.70	2.39	2.24	
		16MnR	4.00	3.82	3.42	3.27	
	锻件	20	2.97	2.70	2.39	2.24	
		16Mn	4.09	3.91	3.52	3.33	
		20MnMo	4.64	4.56	4.51	4.36	DN<1 500 mm
		20MnMo	4.27	4.20	4.14	4.00	DN≥1 500 mm

表 6-5　长颈对焊法兰适用材料及最大允许工作压力（摘选）

公称压力 PN/MPa	法兰材料（锻件）	工作温度/℃							备注
		-70 ~ < -40	-40 ~ -20	> -20 ~ 200	250	300	350	400	450	
1.00	20			0.73	0.66	0.59	0.55	0.50	0.45	
	16Mn			1.00	0.96	0.86	0.81	0.77	0.49	
	20MnMo			1.09	1.07	1.05	1.00	0.94	0.83	
	15CrMo			1.02	0.98	0.91	0.86	0.81	0.77	
	12Cr2Mo1			1.09	1.04	1.00	0.93	0.88	0.83	
	16MnD		1.00	1.00	0.96	0.86	0.81			
	09MnNiD	1.00	1.00	1.00	1.00	0.95	0.88			
1.60	20			1.16	1.05	0.94	0.88	0.81	0.72	
	16Mn			1.60	1.53	1.37	1.30	1.23	0.78	
	20MnMo			1.74	1.72	1.68	1.60	1.51	1.33	
	15CrMo			1.64	1.56	1.46	1.37	1.30	1.23	
	12Cr2Mo1			1.74	1.67	1.60	1.49	1.41	1.33	
	16MnD		1.60	1.60	1.53	1.37	1.30			
	09MnNiD	1.60	1.60	1.60	1.60	1.51	1.41			
2.50	20			1.81	1.65	1.46	1.37	1.26	1.13	
	16Mn			2.50	2.39	2.15	2.04	1.93	1.22	
	20MnMo			2.92	2.86	2.82	2.73	2.58	2.45	DN < 1 400 mm
	20MnMo			2.67	2.63	2.59	2.50	2.37	2.24	DN ≥ 1 400 mm
	15CrMo			2.56	2.44	2.28	2.15	2.04	1.93	
	12Cr2Mo1			2.67	2.61	2.50	2.33	2.20	2.09	
	16MnD		2.50	2.50	2.39	2.15	2.04			
	09MnNiD	2.50	2.50	2.50	2.50	2.37	2.20			
4.00	20			2.90	2.64	2.34	2.19	2.01	1.81	
	16Mn			4.00	3.82	3.44	3.26	3.08	1.96	
	20MnMo			4.64	4.56	4.51	4.36	4.13	3.92	DN < 1 500 mm
	20MnMo			4.27	4.20	4.14	4.00	3.80	3.59	DN ≥ 1 500 mm
	15CrMo			4.09	3.91	3.64	3.44	3.26	3.08	
	12Cr2Mo1			4.26	4.18	4.00	3.73	3.53	3.35	
	16MnD		4.00	4.00	3.82	3.44	3.26			
	09MnNiD	4.00	4.00	4.00	4.00	3.79	3.52			

压力容器法兰的尺寸是在规定的设计压力温度为 200 ℃，法兰材料为 16 Mn 或 16 MnR，根据不同类型的法兰，确定垫片的形式、材料、尺寸和螺柱材料的基础上，按照不同的公称直径和公称压力，通过多种方案的比较计算得到的。对于压力容器法兰的甲型平焊法兰、乙型平焊法兰和长颈对焊法兰的尺寸可查阅 JB/T 4701 ~ 4703—2000。

（2）压力容器的法兰垫片。

压力容器的法兰垫片与介质直接接触，故垫片是法兰密封的核心部件。法兰密封效果的好坏主要取决于垫片的密封性能。压力容器法兰对于垫片材料的要求是具有较好的耐腐蚀性，不污染工作介质，具有一定的机械强度和回弹性能。在允许的工作环境下，不发生变质硬化或软化现象。压力容器常用的垫片有非金属垫片、缠绕垫片和金属包垫片。这三种垫片已经标准化，标准号为 JB/T 4704～4707—2000。

非金属垫片是指用非金属密封材料制作的垫片。非金属垫片的材料有石棉橡胶密封板、聚四氟乙烯、橡胶等。由于非金属垫片的强度和耐温性较差，所以非金属垫片主要用于平面密封面、凹凸密封面、衬环密封面、衬环平面密封面和衬环凹凸密封面法兰，垫片尺寸可根据 JB/T 4704—2000 选取。垫片使用中应满足表面平整，无翘曲变形，不允许有疙瘩、气泡、裂纹、杂质等。垫片边缘应切割整齐。

缠绕垫片是由金属带和非金属带螺旋复合绕制而成的一种半金属平垫片。缠绕式垫片具有较好的压缩性和回弹性；具有多道密封和一定的自锁功能；容易对中，拆装方便。缠绕垫片适用于高温、低温、高真空、冲击振动的场合。缠绕垫片有 4 种形式：分别是基本型、带内加强环型、带外加强环型和内外都带加强环型。结构如图 6-6 所示。缠绕式垫片用于平面密封面时，应带外加强环或带内外加强环；与凹凸密封面配合使用时应带内加强环；与榫槽面配合使用时采用基本型。缠绕式垫片的选取按 JB/T 4705—2000 的规定选取。

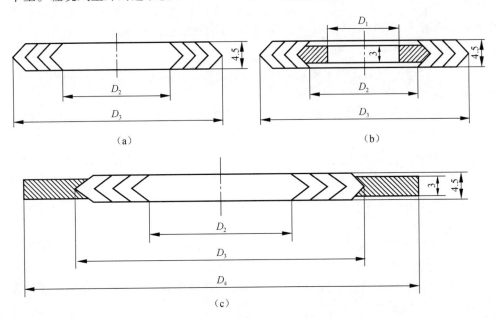

图 6-6　缠绕垫片结构形式
(a) 基本型；(b) 带内加强环；(c) 带外加强环

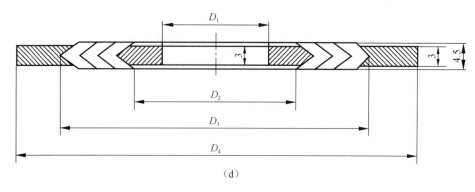

图 6-6 缠绕垫片结构形式（续）
(d) 带内外加强环

金属包垫片是以非金属材料石棉橡胶板作内芯，切成所需的形状，外边包厚度为 0.25~0.5 mm 的金属薄板，组成的一种复合垫片。金属薄板可根据材料的弹塑性、耐热性和耐腐蚀性选取，其材料主要有镀锡薄钢板、镀锌薄钢板、08F、铜 T2、0Cr13、0Cr18Ni9 等。这种垫片具有与包覆金属相同的耐腐蚀性和相近的耐热性；非金属的内芯材料使得垫片在较低的压紧力作用下就能达到较好的密封。这种垫片强度高、耐热性好，因此适用于较高压力和较高温度的场合。压力容器法兰用金属包垫片的结构形式只有平面型一种。结构形式如图 6-7 所示。金属包垫片的选取按 JB/T 4706—2000 的规定选取。

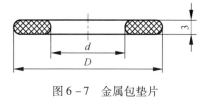

图 6-7 金属包垫片

(3) 压力容器法兰的选用。

压力容器法兰的选用主要是根据压力容器的设计压力、设计温度和筒体的内径进行选择。可按如下步骤进行。

① 根据筒体的内径 D_i（即 DN）和设计压力，根据表 6-1 确定法兰的结构类型。

② 根据所选定的法兰类型（是平焊还是对焊），以及容器的设计压力、设计温度和法兰的材料，由表 6-4 和表 6-5 确定法兰的公称压力 PN。有时要将所确定的公称压力和公称直径利用表 6-1 复核一下，该 PN 和 DN 是否在所选定的法兰类型内。

③ 根据所确定的 PN 和 DN 在相应的尺寸表中（JB/T 4701~4703—2000），查出相应的尺寸。

④ 选用乙型法兰时应另加不大于 2 mm 的腐蚀裕量，长颈对焊法兰的腐蚀裕量小于等于 3 mm。

压力容器法兰选定后，应在图样上予以标记，标记由 7 部分组成。

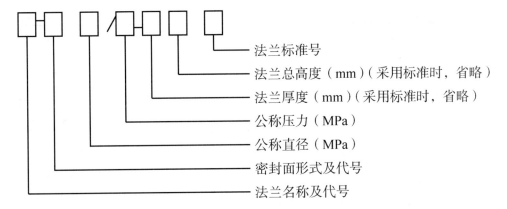

例如，公称压力 0.6 MPa，公称直径 900 mm 的衬环榫槽型密封面乙型平焊法兰标记为：

法兰 C – T 900 – 0.6 JB/T 4702—2000。

公称压力为 4.0 MPa，公称直径为 1 000 mm 的平面密封面的长颈对焊法兰，法兰厚度为 78 mm，（标准厚度为 68 mm），则法兰标记为：

法兰 – RF 1000 4.0/78 JB/T 4703—2000。

2. 管法兰的选用

(1) 管法兰的公称直径和公称压力。

管法兰的公称直径是指与其相连接的管子的公称直径，既不是管子内径，也不是管子外径，而是与管子内径相临近的某个整数值。也称为管子的公称直径，用"DN"表示，单位为 mm。

管法兰的公称压力与压力容器法兰的公称压力近似，用"PN"表示，单位为 MPa，压力等级不同，管法兰的压力等级有 10 个等级：0.25、0.6、1.0、1.6、2.5、4.0、6.3、10.0、16.0、25.0。

(2) 管法兰的连接尺寸。

标准的钢制管法兰与配合使用的钢管外径系列密切相关。目前，我国使用的外径系列有两套，一套是"英制管"，即国际通用的钢管外径系列，另一套是"公制管"即中国广泛使用的钢管外径。管法兰的连接尺寸见表 6 – 6。

表 6 – 6 管法兰连接尺寸（摘自 HG 20593 ~ 20595—2009 摘选）

公称压力 PN/MPa		公称直径 DN/mm													
		10	15	20	25	32	40	50	65	80	100	125	150	200	250	300	350	400
		钢管外径/mm														
		14	18	25	32	38	45	57	76	89	108	133	159	219	273	325	350	426
0.25 0.6	D	75	80	90	100	120	130	140	160	190	210	240	265	320	375	440	490	540
	K	50	55	65	75	90	100	110	130	150	170	200	225	280	335	395	445	495
	L	11	11	11	11	14	14	14	14	18	18	18	18	18	18	22	22	22

续表

公称压力 PN/MPa		公称直径 DN/mm													
		10	15	20	25	32	40	50	65	80	100	125	150	200	250	300	350	400
		钢管外径/mm													
		14	18	25	32	38	45	57	76	89	108	133	159	219	273	325	350	426
0.25 0.6	Th	M10	M10	M10	M10	M12	M12	M12	M12	M16	M16	M16	M16	M16	M16	M20	M20	M20
	N	4	4	4	4	4	4	4	4	4	8	8	8	12	12	12	12	16
1.0	D	90	95	105	115	140	150	165	185	200	220	250	285	340	395	445	505	565
	K	60	65	75	85	100	110	125	145	160	180	210	240	295	350	400	460	515
	L	14	14	14	14	18	18	18	18	18	18	22	22	22	22	22	26	26
	Th	M12	M12	M12	M12	M16	M16	M16	M16	M16	M16	M20	M20	M20	M20	M20	M20	M20
	N	4	4	4	4	4	4	4	4	4	8	8	8	8	12	12	16	16
1.6	D	90	95	105	115	140	150	165	185	200	220	250	285	340	405	460	520	580
	K	60	65	75	85	100	110	125	145	160	180	210	240	295	355	410	470	525
	L	14	14	14	14	18	18	18	18	18	18	22	22	26	26	26	26	30
	Th	M12	M12	M12	M12	M16	M16	M16	M16	M16	M16	M20	M20	M24	M24	M24	M24	M20
	N	4	4	4	4	4	4	4	4	8	8	8	8	12	12	12	16	16
2.5	D	90	95	105	115	140	150	165	185	200	235	270	300	360	425	485	555	620
	K	60	65	75	85	100	110	125	145	160	190	220	250	310	370	430	490	550
	L	14	14	14	14	18	18	18	18	22	26	26	26	30	30	30	33	36
	Th	M12	M12	M12	M12	M16	M16	M16	M16	M20	M20	M24	M24	M27	M27	M27	M27	M30
	N	4	4	4	4	4	4	4	8	8	8	8	8	12	12	12	16	16
4.0	D	90	95	105	115	140	150	165	185	200	235	270	300	360	425	485	555	620
	K	60	65	75	85	100	110	125	145	160	190	220	250	320	385	450	510	585
	L	14	14	14	14	18	18	18	18	22	26	26	30	33	33	33	36	39
	Th	M12	M12	M12	M12	M16	M16	M16	M16	M20	M20	M24	M27	M30	M30	M30	M33	M36
	N	4	4	4	4	4	4	4	8	8	8	8	12	12	16	16	16	16

注：D——法兰外径；K——螺栓孔中心圆直径；L——螺栓孔直径；Th——螺纹公称直径；N——螺栓孔数量。

（3）管法兰的密封垫片。

管法兰的密封垫片有7种形式，分别是：非金属平垫片、柔性石墨复合垫片、聚四氟乙烯垫片、金属包复合垫片、缠绕式垫片、齿形组合垫片及金属环垫片。管法兰密封垫片已经标准化，标准号为：HG 20606～20612—1997。

非金属平垫片的材料包括天然橡胶、合成橡胶、石棉橡胶板、合成纤维橡胶压制板、耐油石棉橡胶板和改性或填充聚四氟乙烯板。其中，合成纤维橡胶压制板具有价格低廉，密封有效的特点。目前常用的牌号有BGS—3000（有机纤维），IFG—5500。改性或填充聚四氟乙烯应用也比较广泛，常用的牌号为：G—3510。非金属平垫片可用在全平面、突面、凹凸面和榫槽面4种密封面上。相关尺寸参照标准 HG 20606—1997。

柔性石墨复合垫片是由冲齿的金属芯板与膨胀石墨粒子复合板材制成的一种增强了机械强度的石墨垫片。这种垫片充分利用了柔性石墨的耐高温、耐腐蚀和密封性能好的特点，又辅以金属芯板以提高机械强度，并具有较高的回弹能力。这种垫片可用于突面、凹凸面和榫槽面 3 种密封面。相关尺寸参照标准 HG 20608—1997。

聚四氟乙烯包覆垫片是由 2 mm 厚的石棉橡胶板作为嵌入层，外边包覆 0.5 mm 厚的聚四氟乙烯。按加工方法可分为机加工翘型（PMF 型）、机加工矩形（PMS 型）和折包型（PFT 型）3 种。这种垫片适用于具有强腐蚀性的介质和物料不允许污染的场合，如医药和食品行业等。这种垫片只限用于突面密封面。相关尺寸参照标准 HG 20607—1997。

金属包覆垫片是由石棉橡胶板作内芯，以厚度大于等于 2.5 mm 厚的薄金属板作为外包材料。这种垫片只限用于突面密封面。相关尺寸参照标准 HG 20609—1997。

缠绕式垫片和压力容器法兰的缠绕式垫片是一致的，前边已做介绍。相关尺寸参照标准 HG 20610—1997。

齿形组合垫片是由金属齿形环和上下两面覆盖聚四氟乙烯或柔性石墨组合而成。这种垫片适用于突面和凹凸密封面。安装时，应将螺栓预紧到在金属齿形垫上的非金属材料保持有 0.1~0.15 mm 厚的薄层，不暴露出金属齿尖，即可取得良好的密封效果。相关尺寸参照标准 HG 2061—1997。

金属环垫片的截面形状有八角形和椭圆形两种。采用 10 号钢或 08 号钢作环垫，检验后表面上涂防锈油。金属环垫片采用铸件，不允许拼焊。相关尺寸参照标准 HG 20612—1997。

(4) 管法兰的选用和标记。

管法兰的选用主要是根据工作环境即工作温度、工作压力和处理介质的特性选择。需要注意与管法兰相连的设备、接管、阀门、管件的连接方式和公称直径。管法兰的选用和压力容器法兰的步骤类似，具体步骤如下。

① 确定管法兰的公称直径。根据"管法兰与相连接的管子具有相同的公称直径"的原则确定。

② 确定管法兰的设计压力，选定管法兰的材质。根据"同一设备的主体、接管、管法兰设计压力相同的原则"确定管法兰的设计压力。根据介质特性、设计温度和管道材料选择管法兰的材质。

③ 确定法兰的公称压力。根据法兰的材质和工作温度，按照"管道的设计压力不得高于设计温度下法兰允许的最大工作压力"的原则确定。管法兰的最大工作压力见表 6-7。

表6-7 管法兰在不同温度下的最大允许工作压力（摘选）

公称压力/MPa	法兰材质	工作温度/℃									
		20	100	150	200	250	300	350	400	425	450
		最大允许工作压力/MPa									
0.25	Q235-A	0.25	0.25	0.225	0.2	0.175	0.15				
0.6		0.6	0.6	0.54	0.48	0.42	0.36				
1.0		1.0	1.0	0.9	0.8	0.7	0.6				
1.6		1.6	1.6	1.44	1.28	1.12	0.96				
0.25	20	0.25	0.25	0.225	0.2	0.175	0.15	0.125	0.088		
0.6		0.6	0.6	0.54	0.48	0.42	0.36	0.3	0.21		
1.0		1.0	1.0	0.9	0.8	0.7	0.6	0.5	0.35		
1.6		1.6	1.6	1.44	1.28	1.12	0.96	0.8	0.56		
2.5		2.5	2.5	2.25	2.0	1.75	1.5	1.25	0.88		
4.0		4.0	4.0	3.6	3.2	2.8	2.4	2.0	1.4		
0.25	15MnV	0.25	0.25	0.245	0.238	0.225	0.2	0.175	0.138	0.113	
0.6		0.6	0.6	0.59	0.57	0.54	0.48	0.42	0.33	0.27	
1.0		1.0	1.0	0.98	0.95	0.9	0.8	0.7	0.55	0.45	
1.6		1.6	1.6	1.57	1.52	1.44	1.28	1.12	0.88	0.72	
2.5		2.5	2.5	2.45	2.38	2.25	2.0	1.75	1.38	1.13	
4.0		4.0	4.0	3.92	3.8	3.6	3.2	2.8	2.2	1.8	
0.25	15CrMo 12CrMo	0.25	0.25	0.25	0.25	0.25	0.25	0.238/0.25	0.228	0.223	0.218
0.6		0.6	0.6	0.6	0.6	0.6	0.6	0.57/0.6	0.546	0.534	0.522
1.0		1.0	1.0	1.0	1.0	1.0	1.0	0.95/1.0	0.91	0.89	0.87
1.6		1.6	1.6	1.6	1.6	1.6	1.6	1.52/1.6	1.456	1.424	1.392
2.5		2.5	2.5	2.5	2.5	2.5	2.5	2.38/2.5	2.28	2.23	2.18
4.0		4.0	4.0	4.0	4.0	4.0	4.0	3.8/4.0	3.64	3.56	3.48

④ 确定法兰类型和密封面形式。根据公称压力和公称直径确定。

⑤ 确定管法兰的相关尺寸。查阅管法兰的标准 HG 20592~20635—2009。管法兰选定后，需要在图上予以标记，标记如下。

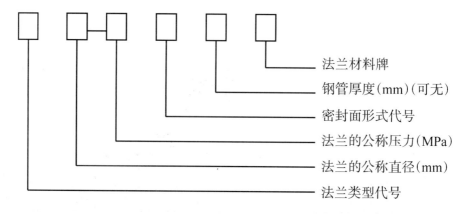

如：钢管法兰的公称直径为 150 mm，公称压力 1.0 MPa，配用突面、板式平焊法兰，法兰材料为 20 钢，其标记为：

HG 20593—2009 法兰 PL150 - 1.0 RF 20

第二节 开孔与补强

为了满足生产工艺和设备结构的需要，常常需要在化工设备的筒体或封头上开孔并安装接管。例如，为了方便物料装卸的物料出入口，为了方便检修设备的内部结构的人孔、手孔，检测液位、温度等的检测仪表的接管孔。

一、开孔类型对容器的影响

压力容器开孔后，一是由于承载面积减小使得器壁的强度受到削弱；二是由于在开孔处壁材料的连续性遭到破坏，在开孔处产生较大的附加应力，结果这就使得开孔附近的局部应力数值变得很大。这种在开孔附近局部应力明显增大的现象叫作应力集中。开孔附近的应力集中具有这些特点：距离开孔处越远，应力集中现象越弱，体现为局部性；且应力集中现象与开孔尺寸的大小有关，孔径与筒体直径的比值 d/D 越大，应力集中现象越严重，因此开孔的尺寸不宜过大；同时应力集中现象还与开孔壳体的壁厚有关，壳体壁厚与筒体直径的比值 δ/D 越小，应力集中现象越严重。

压力容器开孔后除了会产生应力集中现象外，还会受作用在接管上的由于载荷产生的应力、由于温度变化产生的温差应力、由于波动载荷产生的交变应力以及焊接缺陷等的综合作用，会使得接管根部成为压力容器疲劳破坏和脆性裂口的薄弱部位。因此，对压力容器的开孔应予以高度重视。应从强度、工艺、加工制造和施工等方面综合考虑开孔问题，并采取合理的补强措施，尽量降低开孔对于整个设备的影响。

二、对压力容器开孔的限制

压力容器开孔后会引起应力集中，能够削弱容器的强度。应力集中与开孔孔径的大小、压力容器筒体的厚度以及容器的筒体直径有关。对于薄壁壳体，如果开孔过大，应力集中严重，则补强困难。GB 150—1998《钢制压力容器》对压力容器的开孔进行等面积补强时，对开孔尺寸和位置进行了限制。见表 6 - 8。

表 6 - 8 压力容器开孔的限制

开孔部位	允许开孔最大直径
筒体	筒体内径 $D_i \leq 1\,500$ mm 时，开孔最大直径 $d \leq D_i/2$，且 $d \leq 520$ mm 筒体内径 $D_i > 1\,500$ mm 时，开孔最大直径 $d \leq D_i/3$，且 $d \leq 1\,000$ mm

续表

开孔部位	允许开孔最大直径
凸形封头或球壳	开孔最大直径 $d \leq D_i/2$
锥壳（或锥形封头）	开孔最大直径 $d \leq D_i/3$，D_i 为开孔中心处的锥壳内直径
在椭圆形或蝶形封头过渡部分开孔时，其孔的中心线宜垂直于封头表面	

注：1. D_i——为壳体内直径；d——为考虑腐蚀后的开孔直径。
  2. 尽量不要在焊缝处开孔，如果必须在焊缝上开孔时，则必须在以开孔中心为圆心，以1.5倍开孔直径为半径的圆中所包含的焊缝，进行100%无损探伤。

GB 150 还规定了不另行补强的最大开孔直径。满足如下要求时可不进行补强。

（1）设计压力小于或等于 2.5 MPa。

（2）两相邻开孔中心的间距（对曲面间以弧长计算）应不小于两孔直径之和的两倍。

（3）接管外径小于或等于 89 mm。

（4）接管最小壁厚应满足表 6-9 的要求。

表 6-9　不另行补强的接管外径及其最小厚度　　　　　　　　　　mm

接管公称外径	25	32	38	45	48	57	65	76	89
最小厚度	3.5			4.0			5.0	6.0	

注：1. 钢材的标准抗拉强度下限值为 $\sigma_b > 540$ MPa 时，接管与壳体的连接宜采用全焊透的结构形式。
  2. 接管的腐蚀裕量为 1 mm。

三、补强结构

为了保证压力容器开孔后能安全运行，工程上常采用补强圈补强、补强管补强（接管补强）和整体锻件补强，以降低开孔附近的应力集中现象，补强结构如图 6-8 所示。

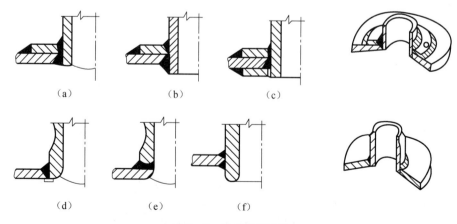

图 6-8　常用补强结构
（a）、(b)、(c) 补强圈补强（贴板补强）；(d)、(e)、(f) 补强管补强（接管补强）

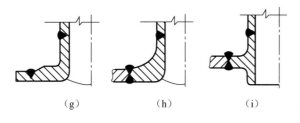
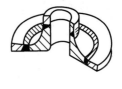

图 6-8　常用补强结构（续）

(g)、(h)、(i) 整体锻件补强

1. 补强圈补强

补强圈补强是在开孔的周围焊上一块圆环状金属板，使局部壁厚增加的补强方法，又称为贴板补强。焊在设备壳体上圆环状的金属板就是补强圈。补强圈可以是一对夹壁焊在器壁开孔周围，也可以把补强圈放在容器外边进行单面补强，如图 6-8 (a)、(b)、(c) 所示。补强圈的材料应与壳体的材料相同。只有补强圈与壳体很好地贴合才能使壳体与补强圈形成整体，共同承受载荷，起到较好的补强作用。检验补强圈与壳体连接焊缝质量的方法是在补强圈上开有一个 M10 的螺纹孔，这个孔的作用是焊缝焊好后通入 0.4~0.45 MPa 的压缩空气，并在补强圈的焊缝周围涂上肥皂液，就能检验焊缝的质量。

补强圈的优点是结构简单、制造方便、价格低廉并且使用经验成熟等。补强圈广泛应用于中压、低压容器。但是与补强管和整体锻件补强比较，补强圈仍存在如下缺点。

(1) 补强圈所提供的补强区域过于分散，补强效率不高。

(2) 补强圈与壳壁之间不可避免地存在一层空气间隙，传热效果差，因而在壳体与补强圈之间易引起附加的温差应力。

(3) 补强圈与壳体焊接时，形成内外两层封闭的焊缝，焊件的刚性增大，焊缝冷却时易在接头处形成裂纹，尤其是高强度钢对焊接裂纹比较敏感，所以更易开裂。

(4) 补强圈没有和壳体或接管真正熔合成一个整体，所以抗疲劳性能较差。

鉴于补强圈存在以上缺点，所以应用补强圈的压力容器应满足以下要求。

(1) 壳体材料的标准抗拉强度小于或等于 540 MPa，目的是避免出现裂纹。

(2) 补强圈的厚度小于等于壳体厚度的 1.5 倍。

(3) 应用补强圈的壳体名义厚度小于等于 38 mm。

2. 补强管补强

补强管补强是在开孔处焊上一段厚壁接管，故又叫作接管补强。利用接管管壁多余的金属截面积，补足被开孔时挖去的壳体的金属截面积，以承受必要的应力。其结构如图 6-8 (d)、(e)、(f) 所示。

补强管补强的金属集中在最大应力区域，所以能有效低降低开孔周围的应力集中。图6-8 (f) 的补强效果较好,但是内伸长度要适当,若过长,则补强效果反而降低。

补强管补强的优点是结构简单、焊缝少、焊接质量容易检验,补强效果好,已广泛应用于各种化工设备。尤其是高强度低合金钢的设备,由于材料缺口的敏感性高,常采用补强管补强。对于重要设备,焊缝处应采用全焊透结构。

3. 整体锻件补强

整体锻件补强是指将开孔周围的部分壳体、接管和补强金属做成一个整体锻件,再与壳体或接管焊接,结构如图6-8 (g)、(h)、(i) 所示。补强金属集中在应力最大的部位,能有效地降低应力集中;补强金属与壳体之间采用对接接头,使得焊缝及热影响区,远离最大应力点的位置,故抗疲劳性能好。所以整体补强是补强效果最好的补强方式。如果采用图6-8 (h) 密集补强的结构,加大过渡圆半径,则补强效果更好。整体锻件补强的缺点是机加工量大,锻件制造成本较高,因此多用于重要压力容器,如核反应容器,受低温、高温、疲劳载荷的容器。

四、标准补强圈及其选用

为了便于设计、制造和使用补强圈,我国对补强圈制定了相应的标准,现行的补强圈标准是 JB/T 4736—2002。标准补强圈是按照等面积准则进行计算得出的。补强圈的材料一般与筒体的材料相同,并与相应的材料标准一致。选用补强圈时应按照标准进行。

1. 标准补强圈的结构

标准补强圈的结构如图6-9 (a) 所示。根据补强圈内侧的坡口形式不同,补强圈的坡口分为 A、B、C、D、E 五种形式。结构如图6-9 (b) 所示。这五种形式有各自不同的适用范围。

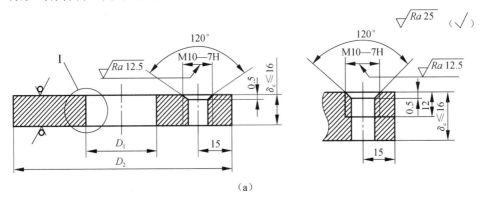

图6-9 补强圈的结构及坡口型式

d_0—接管外径;δ_n—壳体开孔处名义厚度;δ_{nt}—接管名义厚度;δ_e—补强圈厚度

(a) 补强圈结构

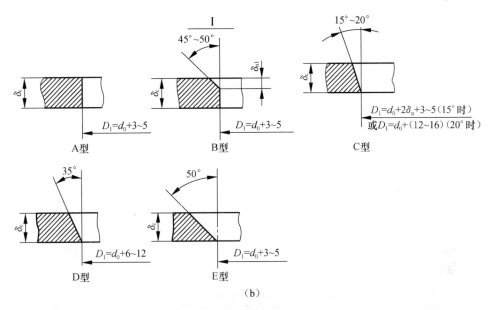

图 6-9 补强圈的结构及坡口型式(续)

d_0—接管外径;δ_n—壳体开孔处名义厚度;δ_{nt}—接管名义厚度;δ_c—补强圈厚度

(b) 坡口型式

① A 型适用于无疲劳、低温和大温度梯度的一类压力容器,要求有较好的施焊条件,壳体为内坡口的填角焊结构。

② B 型适用于中低压,且内部介质有腐蚀性的工况,壳体为内坡口的非全焊透结构。

③ C 型适用于低温、内部介质有毒或有腐蚀的工况,壳体内不具备施焊条件,壳体为外坡口的全焊透结构。

④ D 型适用于内部介质有毒或有腐蚀性的工况,且壳体为内坡口的全焊透结构。

⑤ E 型适用于中温、低温、低压容器,且内部介质有腐蚀性的工况,壳体为内坡口的全焊透结构。

坡口形式可根据要求自行设计。

补强圈坡口的尺寸见表 6-10。

表 6-10 补强圈尺寸系列 (JB/T 4736—2002)

接管公称直径 DN	外径 D_2	内径 D_1	厚度 δ_c											
			4	6	8	10	12	14	16	18	20	22	24	26	28	30
尺寸/mm			质量/kg											
50	130	按图 6-10 的形式确定	0.32	0.48	0.64	0.80	0.96	1.12	1.28	1.43	1.59	1.75	1.91	2.07	1.23	2.53
65	160		0.47	0.71	0.95	1.18	1.42	1.66	1.89	2.13	2.37	2.60	2.84	3.08	3.31	3.55
80	180		0.59	0.88	1.17	1.46	1.75	2.04	2.34	2.63	2.92	3.22	3.51	3.81	4.10	4.38
100	200		0.68	1.02	1.35	1.69	2.03	2.37	2.71	3.05	3.38	3.72	4.06	4.40	4.74	5.08

续表

接管公称直径 DN	外径 D_2	内径 D_1	厚度 δ_e											
			4	6	8	10	12	14	16	18	20	22	24	26	28	30
尺寸/mm			质量/kg											
125	250	按图6-10的形式确定	1.08	1.62	2.16	2.70	3.24	3.77	4.31	4.85	5.39	5.93	6.47	7.01	7.55	8.09
150	300		1.56	2.35	3.13	3.91	4.69	5.48	6.26	7.04	7.82	8.60	9.38	10.2	10.9	11.7
175	350		2.23	3.34	4.46	5.57	6.69	7.80	8.92	10.0	11.1	12.3	13.4	14.5	15.6	16.6
200	400		2.72	4.08	5.44	6.80	8.16	9.52	10.9	12.2	13.6	14.9	16.3	17.7	19.0	20.4
225	440		3.24	4.87	6.49	8.11	9.74	11.4	13.0	14.6	16.2	17.8	19.5	21.1	22.7	24.3
250	480		3.79	5.68	7.58	9.47	11.4	13.3	15.2	17.0	18.9	20.8	22.7	24.6	26.5	28.4
300	550		4.79	7.18	9.58	12.0	14.4	16.8	19.2	21.6	24.0	26.3	28.7	31.1	33.5	36.0
350	620		5.90	8.85	11.8	14.8	17.7	20.6	23.6	26.6	29.5	32.4	35.4	38.3	41.3	44.2
400	680		6.84	10.3	13.7	17.1	20.5	24.0	27.4	31.0	34.2	37.6	41.0	44.5	48.0	51.4
450	760		8.47	12.7	16.9	21.2	25.4	29.6	33.9	38.1	42.3	46.5	50.8	55.0	59.2	63.5
500	840		10.4	15.6	20.7	25.9	31.1	36.3	41.5	46.7	51.8	57.0	62.2	67.4	72.5	77.7
600	980		13.8	20.6	27.5	34.4	41.3	48.2	55.1	62.0	68.9	75.7	82.6	89.5	96.4	103.3

注：1. 内径 D_1 为补强圈成型后的尺寸。
 2. 表中质量为 A 型补强圈按接管公称直径计算所得的值。

补强圈焊接后，要对补强圈的角焊缝进行检查，角焊缝不得有渗漏现象。焊缝中不得有裂纹、气孔、夹渣等缺陷，焊缝的成型应该是圆滑过渡，最终应打磨成圆滑过渡。焊后要保证补强圈与器壁有很好的贴合，使补强圈与器壁一起受力，否则起不到补强的作用。

2. 补强圈的选用与标记

补强圈的选用按照 GB 150—1998 的相关规定，用等面积补强计算方法算得的补强圈厚度后，按照 GB 150—1998 的相关规定确定补强圈的结构和尺寸。

标准补强圈的简易选择方法在工程上常用，选择的补强圈与筒体的材质相同、壁厚相等，按给定的工艺条件确定补强圈的结构，再由表 6-10 和图 6-9 确定补强圈的内径、外径。这样的选法可不进行补强计算。

补强圈的标记：

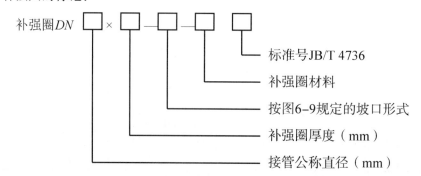

例如，公称直径 DN80，补强圈厚度为 10 mm，坡口形式为 E 型，材质为 Q235-A，标记为：补强圈 DN80×10-E-Q235A JB/T 4736—2002

五、人孔、手孔

工程中，为了方便内部构件的安装、检修，以及检查压力容器内部是否产生裂纹、变形、腐蚀等缺陷，一般在设备上开有人孔、手孔等检查孔。不能开设检查孔的设备，焊缝需进行 100% 无损检测，且检验周期应相应的缩短。人孔和手孔都是组合件，包括承压零件筒体、法兰、法兰盖、密封垫片、紧固件以及与人孔的开启有关的非承压零件。

人孔、手孔均已制定标准，现行的人孔、手孔标准有两个，一个是《钢制人孔和手孔》，标准号为 HG 21514~21534—2005，此标准中的筒节、法兰、法兰盖的所用材料，除了碳钢、低合金钢，还增加了不锈钢；另一个是《不锈钢人孔和手孔》，标准号是 HG 21594~21604—1999，此标准中，以碳钢和低合金钢制作的法兰需加衬环，以碳钢或低合金钢制作的法兰盖需加衬里，这里的法兰和法兰盖都是全不锈钢结构。

1. 人孔和手孔的分类及结构

按是否承压，人孔分为常压人孔和承压人孔。常压人孔结构如图 6-10 所示。

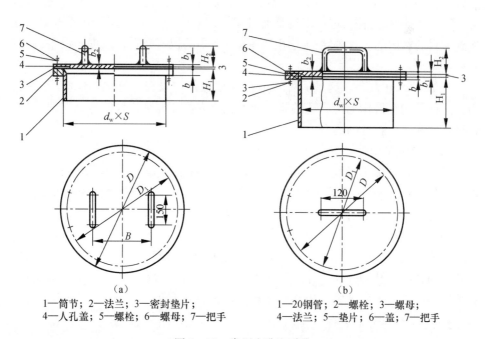

1—筒节；2—法兰；3—密封垫片；
4—人孔盖；5—螺栓；6—螺母；7—把手

1—20 钢管；2—螺栓；3—螺母；
4—法兰；5—垫片；6—盖；7—把手

图 6-10 常压人孔和手孔
(a) 人孔；(b) 手孔

按人孔盖的开启方式及开启后法兰盖所处位置分类，可分为回转盖快开人孔、垂直吊盖人孔、水平吊盖人孔。回转盖快开人孔安装位置比较灵活，可在水平、垂直和倾斜等全方位安装：水平位置时，水平吊盖人孔占有开启人孔省力的优势；在垂直位置时，垂直吊盖人孔具有空间紧凑的优势。

按人孔所用法兰的结构类型，可分为板式平焊法兰人孔、带颈平焊法兰人孔和带颈对焊法兰人孔。人孔盖与法兰间的密封面常采用突面和凹凸密封面。

按人孔开启的难易程度，可分为快开人孔和一般人孔。

人孔的结构形式与操作压力、介质特性以及开启的频繁程度有关。为了满足实际工程中的需要，人孔的结构形式常以几种功能的组合出现，常用的有以下几种。

(1) 常压平盖人孔。

常压平盖人孔是一种最简单的人孔。这种人孔是在带有法兰的接管上加装了一块盲板，适用于常压容器和不需要检修的设备上。不适用于盛装中度以上的毒性介质的容器。

(2) 快开人孔。

对于一些由于检修的原因需要经常打开的人孔、间歇工作设备上的人孔，为了节省时间和降低劳动强度，需采用快开人孔。快开人孔分为以下 3 种。具体结构图可查阅相关标准。

① 回转拱盖快开人孔。由于这种结构采用了铰链螺栓，所以螺栓和螺母不会丢失，容易达到快开的目的。对于在高空的设备，这是一种十分安全的人孔。

② 手摇快开人孔。这种结构是通过螺杆拉进两个半圆的锥面卡环压紧法兰，达到密封的目的的。这种结构适用于间歇生产中的快速卸料，以提高设备的生产效率。

③ 旋柄快开人孔。这是一种很适合间歇操作中投料、清洗、检修的人孔结构。这种结构在操作上比回转拱盖快开人孔更方便，但是比较笨重，一般适用于直径不大和压力较低的场合。

(3) 受压人孔。

受压人孔适用于承受一定压力的容器和设备上。为了便于移动沉重的人孔盖，这种结构需做成回转盖式和吊盖式。回转盖板式平焊法兰人孔结构如图 6 - 11 所示；垂直吊盖板式平焊法兰结构如图 6 - 12 所示。

(4) 手孔。

手孔结构和人孔结构类似，只是比人孔的公称直径小一些。按承压方式分，手孔分为常压手孔和受压手孔。常压手孔结构如图 6 - 11 所示。按手孔盖的启闭方式分为回转盖手孔、常压快开手孔和回转盖快开手孔。

2. 人孔和手孔的选用

(1) 设置原则。

① 为了方便检修和清洗设备，下列情况下需设置人孔或手孔：设备内径为

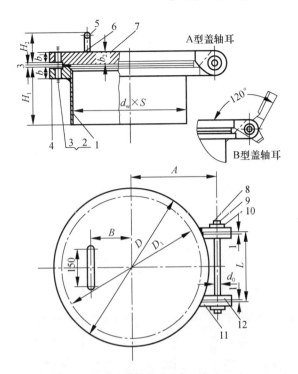

图6-11 回转盖板式平焊法兰人孔（只有 RF 面）
1—筒节；2—螺栓；3—螺母；4—法兰；5—把手；6—垫片；7—端盖；
8—轴；9—销；10—垫圈；11—盖轴耳；12—法兰轴耳

450~900 mm 时，一般不考虑开设人孔，可设置 1~2 个手孔；设备内径为 900 mm 以上时，至少应开设 1 个人孔；设备内径大于 2 500 mm 时，顶盖和筒体上至少应各开设 1 个人孔。

② 对于直径较小、压力较高的室内设备，一般可选用 DN450 的人孔；对于室外露天放置的设备，考虑检修和清洗方便，一般可选用 DN500 的人孔；对于寒冷地区的设备，可选用 DN500 或 DN600 的人孔。

③ 在设备使用过程中，由于工程的需要，需经常开启的人孔和手孔，应设置成快开人孔和快开手孔。

④ 对于受压设备的人孔，人孔盖较重，一般需设置成吊盖式人孔或回转盖式人孔。吊盖式人孔的特点是使用方便，垫片的压紧性比较好。回转盖式人孔的特点是结构简单，转动时所占空间小。

⑤ 人孔和手孔的开设位置应方便操作人员进行对设备的检查、清理内件和进出设备。因此，一般快开人孔、快开手孔、常压人孔、常压手孔应设置在容器的顶部，使得人孔和手孔不直接和容器内的介质接触。

⑥ 对于无腐蚀或轻微腐蚀的压力容器，以及制冷装置用的压力容器和换热设备，可以不设检查孔。

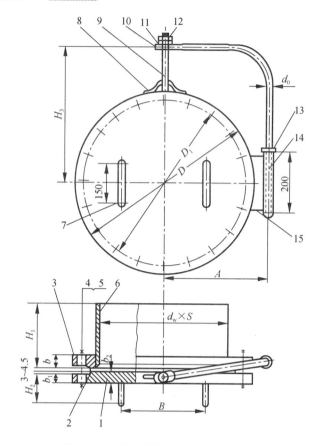

图 6-12 垂直吊盖板式平焊法兰人孔

1—盖；2—垫片；3—法兰；4—螺栓；5—螺母；6—筒节；7—把手；8—吊环；
9—吊钩；10—砖臂；11—垫圈；12—螺母；13—环；14—无缝钢管；15—支撑板

（2）人孔和手孔的选用方法。

人孔和手孔的选用步骤如下。

① 根据设备的内径初步确定人孔手孔的类型和数量。

② 确定人孔短节和法兰的材质，确定原则是它们的材质应该与设备的主体材质相同或相近。

③ 确定人孔或手孔的公称直径和公称压力。根据设备的工作特性、设备内径和人孔的设置原则确定人孔或手孔的公称直径；根据设备的设计压力、设计温度和材质确定人孔或手孔的公称压力等级。

④ 结合相关标准确定人孔或手孔在某一温度下的允许工作压力，允许工作压力与设计压力比较，若此压力大于等于设计压力，则表明确定的人孔或手孔的公称压力等级合适，否则，公称压力需提高一个压力等级。人孔、手孔在不同温度下的允许工作压力可查阅有关标准。

⑤ 确定人孔和手孔的结构类型和尺寸。根据上边确定的公称直径、公称压

力和设置原则，查阅标准进一步确定人孔和手孔的密封形式和相关尺寸。

第三节　设备的支座

几乎所有的化工设备都需要通过支座来支撑和固定。尽管设备的结构和形状不同，但常用的支座主要有卧式容器支座、立式容器支座和球形容器支座3种。

一、支座的类型和应用

支座的作用除了支撑和固定设备外，还具有承受设备操作时的振动载荷，风载荷和地震载荷的作用。同时还起到设备在使用过程中，维持设备稳定的作用。常用的支座有三大类，分别是：卧式容器支座、立式容器支座和球形容器支座。

1. 卧式容器支座

卧式容器支座有3种，分别是鞍式支座、圈式支座和支腿式支座。这3种支座中，鞍式支座，简称鞍座，应用最为广泛，尤其在卧式储槽和换热器中应用广泛。鞍式支座已经标准化，其标准号为JB/T 4712.1—2007；圈式支座适用于大直径薄壁容器和真空容器中。采用圈式支座时，支座中至少有一个是以滑动支撑起到支撑作用的。圈式支座能使容器支撑处的筒体得到加强，能有效地降低支撑处的局部应力集中。支腿式支座适用于小型卧式容器和卧式设备中，支腿式支座结构简单，但支撑反向作用力只作用于局部壳体上。卧式容器支座结构形式如图6-13所示。

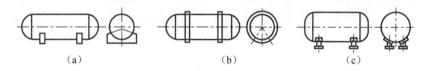

图6-13　卧式容器支座
(a) 鞍式支座；(b) 圈式支座；(c) 支腿式支座

2. 立式容器支座

立式容器支座常用的有支撑式支座、耳式支座、裙式支座和腿式支座。支撑式支座适用于公称直径$DN800 \sim DN4000$，总高度小于10 m，高度与直径之比小于5的立式圆筒形设备和容器中；耳式支座适用于公称直径$DN \leqslant 4000$的反应釜和立式换热器等直立设备和容器中；裙式支座适用于筒体总高度大于10 m，高度与直径之比大于5的高大塔类设备中；腿式支座适用于公称直径$DN400 \sim 1600$，高度与直径之比小于等于5，容器总高度小于5 m的直立设备和容器中。立式容器支座的结构如图6-14所示。

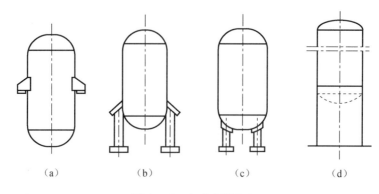

图 6-14 立式容器支座
(a) 耳式支座；(b) 腿式支座；(c) 支撑式支座；(d) 裙式支座

3. 球形容器支座

球形容器支座主要有 4 种型式，分别是裙式、柱式、半埋式和高架式。柱式支座有赤道正切式支座、V 形柱式支座和三柱合一式支座 3 种。球形容器支座在工程中应用比较广泛的是柱式支座和裙式支座，其中柱式支座的赤道正切式支座应用最广泛。球形容器支座结构如图 6-15 所示。

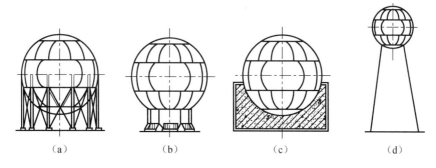

图 6-15 球形容器支座
(a) 柱式支座；(b) 裙式支座；(c) 半埋式支座；(d) 高架式支座

二、典型支座结构

1. 鞍式支座

卧式容器中应用最广泛的是鞍式支座，鞍式支座已经标准化，标准号为：JB/T 4712.1—2007《容器支座 第一部分：鞍式支座》。

（1）鞍式支座的结构组成。

鞍式支座按结构分可分为焊制鞍座和弯制鞍座。焊制鞍座由底板、腹板、筋板和垫板组焊而成；与焊制鞍座不同的是，弯制鞍座的腹板与垫板是由同一块钢板弯成的，腹板与垫板间无焊缝。弯制鞍座的适用于 $DN \leqslant 900$ 的设备和容器中。

焊制鞍座和弯制鞍座结构如图 6-16 所示。

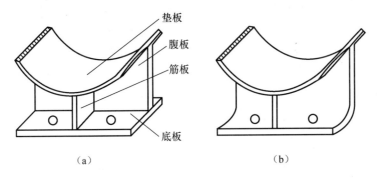

图 6-16 鞍式支座
(a) 焊制鞍座；(b) 弯制鞍座

按照鞍式支座能承受的最大载荷可分为轻型（代号为 A）和重型（代号为 B）两种。对于 $DN \leq 900$ 的鞍座只有重型没有轻型，原因是 $DN \leq 900$ 的设备，其直径较小，支座的轻重型无明显区别。对于 $DN \leq 900$ 设备的鞍座是可以不带垫板的，但是大部分的鞍式支座都带有垫板。重型鞍式支座按照制作方式、包角及附带垫板情况可分为 BⅠ~BⅤ 五种型号。鞍座的型式特征见表 6-11。

表 6-11 鞍座的型式特征

型式			包角	垫板	筋板数	适用公称直径 DN/mm
轻型		A	120°	有	4	1 000 ~ 2 000
					6	2 100 ~ 4 000
重型	焊制	BⅠ	120°	有	1	159 ~ 426
						300 ~ 450
					2	500 ~ 900
					4	1 000 ~ 2 000
					6	2 100 ~ 4 000
		BⅡ	150°	有	4	1 000 ~ 2 000
					6	2 100 ~ 4 000
		BⅢ	120°	无	1	159 ~ 426
						300 ~ 450
					2	500 ~ 900
	弯制	BⅣ	120°	有	1	159 ~ 426
						300 ~ 450
					2	500 ~ 900
		BⅤ	120°	无	1	159 ~ 426
						300 ~ 450
					2	500 ~ 900

为了使容器和设备在壁温发生变化时能够沿着轴线方向自由地伸缩，鞍座的

底板有两种，一种是底板上的螺栓孔是圆形的固定式（代号为 F），另一种是底板上的螺栓孔是椭圆形的滑动式（代号为 S）。安装时，F 型鞍座是通过地脚螺栓固定在基础上的，而 S 型鞍座的地脚螺栓上使用两个螺母，先拧上去的螺母拧到底后倒退一圈，再用第二个螺母锁紧。这种安装使得 S 型鞍座在设备发生热变形的时候，可以随容器一起做轴向的移动。鞍座的结构形式如图 6 – 17 和图 6 – 18 所示。鞍座的结构尺寸可查阅标准 JB/T 4732.1—2007。

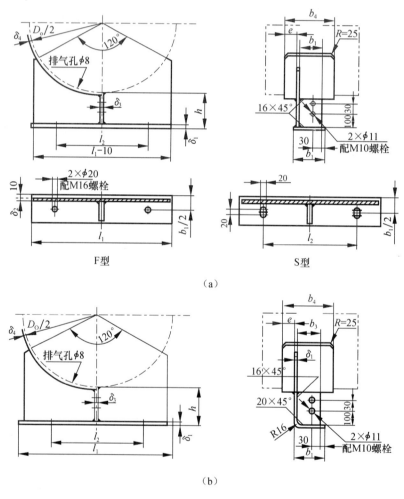

图 6 – 17　$DN=159\sim426$、120°包角重型带垫板或不带垫板鞍式支座
(a) 焊制；(b) 弯制

(2) 鞍座的材料和标记。

鞍式支座通常选用 Q235 – A，也可用其他材料。垫板选材一般应与设备筒体材料相同，焊接材料的选用参照相关标准。当鞍式支座的设计温度等于或低于

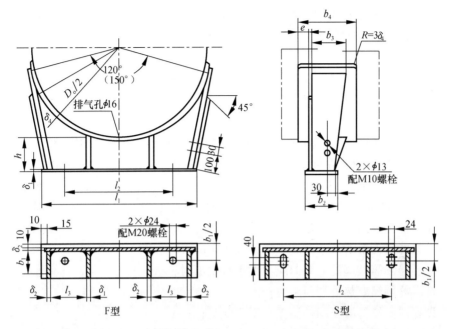

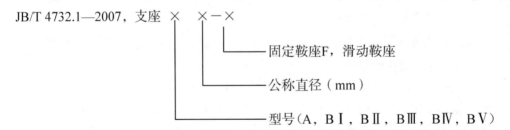

图6-18　$DN=1\,000\sim2\,000$ mm、120°包角轻型带垫板鞍式支座
（$DN=1\,000\sim2\,000$ mm、150°包角重型带垫板鞍式支座）

-20 ℃时，应该根据实际设计条件，可对腹板材料进行附加的低温检验，或是选用其他合适的材料。

鞍式支座的标记：

JB/T 4732.1—2007，支座 ×　×－×

　　　　　　　　　　　　　└── 固定鞍座F，滑动鞍座

　　　　　　　　　　　└────── 公称直径（mm）

　　　　　　　　└──────────── 型号（A，BⅠ，BⅡ，BⅢ，BⅣ，BⅤ）

注1：若鞍座高度 h，垫板 b_4，垫板厚度 δ_4，底板滑动长度 l 与标准尺寸不同，则应在设备图样零件名称栏或备注栏注明。如：$h=450$，$b_4=200$，$\delta_4=12$，$l=30$。

注2：鞍座材料应在设备图样的材料栏内填写，表示方法为：支座材料/垫板材料。无垫板时只注支座材料。

[**例6-1**] DN377，120°包角，重型不带垫板的标准尺寸的固定式鞍座，鞍座材料 Q235-A，标记为：JB/T 4732.1—2007，鞍座 BV377-F。材料栏内注：Q235-A。

[**例6-2**] DN1800，150°包角，重型滑动鞍座，鞍座材料 Q235-A，垫板材料 0Cr18Ni9，鞍座高度为 400 mm，垫板厚 12 mm，滑动长孔长度为 60 mm。

标记为：JB/T 4732.1—2007，鞍座 BⅡ1800-S，$h=400$，$\delta_4=12$，$l=60$
材料栏内注：Q235-A/0Cr18Ni9

（3）鞍座的选用。

鞍座的选用的依据是设备的公称直径，步骤如下。

① 确定鞍座形式。根据鞍座的实际承载大小确定鞍座形式，重型鞍座还是轻型鞍座。

根据容器或设备的圆筒强度确定选用120°包角或150°包角的鞍座。

② 确定鞍座的允许载荷。根据标准高度下鞍座的载荷确定鞍座的允许载荷，可查阅相关标准 JB/T 4712.1—2007。当鞍座的高度增加时，允许载荷降低。

③ 确定是否选用垫板。公称直径 $DN \leqslant 900$ 的容器和设备，重型鞍座分为带垫板和不带垫板两种，满足下列条件之一，必须设置垫板。

Ⅰ 容器或设备的有效厚度小于或等于 3 mm；

Ⅱ 容器圆筒鞍座处的周向应力大于规定值时；

Ⅲ 容器圆筒有热处理要求时；

Ⅳ 容器圆筒与鞍座间的温差大于 200 ℃；

Ⅴ 当容器圆筒材料与鞍座材料不具有相同或相近化学成分和性能指标时。

④ 确定螺栓孔长度。当容器或设备的操作壁温与安装环境温度有较大的差异时，根据容器圆筒的金属温度、两个鞍座的间距核算螺栓孔长度 L。具体核算过程可参阅 JB/T 4712.1—2007 附录 A。

⑤ 确定基础垫板。当容器或设备是以钢筋混凝土为基础时，则滑动底板下边必须安装基础垫板，且基础垫板需保持平整光滑。垫板尺寸可参阅 JB/T 4712.1—2007 附录 C 确定。

2. 裙式支座

（1）裙式支座的结构。

裙式支座简称裙座，由 3 部分组成，分别是裙座体、基础环和地脚螺栓组成。裙座体上开有人孔、引出管孔、排气孔和排污孔。裙座体焊在基础环上，载荷是通过基础环传递给基础的。地脚螺栓由两块筋板、一块压板和一块垫板组成，并且焊在基础环上。地脚螺栓是预先填埋固定好的，地脚螺栓座上的压板和垫板是在塔体吊装安装定位后焊制上去的，最后旋紧垫板上的螺母将塔体固定。除了圆筒形的裙式支座外，还可以把裙式支座做成半锥角不超过 15°的圆锥形。锥形裙式支座适用于地脚螺栓数量较多以及基础环下边的混凝土基础表面承受较大的压力的场合。裙式支座的结构如图 6-19（a）所示。地脚螺栓座如图 6-19（b）所示。

裙式支座上开设检查孔的作用是为了方便检修。检查孔的形状有两种，分别是圆形和长圆形。圆形孔直径范围为 250~500 mm，长圆孔的尺寸为 400×500 mm。

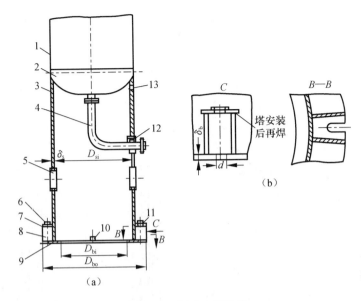

图 6-19 裙式支座结构
1—塔体；2—封头；3—裙座体；4—引出管；5—检查孔；6—垫板；7—压板；
8—筋板；9—基础环；10—排污孔；11—地脚螺栓；12—引出孔；13—排气孔
(a) 裙式支座；(b) 地脚螺栓座

裙座体上开设排气孔的作用是可以及时将有毒气体排出。排污孔的作用是及时排除裙座体内的污液。

（2）裙座与塔体的连接。

裙座与塔体之间通常是以焊接的方式连接的，焊接方式可以是搭接焊或对接焊，对接焊如图 6-20（a）、(b) 所示。裙座体的外径应该与塔体下封头的外径相等，焊缝为全焊透的连续焊，这种焊接方式中焊缝承受拉力或压力的作用，封头只是局部受力，因此这种焊接结构适用于大的轴向载荷和大直径塔设备的场合。搭接焊如图 6-20（c）、(d) 所示，裙座体内径稍大于塔体的外径，焊接接头的位置既可以在下封头的直边处也可以在筒体上。这种结构如果不考虑风载荷和地震载荷的情况下，焊缝将受到剪切力的作用，焊缝的受力不好，所以这种结构只适用于筒体直径小于 1 000 mm 的塔设备。搭接焊缝距封头与塔体连接的对接焊缝的距离应满足：在封头直边处，两焊缝的中心距离为裙座体内径的 1.7~3 倍；在筒体上，两焊缝的中心距离不得小于塔体壁厚的 3 倍。

（3）裙座的材质。

裙座体不与介质直接接触，因此不受介质特性的限制，且也不受设备内压力的作用，所以裙座的材质不受压力容器所选材料的限制，故可以选择较经济的普通碳素结构钢作为裙座的材料。在选材时还应考虑塔体的材质、塔设备的操作条

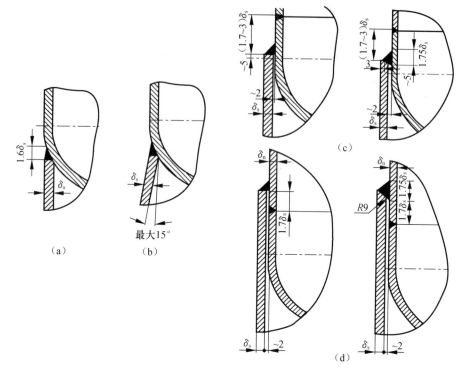

图 6-20 裙座与塔体的焊接结构
(a)、(b) 对接形式；(c)、(d) 搭接形式

件，塔设备载荷的大小以及塔设备的环境温度等因素。裙座体及地脚螺栓的材料为 Q235-A 和 Q235-A·F，这两种材料的缺点是不适用于温度过低的场合。当裙座的设计温度不超过 20 ℃时，裙座体及地脚螺栓的材质可以选择 16Mn。当塔设备的头的材质为低合金钢或高合金钢时，裙座应增设与塔设备的封头相同材质的短节，短节的长度一般为保温层厚度的 4 倍。

3. 柱式支座

柱式支座是球形容器支座在工程中应用比较广泛的一种支座，其中柱式支座中的的赤道正切式柱式支座应用最广泛。

(1) 赤道正切式柱式支座的结构特点。

赤道正切式柱式支座的结构特点是多根圆柱状支柱等距离地布置在球壳的赤道带，支柱的中心线与球壳相切或相隔，连接方式为焊接。为了保证球罐的稳定性，同时承受风载荷和地震载荷，支柱间应设置连接拉杆。赤道正切式柱式支座的优点是受力均匀、弹性好、能承受热膨胀引起的变形、安装方便、操作和检修方便；缺点是当球罐的重心较高时，稳定性相对较差。

(2) 支柱的结构。

支柱主要由支柱、底板和端板 3 部分组成。支柱的结构如图 6-21 所示。支柱分为单段式和双段式两种。

单段式支柱由一根圆管或卷制而成的圆筒构成，主要用于常温球罐；双段式支柱由上下两端支柱组成，两段支柱所采用的圆筒或圆管的尺寸相同，主要用于低温球罐（设计温度为 $-20\ ℃\sim-100\ ℃$）、深冷球罐（设计温度 $<-100\ ℃$）等特殊材质的支柱，双段式支柱的结构虽然复杂，但是与球罐焊缝处的应力较低，故应用较为广泛。

(3) 支柱与球壳的连接。

支柱与球壳的连接有 4 种方式，分别是直接连接结构形式，如图 6-22（a）所示，这种结构适用于大型球罐中；加托板的结构形式，如图 6-22（b）所示，这种结构能解决空间狭窄难以施焊的问题；U 形柱结构形式，如图 6-22（c）所示，这种结构适用于低温球罐中；支柱翻边结构形式，如图 6-22（d）所示，这种结构不但提高了焊接质量，而且还能改善局部的应力集中状态。

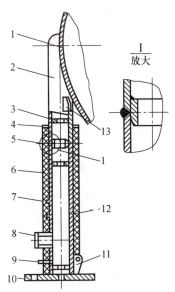

图 6-21　支柱的结构图
1—球壳；2—上部支柱；3—内部筋板；4—外部端板；5—内部导环；6—防火隔热层；7—防火层夹子；8—可熔塞；9—接地凸缘；10—底板；11—下部支耳；12—下部支柱；13—上部支耳

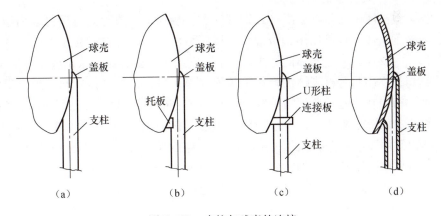

图 6-22　支柱与球壳的连接
(a) 直接连接；(b) 加托板结构；(c) U 形柱结构；(d) 支柱翻边结构

(4) 拉杆。

拉杆的作用是承受风载荷和地震载荷，增加球罐的稳定性。拉杆结构可分为可调式和固定式两种。可调式拉杆的立体交叉处不得相互焊接，结构如图 6-23（a）所示，固定式拉杆的交叉处采用十字相焊或固定板相焊，结构如图 6-23

(b) 所示。固定拉杆制造简单，施工方便，但是不可调节。由于固定拉杆有较大的承载能力，故在大型球罐上应用较广泛。

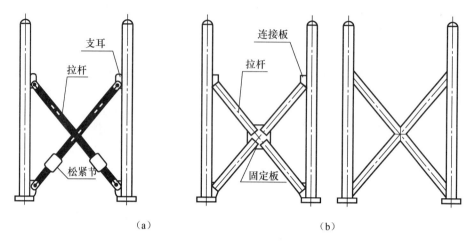

图 6-23　拉杆的结构图
(a) 可调式；(b) 固定式

三、其他类型支座

1. 支撑式支座

(1) 支撑式支座的结构形式。

支撑式支座由底板、筋板（或钢管）和垫板组成。支撑式支座可以用钢管、角钢或槽钢制成，也可以用钢板焊成。按照结构不同，支撑式支座可分为 A、B 两种形式。支撑式支座本体的焊接，A 型支座采用双面连续焊，B 型支座采用单面连续焊，支座与容器壳体的焊接采用连续焊，当容器的壳体有热处理要求时，支座的垫板应在热处理前焊接于容器壁上。支座垫板的厚度一般与封头厚度相同，也可根据实际情况确定。支撑式支座与筒体的接触面积小，会使壳体壁产生局部应力，所以需加设垫板，垫板的作用是改善壳体壁的受力状况。支撑式支座适用于高度不大且离基础较近的立式设备中。支撑式支座的形式特征见表 6-12，结构如图 6-24 所示。支撑式支座已标准化，标准号为：JB/T 4712.4—2007。

表 6-12　支撑式支座的形式特征

形　式	支座号		垫　板	适用公称直径 DN/mm
钢制焊板	A	1～4	有	800～2 200
		5～6	有	2 400～3 000
钢管制作	B	1～8	有	800～4 000

(2) 支撑式支座的材料与标记。

支撑座底板的材料应该与容器或设备的壳体的材料相同或相近。支撑座底板

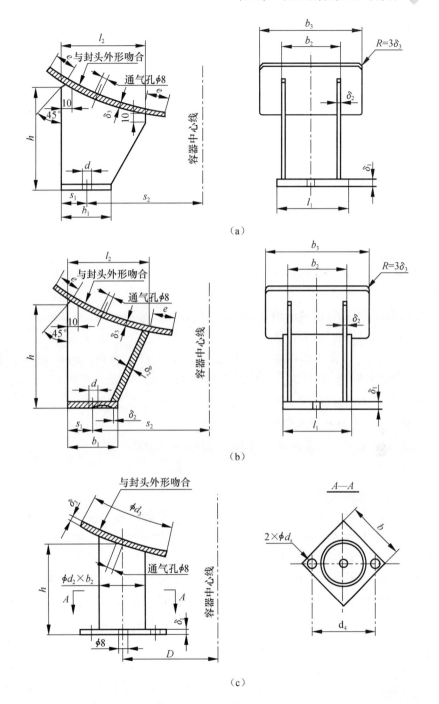

图 6-24 支撑式支座

(a) 1~4 号 A 型支撑式支座；(b) 5、6 号 A 型支撑式支座；(c) 1~8 号 B 型支撑式支座

的材料为 Q235-A·F，A 型支座的筋板材料为 Q235-A·F；B 型支座的钢管材料为 10 号钢。根据需要也可选用其他支座材料，此时应按标准规定在设备图样

中标明。支撑式支座的标记方法如下。

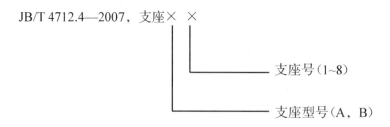

注1：若支座高度 h，垫板厚度 δ_3 与标准尺寸不同，则应在设备图样零件名称或备注栏中标明，如 $h=450$，$\delta_3=14$。

注2：支座及垫板材料应在设备图样的材料栏内标注，表示方法为：支座材料/垫板材料。

[例6-3] 钢板焊制的3号支撑式支座，支座材料和垫板材料分别为 Q235-A 和 Q235B。

标记为：JB/T 4712.4—2007，支座 A3

材料：Q235-A/Q235-B

[例6-4] 钢管制作的4号支撑支座，支座高度为 600 mm，垫板厚度为 12 mm，钢管材料为10号钢，底板材料为 Q235-A，垫板材料为 0Cr18Ni9。

标记为：JB/T 4712.4—2007，支座 B4，$h=60$，$\delta_3=12$

材料：10，Q235-A/0Cr18Ni9

支撑式支座的选用步骤可参阅 JB/T 4712.4—2007。

2. 耳式支座

(1) 耳式支座的结构类型。

耳式支座由底板（也叫支脚板）、筋板、盖板和垫板组成，又称为悬挂式支座。底板是用来与基础接触并连接定位的，筋板是用来增加支座的刚性，垫板是用来增加耳式支座与壳体筒壁的接触面积的。由于耳式支座与筒壁的接触面积小，这样就会使筒壁产生较大的局部应力，对于直径大而壁厚小的设备而言，加设垫板，增加接触面积更是有必要的。当设备的公称直径小于或等于 900 mm，壳体的有效壁厚大于 3 mm，支座材料与壳体材料相同或相近时，就可以采用不带垫板的耳式支座。

小型设备的耳式支座可以支撑在管子或型钢制的立柱上，大型直立设备的耳式支座往往固定在钢梁或混凝土的基础上。为了使设备的重力均匀地传给基础，底板的尺寸不应该太小，以避免产生过大的压应力；筋板应该有足够的厚度，以保证支座的稳定性。

耳式支座本身的焊接采用双面连续填角焊；耳式支座与容器或设备壳体的焊接采用连续焊。焊角尺寸约等于 0.7 倍的较薄板的厚度，且不小于 4 mm。

支座组焊完毕后,各部件应平整,不能有翘曲。若容器的壳体有热处理要求时,支座垫板应在热处理前焊在容器壁上,垫板应与容器壁贴合,局部最大间隙应不超过 1 mm。垫板的中心开设有一个通气孔,作用是排放焊接或热处理时的气体。

按照筋板长度的不同,耳式支座有短臂(代号为 A)、长臂(代号为 B)和加长臂(代号为 C)3 种。耳式支座已经标准化,标准号为:JB/T 4712.3—2007《容器支座 第三部分:耳式支座》。耳式支座的形式特征见表 6-13,结构形式如图 6-25 所示。

表 6-13 耳式支座的形式特征

形　式	支座号	支座号	垫　板	盖　板	适用公称直径 DN/mm
短臂	A	1~5	有	无	300~2 600
		6~8		有	1 500~4 000
长臂	B	1~5	有	无	300~2 600
		6~8		有	1 500~4 000
加长臂	C	1~3	有	有	300~1 400
		4~8			1 000~4 000

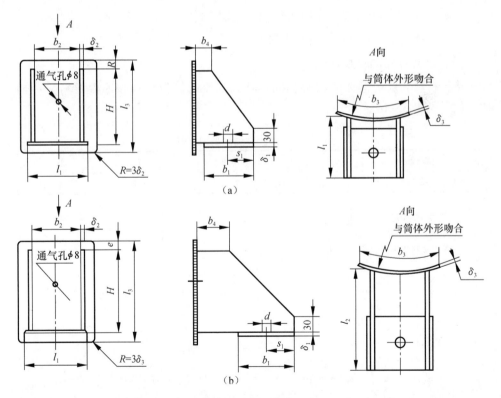

图 6-25 耳式支座
(a) A 型(支座号 1~5);(b) B 型(支座号 1~5)

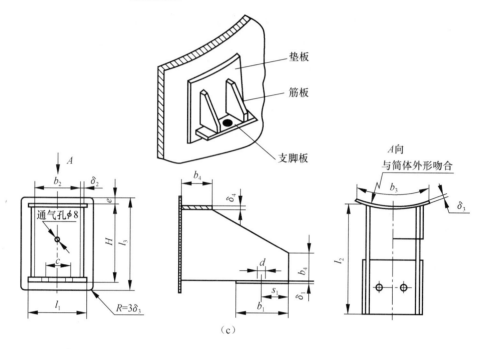

图 6-25 耳式支座（续）
(c) C 型（支座号 4~8）

(2) 耳式支座的材料和标记

垫板材料一般与筒体的材料相同。耳式支座的筋板材料和地板材料分为四种，代号见表 6-14。

表 6-14 耳式支座的材料代号

材料代号	I	II	III	IV
支座的地板和筋板材料	Q235-A	16MnR	0Cr18Ni9	15CrMoR

耳式支座的标记方法如下。

注1：若垫板厚度 δ_3 与标准尺寸不同，则在设备图样中零件名称或备注栏标明，如 $\delta_3 = 12$。
注2：支座与垫板的材料应在设备图样的材料栏标注，标注方法为：支座材料/垫板材料。

[例 6-5] A 型，4 号耳式支座，支座材料为 Q235-A，垫板材料为 Q235-A。

标记为：JB/T 4712.3—2007，耳式支座 A4 - Ⅰ

[**例6-6**] B 型，2 号耳式支座，支座材料为 16MnR，垫板材料为 0Cr18Ni9，垫板厚度为 12 mm。

标记为：JB/T 4712.3—2007，耳式支座 B2 - Ⅱ，$\delta_3 = 12$

材料：16MnR/0Cr18Ni9

耳式支座的选用可参阅标准 JB/T 4712.3—2007。

3. 腿式支座

(1) 腿式支座的结构类型。

腿式支座简称支腿，如图 6 - 26 所示，由角钢、钢管或 H 型钢支柱直接与容器或设备的筒体焊接而成，筒体与支腿间可以增设垫板，也可以不增设，视具体情况而定。腿式支座已经标准化，标准号为：JB/T 4712.2—2007《容器支座 第二部分：腿式支座》。腿式支座有 6 种形式，分别是用角钢做支柱带加强垫板的 A 型支腿（如图 6 - 26（a）所示）、用角钢支柱不带加强垫板的 AN 型支腿（如图 6 - 26（b）所示）、用钢管做支柱带加强垫板的 B 型支腿（如图 6 - 26（c）所示）、用钢管做支柱不带加强垫板的 BN 型支腿、用 H 型钢做支柱带加强垫板的 C 型支腿（如图 6 - 26（d）所示）、用 H 型钢做支柱不带加强垫板的 CN 型支腿。腿式支座的优点是结构简单、轻巧，便于安装。但不适用于容器上的管道直接与产生脉动载荷的机器设备刚性连接的场合。

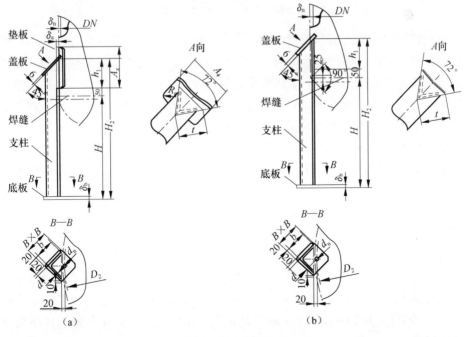

图 6 - 26　腿式支座

(a) A 型腿式支座；(b) AN 型腿式支座

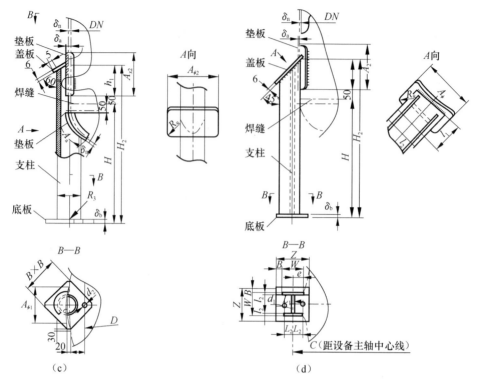

图 6-26 腿式支座（续）

(c) B 型腿式支座；(d) C 型腿式支座

用角钢做支柱的支腿与圆筒容器的吻合比较容易，焊接组装方便；用钢管做支柱的支腿具有良好的抗失稳能力，原因是在各方向具有相同的惯性半径。制作技术要求是焊接采用连续焊，且所有角焊缝尺寸等于较薄件的厚度。焊缝表面不得有裂纹、弧坑和夹渣等焊接缺陷，且不得有焊渣和飞溅物。有焊后热处理要求的容器，垫板与容器壳体的焊接应在热处理之前完成，垫板与容器壳体的焊接应在最低处保留 10 mm 不焊。腿式支座使得容器或设备的下边保持有较大的空间，方便维修操作的进行。但是支撑的最大值应符合标准 JB/T 4712.2—2007 的规定。

（2）腿式支座的材料与标记。

角钢支柱及 H 型支柱的材料通常为 Q235-A；钢管支柱的材料为 20 号钢；底板和盖板材料均通常为 Q235-A，若需要，可改用其他材料，但是材料的性能不得低于 Q235-A 和 20 号钢的性能指标，且所选的材料应具有良好的焊接性能。焊接材料应符合 JB/T 4709 的规定。支腿用钢的材料应符合 GB/T 9787 的规定，钢管应符合 GB/T 8163 或与其相当的标准的规定，H 型钢的标准可参照 YB 3301。

腿式支座的标记方法如下：

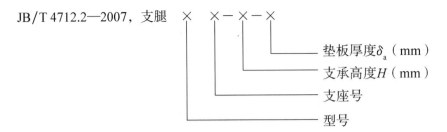

[**例6-7**] 容器公称直径为 $DN800$，角钢支柱支腿，不带垫板，支撑高度 H 为 900 mm。

标记为：JB/T 4712.2—2007，支腿 AN3-900

[**例6-8**] 容器公称直径为 $DN1600$，H型钢支腿，不带垫板，支撑高度 2 000 mm。

标记为：JB/T 4712.2—2007，支腿 CN10-2000

第四节 安 全 附 件

化工设备常见的安全附件有视镜、安全阀和爆破片等。视镜的作用是观察设备内部的液面高度和物料的变化情况；安全阀和爆破片的作用是防止设备由于超压运行而发生事故。安全附件在化工设备中起着重要的作用，是化工设备中不可缺少的部分。

一、视镜

视镜作为压力容器的窥视装置，在石油、化工、医药、轻工等行业得到了普遍应用。既然视镜是用来观察设备内部物料的物理变化和化学变化情况的，它很有可能与设备内的物料相接触，因此，对于视镜的材料的要求应是能承受一定的工作压力，且需要具有较好的耐高温和抗腐蚀能力。

1. 视镜的类型和基本结构

根据视镜的结构特点，视镜可分为不带颈视镜（凸缘视镜）和带颈视镜两种。

视镜是由视镜玻璃、视镜座、密封垫、压紧环、螺母和螺柱组成的标准组合部件。常用的视镜由凸缘视镜和带颈视镜两种。无论是凸缘视镜还是带颈视镜，都有带衬里和不带衬里两种形式。其中，带衬里的视镜适用于有腐蚀性的介质，且带衬里的视镜使用寿命较长。视镜的基本形式如图6-27所示。

凸缘视镜又称为不带颈视镜，如图6-28所示。视镜上的凸缘直接焊在设备上，这种连接方式也称为视镜座由配位法兰（或法兰凸缘）夹持固定。这种视镜的特点是结构简单、物料不易粘结，能观察设备内部的范围广。故适用于大直径的设备。

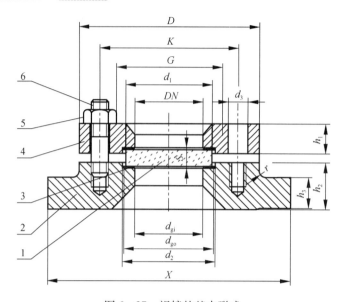

图 6-27　视镜的基本形式

1—视镜玻璃；2—视镜座；3—密封垫；4—压紧环；5—螺母；6—双头螺柱

带颈视镜的连接是视镜座的外缘直接与容器的壳体或封头焊接。这种视镜的适用范围广，安装方便、灵活。其结构如图 6-29 所示。

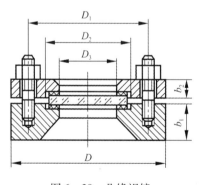

图 6-28　凸缘视镜

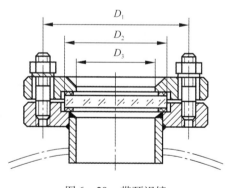

图 6-29　带颈视镜

随着科技的发展，目前在化工领域又出现了带灯视镜、组合式视镜、钢和玻璃烧结视镜等新型视镜。

随着科技的发展，目前在化工领域又出现了带灯视镜、组合式视镜、钢和玻璃烧结视镜等新型视镜。

(1) 带灯视镜。

带灯视镜将视镜的作用和照明的作用合二为一，由视镜和视镜灯等组成。其中视镜灯由冷光镜和冷光束反射型卤钨灯组成，这种视镜的特点是具有防尘性和防水性，有定向照明的功用，亮度足，发光效率高等。形式有带灯视镜（A 型）、带灯有冲洗孔视镜（B 型）、带灯有颈视镜（C 型）和带灯有颈有冲洗孔视镜（D 型）。视镜的本体材料为碳钢制、碳钢和不锈钢混合制以及全不锈钢制 3 种。视镜灯分为防腐型和防爆型两种。带灯视镜适用于开孔较多的设备，基本结构如图 6-30 所示。

（2）组合式视镜。

组合式视镜是通过设备的接管法兰与视镜连接，避免了视镜的接缘与设备或接管的焊接而给视镜上带来的焊接热应力。组合视镜的密封面形式有两种，分别是 A 型的突面密封面和 B 型的凹凸密封面。组合视镜与管法兰装配时，由于视镜座与压紧环端面接触，因此在连接时视镜玻璃不受外力影响。组合视镜的通用性较强，只要是与之相配合的管法兰的公称压力、公称直径相同，密封面形式相对应就可以使用组合式视镜。组合式视镜使用简便、安全。组合视镜的视镜玻璃采用硼硅玻璃或钢化硼硅玻璃，视镜座采用碳素钢或不锈钢制作。组合式视镜的结构如图 6-31 所示。

（3）钢和玻璃烧结视镜。

钢和玻璃烧结视镜是将视镜玻璃和视镜座烧结为为一体的视镜，由视镜本体、"O"形密封圈、螺柱、螺母和垫圈组成。这种视镜的视镜和视镜座之间没有密封面，因此可以减少泄漏点。这种视镜的优点是结构紧凑、质量小、体积小、清洗方便。其结构如图 6-32 所示。

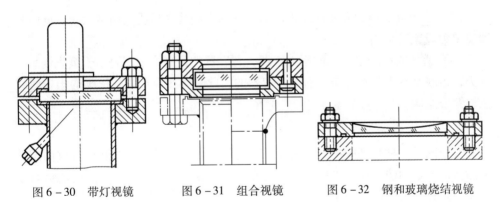

图 6-30　带灯视镜　　　图 6-31　组合视镜　　　图 6-32　钢和玻璃烧结视镜

2. 视镜的规格

视镜的规格取决于公称直径和公称压力，视镜的公称压力有 4 个等级：0.6、1.0、1.6、2.5（单位为 MPa）；视镜的公称直径是指视孔的直径，有 5 个级别，分别是 50、80、100、125、150（单位为 mm）。公称直径的大小取决于公称压力等级。

3. 视镜的选型

（1）对于有清洁要求、结构轻巧的设备可选用钢和玻璃烧焦视镜。

(2) 对于易污染的操作工况、大直径的设备可选用较大规格的视镜。

(3) 对于需要观察设备的内部情况时，可选用带灯视镜或另设视镜供照明用。

(4) 对于旧设备增设视镜时，可不用另开孔，选用组合式视镜。

(5) 对于处理易结晶的介质、有水气冷凝情况的设备增设视镜时，可选用带冲洗孔的视镜或装设冲洗装置。

(6) 对于有冲击、振动或温度变化的操作工况选用视镜时，可选用双层安全视镜或带罩视镜。

二、安全阀

安全阀是化工压力容器中常用的安全泄放装置。为了保证压力容器安全运行，防止容器超压运行的一种保险装置。安全阀由阀座、阀瓣和加载装置组成。

1. 安全阀的设置原则

(1) 连续操作系统中，若有数个工作压力相同的容器连接在一起，而每个容器内的气体压力不存在单独升高的可能性，则可在连接这些设备的主管道，或者其中的任意一个容器中设置安全阀。

(2) 压力容器内的介质发生化学反应产生压力时，此容器须单独设置安全阀。

(3) 压力容器内的介质的压力因为温度的升高或介质受热而增大时，此时容器应单独设置安全阀。

(4) 盛装或使用水蒸气的压力容器，若容器的最高许用压力小于蒸汽锅炉的压力，也就是蒸汽是经过减压后输入容器的，此时应在容器或减压阀的出口管线上设置安全阀。

2. 安全阀的工作原理

安全阀是一种自动阀门，利用介质自身的压力，通过阀瓣的开启排放而定数量的流体，达到防止设备内的压力超过允许值。压力恢复正常后，阀门能够自动关闭，防止介质的继续排出。具体的工作过程为以下4个阶段。

(1) 正常工作阶段。此时阀瓣处于关闭密封状态，由加载机构上的压紧力与介质压力作用于阀瓣的作用力之差，应不低于阀口处的密封压力。

(2) 泄漏阶段。当介质的压力上升至某一确定的定值时，就会使阀瓣上的密封力下降，密封口开始泄漏，但是阀瓣仍无法开启。

(3) 开启、泄放阶段。当介质的压力继续上升至阀瓣的开启压力时，阀瓣上的合力为零，即向上的力和向下的力大小相等。此时内压稍微上升，介质接续排出，属于安全泄放。

（4）关闭状态。随着介质的不断泄放，设备的内压力不断地下降，降到回座压力时，阀瓣闭合，重新达到密封状态。

在上述的工作过程可得出结论：安全阀的开启压力大于容器的最高工作压力，而容器的设计压力应稍高于安全阀的开启压力。GB 150 规定：安全阀的开启压力、容器的设计压力等于或稍大于安全阀的开启压力。

3. 安全阀的结构类型

安全阀比较常用的形式有弹簧式安全阀、带散热套式安全阀、内装式安全阀和全启式安全阀。

（1）弹簧式安全阀。这种安全阀的弹簧力加载于阀瓣上，载荷随着开启高度的变化而变化，安全阀的阀瓣能迅速开启。这种安全阀的特点是结构紧凑、简单、灵敏度较高、对振动不敏感，适用于有脉动载荷的压力容器和设备上。结构如图 6-33 所示。

（2）带散热套式安全阀。这种安全阀是在弹簧式安全阀的基础上进行了改造，即在弹簧和阀瓣间增设了散热套和隔离套，这样做的好处是可以降低弹簧室的温度，能有效地防止排放的介质直接冲蚀弹簧。这种安全阀适用于高温操作工况的压力容器和设备。结构如图 6-34 所示。

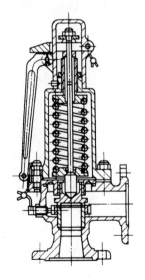

图 6-33　弹簧式安全阀

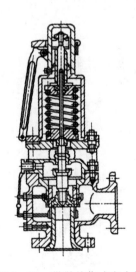

图 6-34　带散热套式安全阀

（3）内装式安全阀。这种安全阀是将阀的结构进行改装，使阀的一部分置于设备内，这样做主要是由于阀门的伸出尺寸受到限制。这种安全阀的工作原理与弹簧式安全阀的工作原理一致。应用于液化气槽车。其结构如图 6-35 所示。动作示意图如图 6-36 所示。

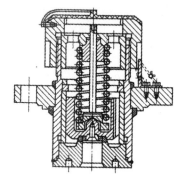

图 6-35 内装式安全阀

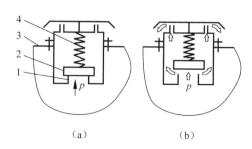

图 6-36 内装式安全阀动作示意图
1—阀座；2—阀瓣；3—容器法兰；4—弹簧
(a) 关闭状态；(b) 开启状态

(4) 全启式安全阀。全启式安全阀的结构与弹簧式安全阀的结构类似，这种安全阀采用的是喷嘴式阀座，同时还设置了反冲机构。反冲机构的作用是改变喷出介质的流向，将动量转变为阀盘的巨大升力，能够保证安全阀快速达到规定的开启高度。内部还设有定位、导向机构和球面接触，这样设置的目的是为了保证安全阀的密封和动作的准确性。这种安全阀适用于要求反应迅速的压力容器。其结构如图 6-37 所示，动作示意如图 6-38 所示。

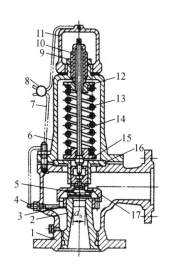

图 6-37 全启式安全阀
1—阀体；2—阀座；3—调解圈；4—定位螺钉；5—阀盘；6—阀盖；7—保险铁丝；8—保险铅封；9—锁紧螺母；10—套筒螺丝；11—安全护罩；12—上弹簧座；13—弹簧；14—阀杆；15—下弹簧座；16—导向套；17—反冲盘

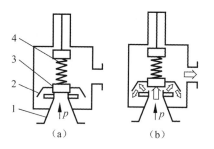

图 6-38 全启式安全阀动作示意图
1—阀座；2—反冲机构；
3—阀瓣；4—弹簧
(a) 关闭状态；(b) 开启状态

4. 对安全阀的要求

为了使压力容器正常安全的运行，安全阀应满足以下基本要求。

（1）动作灵敏可靠，当压力达到开启压力时，阀芯能自动地迅速打开，从而顺利地排出气体。

（2）在排放压力下，阀芯应达到全开位置，并能排放出规定的气量。

（3）密封性能良好，不但在正常工作压力下能保持不漏，且要求在开启排气并降低压力后能及时关闭，关闭后继续保持密封。

对于一个优良的安全阀，除了满足以上的基本要求外，还应具有结构紧凑、调节方便等性能。

三、爆破片

爆破片是化工设备中不同于安全阀的另一种安全附件，适用于不允许有介质泄漏的场合。爆破片又称为爆破膜，利用膜片的断裂来泄放压力，泄压后压力容器被迫停止运行。爆破片可单独使用，也可以与安全阀串联使用。

1. 爆破片的结构

爆破片的结构由一块很薄的膜片和依附夹盘组成。夹盘用沉头螺钉将膜片夹紧，而后装在容器的接口法兰上，结构如图 6-39（a）所示。也可以不设专门的夹盘，直接利用接管法兰夹紧膜片，结构如图 6-39（b）所示。这种结构的缺点是安装比较困难，膜片容易装偏，从而引起滑脱。对于直径较小的膜片也可用螺纹套管通过垫片将膜片压紧，压紧垫片有圆角的那面要紧贴膜片。结构如图 6-39（c）所示。

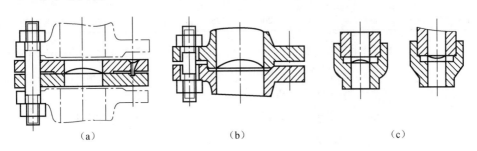

图 6-39　爆破片组装（下方为容器侧）
(a) 用沉头螺钉固定；(b) 用接管法兰夹紧；(c) 用螺纹套管垫片压紧

爆破片所用的材料有纯铝、纯铜、纯镍、纯银及其合金，奥氏体不锈钢、蒙乃尔合金等金属材料，以及石墨、聚四氟乙烯、氟化乙丙烯等非金属材料。

2. 爆破片的形式及适用范围

按照爆破片的形状分可分为平板形、正拱形和反拱形 3 种。

平板形爆破片正常工作时保持平面形状，当设备的内压力接近爆破压力时，平板拱起，压力进一步提高，较薄的爆破膜片随即破裂。平板形爆破片的材料为塑性金属或石墨，塑性金属受载后引起拉伸破坏，而石墨受载后引起剪切或弯曲破坏。平板形爆破片适用于低压和超低压的工况，由于破裂时无碎片，也可用于有燃爆的工况，这种爆破片一般不与安全阀串联使用。

正拱形爆破片是由平板膜片预先弯曲成球面，产生一定的塑性变形。工作时，膜片的凹侧朝向高压侧。正常的操作情况下，膜片所承受的介质压力不再使膜片产生进一步的塑性变形，使得膜片处于稳定的弹性状态；但是，当凹面的承受压力过高时，即达到爆破压力时，爆破片就会因过度的塑性变形而拉伸破裂。正拱形爆破片有普通正拱形爆破片和开缝正拱形爆破片两种。这种爆破片的适用范围较广，适用于高压、中压、低压操作的压力容器中。由于膜片破裂时有碎片产生，因此不适用于有易燃、易爆介质的场合，且不与安全阀串联使用。

反拱形爆破片是把正拱形爆破片反过来装，使爆破片的凸面承受介质的压力，故过载时引起的是失稳破坏。这种爆破片适用于中压、低压及有燃爆介质的工况，适用于低压、大直径的压力容器中，适用于真空或负压操作及脉动循环的工况。这种爆破片可以与安全阀串联使用。不适用于纯液相介质泄放的场合。

3. 爆破片使用时的注意事项

（1）爆破片有标定的爆破压力和爆破温度。选用爆破片时，爆破压力和爆破温度需满足：爆破压力不允许超过压力容器的设计压力，爆破片的标定温度与材料有关，具体数值见表 6-15。

表 6-15　爆破片常用材料的最高使用温度

材　料	工业纯铝	工业纯银	工业纯铜	工业纯钛	工业纯镍	奥氏体不锈钢	蒙乃尔合金
最高使用温度/℃	100	120	200	250	400	400	430

（2）爆破片有明确的安装方向。在更换夹持器中的爆破片时，应保证爆破片铭牌上所标注的泄放侧与夹持器铭牌上标注的一致。爆破安装正确后，还应保证夹持器上箭头的方向与泄放时介质的流向一致。

（3）使用过程中应注意维持爆破片压力的稳定。自行的附加密封垫片，自行的修理夹持器会影响到爆破压力的变化。

（4）爆破片需定期检查和更换。爆破片应定期检查，检查外表面有无伤痕、腐蚀、明显变形及有无异物黏附。爆破片应使用一年后进行更换。

4. 爆破片的应用场合

（1）容器内处理的介质易结晶或聚合，或带有较多的黏性物质，此时易堵塞安全阀，或使安全阀的阀芯和阀座粘在一起，此时应选用爆破片。

（2）容器的内压由于化学反应或其他原因迅速上升，安全阀难以及时排出产生的大量气体，且无法及时降压，此时应选用爆破片。

（3）容器介质为剧毒介质，或者是昂贵的气体，使用安全阀难以达到防漏要求时，应选用爆破片。

（4）容器的排放面积较大，超高压容器以及泄放可能性较小的场合，此时应选用爆破片。

思考题与习题

6-1 简述法兰密封的原理，介质泄漏的途径有哪些。

6-2 标准压力法兰及密封面有哪些形式？压力容器法兰的选用原则是什么？

6-3 常用的法兰材料有哪些？法兰选用材料的原则有哪些？

6-4 试比较压力容器法兰与管法兰的公称直径有哪些区别？

6-5 什么叫作应力集中？应力集中有哪些特点？

6-6 开孔补强的结构有哪些？

6-7 人孔和手孔的设置原则是什么？

6-8 耳式支座有哪几种结构类型？各适用于什么条件？

6-9 裙式支座有哪几种结构类型？各适用于什么条件？

6-10 视镜有哪几种类型？

6-11 液面计的选择原则是什么？

6-12 爆破片的选择依据是什么？

6-13 已知某反应器的内径为 900 mm，塔的下部有一出料管，公称直径为 100 mm，塔的最高操作温度为 250 ℃，最高操作压力 0.25 MPa，筒体及接管的材料为 Q235-A。试选择筒节与封头的连接法兰及出料口法兰，并写出法兰的标注。

6-14 某化工设备，内径为 600 mm，设计压力为 3.5 MPa，设计温度为 300 ℃，介质有轻微腐蚀，但无毒不易燃，其筒体与封头用法兰连接，筒体上有一接管为 $\phi89 \times 6$，设备筒体材料为 16MnR，接管材料为 20 号钢，试为该设备和接管选配标准法兰。

6-15 有一吸收塔，内径为 2 800 mm，壳体材质为 16MnR，工作压力为 1.5 MPa，工作温度为 100 ℃，选择一合适的人孔及其密封面形式。

6-16 一接管公称直径为 200 mm，材质为 16MnR，最高工作压力为 3.0 MPa，工作温度为 250 ℃，管内介质腐蚀性一般。确定管法兰及其密封面的形式并标注。

6-17 某丙烯塔回流罐，设计压力 2.5 MPa，设计温度 50 ℃，罐的内径 1 000 mm，法兰材料为 16 Mn，法兰材料的许用压力为 150 MPa，罐身与端盖的许用压力为 170 MPa。若罐身和端盖是法兰连接，试选择合适的标准法兰及法兰密封面形式。

6-18 有一压力容器,内径为 3 500 mm,工作压力 3 MPa,工作温度 150 ℃,筒体材质为 16MnR,壁厚 38 mm。在此容器上开一个 DN500 的人孔,人孔的外伸长 250 mm,内部与器壁平齐,腐蚀裕量取 2 mm,开孔未与焊缝相交,若用补强圈补强,确定补强圈的尺寸。

6-19 某工厂一卧式润滑油储罐,内径 1 800 mm,壳体壁厚 12 mm,设计压力为 1.6 MPa,设计温度 25 ℃,容积 9.9 m^3,壳体总重约 30 kN,壳体材料 20 g,试选用一对标准鞍座并标注。

第七章

换 热 设 备

本章内容提示

在炼油、化工生产中，绝大多数的工艺过程都有加热、冷却和冷凝的过程，这些过程总称为换热过程。传热过程需要一定的设备来完成，这些使传热过程得以实现的设备就称为换热设备。据统计，在炼油厂中换热设备的投资占全部工艺设备总投资的 35%～40%，因此换热设备是化工设备中非常重要的一类设备。

本章主要介绍各种典型的换热设备，其中以管壳式换热器为主，掌握固定管板式换热器、浮头式换热器、U 形管式换热器和填料函式换热器等典型换热器的结构、优缺点和使用场合以及常见的故障和使用维护的方法。

第一节 换热设备的应用

一、换热设备的应用

在化工生产中，为了满足工艺流程的需要，常常将低温流体加热或把高温流体冷却，把液体气化或把蒸汽冷凝成液体，这些工艺通常是通过换热设备来实现的。换热设备就是一种实现物料之间热量交换的设备，是在石油化工、煤化工、冶金、电力、轻工、食品行业普遍应用的一种设备。在炼油化工装置中换热器占设备总数量的 40% 以上，占总投资的 30%～45%。

近年来随着节能技术的发展，在工艺上利用换热器进行生产过程中余热、废热的回收，带来了显著的经济效益。随着全球水资源的日益紧张，空冷式换热设备已在石油、化工、冶金、电力等行业得到大力推广，它利用空气作为冷却介质，替代循环水系统，避免对环境的污染和能源的浪费，节能效果非常显著。同时人们在寻找开发核能、地热、太阳能、风能等新能源利用的过程中，都离不开换热设备，尤其需要那些高效、新型的换热设备和传热元件。目前我国一直致力于在节能、增效等方面改进换热器的性能，并在提高传热效率、减少传热面积、降低压降、提高装置热强度方面取得了显著的成绩。

那么，一台换热设备除了满足特定的工艺条件外，还应该满足哪些要求，才是一台高效、经济的设备？

二、换热设备的基本要求

为了节能增效，不断改进换热设备的性能，提高传热效率，换热器应满足以下各项基本要求。

(1) 传热效果好、传热面积大、流体阻力小，合理实现工艺条件。

(2) 结构合理、安全可靠，换热设备作为典型的压力容器，应在使用期内保证强度、刚度和稳定性。

(3) 制造、维修方便，操作简单。

(4) 经济合理，成本低。

第二节 换热设备的分类

在工业中使用的换热设备种类很多，特别是耗能量较大的领域。随着节能技术的发展，换热设备的种类越来越多，适用于不同介质、不同工况、不同温度以及不同压力的换热器其结构和形式也不相同，下面将按换热设备的工艺用途和传热方式分别对换热设备进行分类。

一、按工艺用途分类

(1) 加热器。用于将流体加热到所需的温度，被加热的流体在加热过程中不发生相变。

(2) 预热器。用于流体的预热，以提高整套工艺装置的效率。

(3) 过热器。用于加热饱和蒸汽，使其达到过热状态。

(4) 蒸发器。用于加热液体，使其蒸发汽化。

(5) 再沸器。用于加热已被冷凝的液体，使其再受热气化，为整流过程专用设备。

(6) 冷却器。用于将流体冷却到所需的温度，被冷却的流体在冷却过程中不发生相变。

(7) 冷凝器。用于冷却凝结性饱和蒸汽，使其放出潜热而凝结液化。

二、按传热方式分类

1. 混合式

混合式换热器又称直接接触式换热器，它是将冷、热流体直接接触进行热量交换而实现传热的。如常见的凉水塔、喷洒式冷却塔、气液混合式冷凝器等。

图 7-1 为两种在化工厂常见的凉水塔示意图。图 7-1 (a) 为自然通风结构，采用板塔型，塔板用方格式的筛板，以增加接触面积。热水自塔顶喷下，落于筛板上飞溅成散流，在层层下落时与水平自然对流的空气直接接触，从而使热

水冷却。图7-1（b）为强制对流凉水塔，也叫点波填料凉水塔。其热水冷却过程是靠强制对流空气与热水直接接触进行的，塔体通常使用玻璃钢制成的。

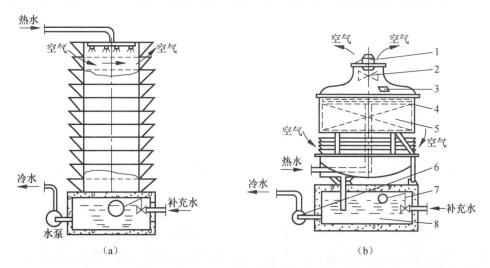

图7-1　凉水塔示意图
（a）自然通风凉水塔；（b）点波填料凉水塔
1—电机；2—风扇；3—视孔；4—喷水管；5—填料；6—水泵；7—浮球阀；8—水池

混合式换热设备具有传热效率高、单位体积提供的传热面积大、设备结构简单、价格便宜等优点，但仅适用于工艺上允许两种流体相混合的场合。

2. 蓄热式

蓄热式换热器是借助于固体蓄热体，把热量从高温流体传给低温流体的换热设备。其传热方式主要是热辐射。换热器中的蓄热体（金属或非金属）在高温介质通过时吸取热量，而在低温介质通过时蓄热体放出热量加热低温介质，从而实现高温流体和低温流体间的热量交换。在使用这种换热器时，不可避免地会使两种流体有少量混合，一般成对使用，如图7-2所示，当一个通过热流体时，另一个则通过冷流体，并靠自动阀交替切换，使生产得以连续进行。

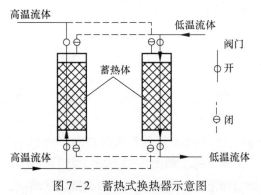

图7-2　蓄热式换热器示意图

蓄热式换热器结构简单，价格便宜，单位体积传热面积大，在石油和化工生产中主要用于原料气转化和空气预热。

3. 间壁式

间壁式换热器又称表面式换热器或间接式换热器，它利用设备或管道的间壁将冷、热流体隔开，使其互不接触，热流体通过间壁将热量传递给冷流体。这种换热器应用非常广泛，从结构上又可分为管式换热器和板式换热器两大类。

（1）管式换热器。

管式换热器是以管子壁为间壁和传热面的换热设备，从结构上还可细分为蛇管式、套管式、列管式等。此类换热器具有结构坚固、操作弹性大、使用材料范围广等优点。尤其在高温、高压和大型换热设备中占有相当优势，但在传热效率、结构紧凑性和金属耗材上略显弱势。

① 蛇管式换热器。按使用状态不同又可分为喷淋式蛇管和沉浸式蛇管，喷淋式蛇管换热器是把数根直管水平排列在一垂直立面上，上下相邻的管端用弯管连接起来，组成管架。管架顶部设置喷淋装置，使冷却水均匀沿管流下，在管外接触管壁与管内的热流体通过管壁进行换热。如图7-3所示。

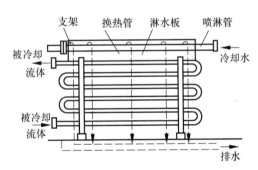

图7-3 喷淋式蛇管换热器示意图

沉浸式蛇管是把换热管按需要弯曲成所需的形状，如圆盘形、螺旋形和长的蛇形等。使蛇管沉浸在被加热或被冷却的介质中，通过管壁进行热量交换。如图7-4所示。

蛇管式换热器是最早出现的一种换热器，具有结构简单、价格低廉、制造容易、操作维护方便等优点，但该设备换热效率低、单位传热面积金属消耗量大，设备笨重，故对传热面积不大的场合使用，同时因管子承受高压而不易泄漏，常可用于压力较高的热交换场合。

② 套管式换热器。套管式换热器是由两种直径不同的管子组装成同心管，用管把内直管连接起来构成的。如图7-5所示。进行换热时，一种流体走管内，另一种流体走内外管的间隙，两种流体通过内管壁面换热。

第七章 换热设备

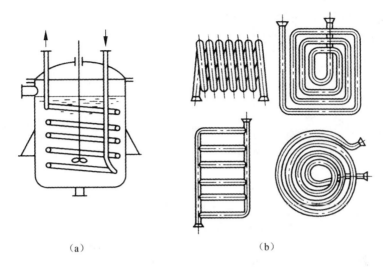

图 7-4 沉浸式蛇管换热器示意图
(a) 安装图；(b) 蛇管的形状

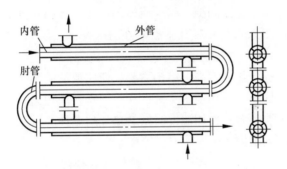

图 7-5 套管式换热器示意图

套管式换热器结构简单、工作适用范围大，传热面积增减方便，两侧流体均可提高流速以获得较高的传热系数，但单位传热面积金属消耗量大，检修、清洗、拆卸都较麻烦，容易在可拆连接出造成泄漏。该设备常用于高温、高压、小流量和传热面积不大的场合。

③ 列管式换热器。列管式换热器又称为管壳式换热器，是一种通用的标准换热设备。它具有结构简单、坚固耐用、造价低廉、用材广泛、清洗方便、适应性强等优点，在各工业领域得到了最为广泛的应用。

(2) 板式换热器。

板式换热器是通过板面进行换热的，其结构紧凑、传热效率高，但密封周边长，密封不可靠，承压能力差。按照传热板面的结构形式可分为：板式、螺旋板式、板翅式、板壳式和伞板式。

① 矩形板式换热器。矩形板式换热器是由一组矩形的薄金属传热板片、相邻板间的密封圈和压紧装置组成，其结构如图 7-6 所示。

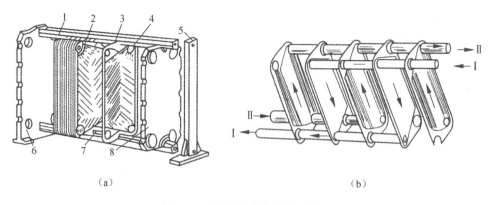

图 7-6 矩形板式换热器示意图
(a) 板式换热器结构分解示意图；(b) 板式换热器流程示意图
1—上导杆；2—垫圈；3—传热金属板片；4—角孔；5—前支柱；6—固定端板；7—下导杆；8—活动端板

矩形金属薄板通常压制成断面形状为三角形、梯形、人字形等波纹，既增强流体的湍动程度强化传热，又增加了板的刚度。板周边放置垫圈，起到密封作用，也使板面间形成一定的间隙，构成流体的通道。板四角处的角孔起着连接通道的作用，以使板面上的冷、热流体汇集分别从各自一侧上、下角孔逆向流动，进行传热，如图 7-6 (b) 所示。

板式换热器具有传热效率高、结构紧凑、使用灵活、清洗和维修方便、能精确控制换热温度等优点，适用范围十分广泛。但密封周边太长、不易密封，渗漏的可能性大；承压能力差；使用温度受密封垫片耐温性能限制；流道狭窄，易堵塞，处理量小，流动阻力大。

② 螺旋板式换热器。螺旋板式换热器是用焊在中心已分隔挡板上的两块金属薄板在专用卷板机上卷制而成，再将两端焊死形成两条互不相通的螺旋通道，冷、热流体分别由螺旋通道内、外层的连接管进入，沿着螺旋通道逆流流动，最后分别由螺旋通道外、内层的连接管流出。如图 7-7 所示。

螺旋板式换热器结构紧凑、传热效率高、能较准确地控制出口温度、制造简单、流体单通道螺旋流动，有自冲刷作用，不易结垢；可呈全逆流流动，传热温差小。但对焊接质量高，检修困难，质量大、刚性差，运输安装困难。适用于高黏度流体和含有固体颗粒的悬浮液的换热场合。

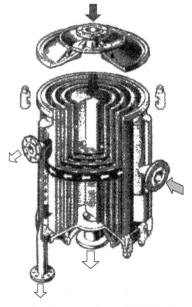

图 7-7 螺旋板式换热器示意图

③ 板翅式换热器。它的基本结构是由翅

片、隔板和封条 3 部分组成。如图 7-8（a）所示。在两块平行金属隔板之间放置金属导热翅片，翅片两侧各安置一块金属平板，两边一侧各密封组成单元体，将各单元体根据介质的不同流动方式见图 7-8（b）、（c）、（d），叠置起来钎焊成整体，即组成板束。冷热流体分别流过间隔排列的冷流层和热流层通过翅片实现热量交换。

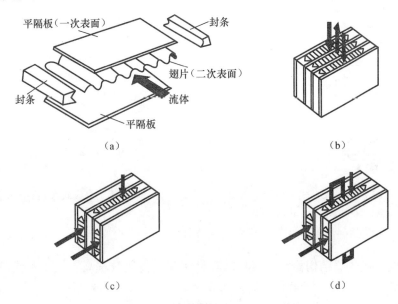

图 7-8　板翅式换热器示意图

板翅式换热器结构紧凑、轻巧，由于翅片不同几何形状使流体在流道中形成强烈的湍流，有效提高传热效率，但制造复杂、流道易堵塞、清洗和检修较困难，若因腐蚀产生内漏，则很难修理。通常用于气-气、气-液的热量交换，特别适合低温和超低温的场合。

④ 板壳式换热器。它是一种介于管壳式和板式换热器之间的换热器，主要由板束和壳体两部分组成，如图 7-9 所示。板束相当管壳式换热器的管束，每一板束元件相当于一根换热管子，由板束元件构成的流道称为板程，相当于管壳式换热器的管程；板束与壳体之间的流通空间则构成了壳程。

板壳式换热器具有管壳式和板式换热器两者的优点：结构紧凑、传热效率高、压力降小、容易清洗。但要求焊接技术高，通常用于加热、冷却、蒸发、冷却等过程。

⑤ 伞板式换热器。它是由板式换热器演变而来，以伞板片替代平板片，如图 7-10 所示。伞板式换热器流体出入口和螺旋板换热器相似，设在换热器的中心和周围上，工作时一种流体由板中心流入，沿螺旋通道流至周边排出；另一流体则由周边流入，向伞板中心排出。两流体在伞板中心与周边用特殊垫片进行密封，使之各不相混，且在伞板上逆向流动传热。

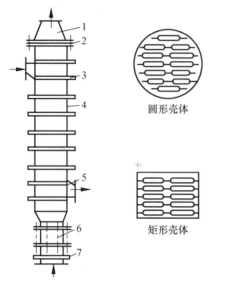
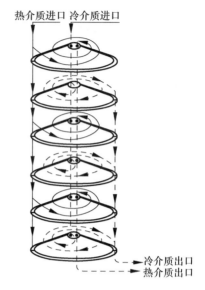

图7-9 板壳式换热器示意图   图7-10 伞板式换热器示意图
1—头盖;2—密封垫片;3—加强筋;4—壳体;
5—管口;6—填料函;7—螺纹法兰

伞板式换热器结构稳定,板片间容易密封,传热效率高。但设备流道较小,容易堵塞,不宜处理黏度大不清洁的介质。适合于液-液、液-蒸汽的热量交换,常用于处理量小、工作压力和温度较低的场合。

第三节 管壳式换热器

一、管壳式换热器的结构

管壳式换热器又称为列管式换热器,其制造容易,选材范围广,清洗方便,适应性强,处理量大,工作可靠,且能适应高温高压。因而在石油、化工、能源等行业的应用中仍处于主导地位。其结构如图7-11所示。主要由壳体、管箱、管板、换热管束、折流板、支座、接管等部件组成。操作时流体A从换热器下部接管1进入壳程,经折流板错流流动后从换热器上部接管2流出。B流体逆向从管箱上部接管3进入管程,从换热器另一端的管箱下部接管4流出。A、B流体逆流流动通过换热器管壁进行换热。

二、管壳式换热器的分类

管壳式换热器种类很多,根据结构不同可分为固定管板式、浮头式、U形管式和填料函式等。

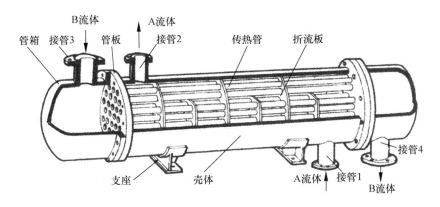

图 7 – 11　管壳式换热器

1. 固定管板式换热器

固定管板式换热器又可分为刚性结构的和带膨胀节的。这种换热器的换热管束、管板、壳体是刚性地连接在一起的,即在壳体内平行装入管束,管束的两端用焊接或胀接的方法固定在管板上,两块管板与壳体直接焊接在一起。如图 7 – 12 (a)、(b) 所示。

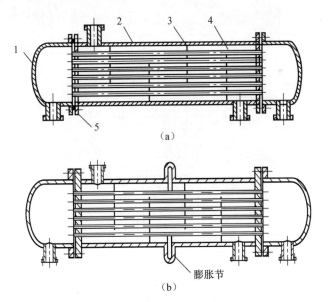

图 7 – 12　固定管板式换热器
(a) 固定管板式；(b) 带膨胀节的固定管板式换热器
1—管箱；2—壳体；3—折流挡板；4—换热管；5—固定管板

这种换热器由于管束和管板以及壳体的连接均为刚性,而管内、管外是两种温度不同的流体,因此当两流体温差较大(大于 50 ℃)时产生温差应力,以致管子扭弯或从管板上松脱,故加入热补偿元件——膨胀节。减少热(压差)应力,改善换热器受力状况。

固定管板式换热器的结构特点:两块管板均与壳体相焊接,管束两端固定在管板上,并加入了补偿元件——膨胀节。

固定管板式换热器结构简单、造价低、管板利用率高,传热效率好,管程清洗方便,管子损坏时易于堵管或更换。但壳程不易清洗,壳体和管束中可能产生较大的应力。因此适用于壳程介质清洁,不易结垢,以及温差不大或壳程压力不高的场合。一般可在两流体的温差低于 70 ℃,压力低于 0.6 MPa 的场合下工作。

2. 浮头式换热器

浮头式换热器的结构如图 7 – 13 (a) 所示。换热器的结构特点是一块管板与壳体刚性固定,另一块管板可在壳体内自由移动,且浮动管板与浮头盖用浮头钩圈法兰相连。如图 7 – 13 (b) 所示。当受热或受压时,管束与壳体伸长互不牵制,因而不会产生温差应力。

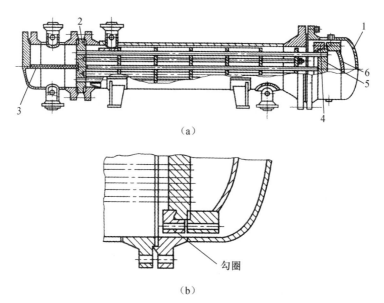

图 7 – 13　浮头式换热器及浮头示意图
(a) 浮头式换热器;(b) 浮头结构示意图
1—管箱封头;2—管板;3—隔板;4—浮头钩圈法兰;5—浮动管板;6—浮头盖

浮头式换热器的管束可从壳体一端抽出,便于壳程与管程的维修、清洗,且不会产生温差应力,但由于浮动管板与浮头盖之间结构复杂、密封有泄漏的可能,设备笨重,造价高,浮头端盖在操作中无法检查。故适用于壳体和管束之间壁温相差较大或介质不清洁、易结垢的场合,一般可在温度低于 70 ℃,压力低于 0.6 MPa 的场合下工作。

3. U形管式换热器

U形管式换热器结构如图7-14所示。其结构特点是换热器管束中的每根管子都弯制成U形,进出口分别固定安装在同一管板上,在管箱中用隔板将管箱分为两室,由于只有一块管板,管束在受热或受压时可以自由伸缩。

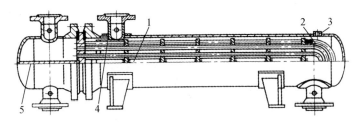

图7-14 U形管式换热器
1—中间挡板;2—U形换热器;3—排汽口;4—防冲板;5—管程隔板

U形管式换热器结构简单,造价低、能耐高温、高压,由于管束可以自由伸缩,故不会产生热应力。但管束不易清洗,拆换管子也比较困难,且管子成U形存在一定的曲率半径,故管子布板少,管板利用率低;管束最内层管间距大,壳程易短路,传热效率低;内层管子坏了不能更换,因而报废率高。故适用于管内较清洁而不易结垢的物料,温度低于500 ℃,压力低于10 MPa,腐蚀性大的场合。

4. 填料函式换热器

填料函式换热器有两种,一种是在管板上的每一根管子的端部都有单独的填料函密封,以保证管子的自由伸缩,当管子数目较少时才会采用这种结构,但管距比一般换热器要大,结构复杂。另一种是在管束的一端与壳体做成浮动结构,在浮动处采用整体填料函密封,结构较简单。如图7-15所示。

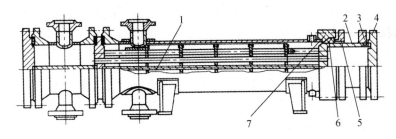

图7-15 填料函式换热器
1—纵向隔板;2—浮动管板;3—活套法兰;4—剪切环;5—填料压盖;6—填料;7—填料函

填料函式换热器结构较浮头式换热器简单,加工制造方便,耗材少,造价低,管束可从壳体内抽出,管内和管间清洗、维修方便。但使用温度受填料函耐温性限制,且填料函耐压不高,壳程介质可能通过填料函外漏,不适用于易挥发、易燃、易爆、有毒及贵重介质，适用于 4 MPa 以下，小直径容器的场合使用。

三、管壳式换热器的性能

以上介绍了 4 种典型的管壳式换热器，其各有优缺点。表 7 - 1 列出管壳式换热器的性能，可供参考比较。

表 7 - 1　管壳式换热器的性能

名　称	特　　性	相对费用	耗用金属/(kg·m^{-2})
固定管板式	使用广泛，已系列化；壳程不易清洗；管、壳两物料温差≥60 ℃时，应设置膨胀节，最大使用温差不应大于 120 ℃	1.0	30
浮头式	管、壳程易清洗；管、壳两物料温差可以大于 120 ℃；浮头结构复杂	1.22	46
填料函式	优缺点用浮头式，造价高、适宜低压小直径	1.28	
U 形管式	制造、安装方便。造价较低，管程耐高压；结构不紧凑；管子不易更换和管内不易清洗	1.01	

第四节　管壳式换热器的主要零部件结构

一、外壳结构

1. 壳体

管壳式换热器的壳体一般为圆筒体，直径系列 D_i = 219 mm，325 mm，400 mm，450 mm，500 mm，600 mm，700 mm，800 mm，900 mm，1 000 mm，1 200 mm，1 400 mm，1 500 mm，1 600 mm，1 800 mm，2 000 mm 等，基本符合压力容器直径系列。其中当直径小于 500 mm，可选用无缝钢管制造。壳体材料根据介质腐蚀情况确定。

2. 管箱

管箱位于管壳式换热器的两端，它的作用是把从管道中输送来的流体均匀地分布到各换热管内，或把管内的流体汇聚到一起输送出去。在多管程换热器中，管箱还起到使流体改变方向的作用。其结构如图 7 - 16 所示。

图 7 - 16（a）所示的管箱结构，在清洗管程时，必须将管箱先拆卸下来，很不方便；图 7 - 16（b）所示的管箱结构，在清洗检查时，只需拆卸平板盖即可；图 7 - 16（c）所示的管箱结构，将管箱与管板焊接，避免了管板处的泄漏；图 7 - 16（d）所示的管箱结构，是一种多管程隔板布置结构。图 7 - 16（e）、(f) 所示的管箱结构，为四管程前后管箱结构。

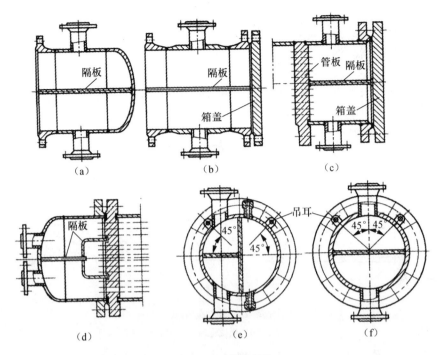

图 7-16 管箱结构

(a) 管箱和封头焊接连接；(b) 管箱和平板盖螺栓连接；(c) 和管板一体的管箱；
(d) B 形封头管箱；(e) 四管程前管箱结构（T 形隔板）；(f) 四管程后管箱结构

二、换热管

换热管是管壳式换热器的传热元件，主要通过管壁的内外面进行传热，所以换热管的形状、尺寸和材料，对传热有很大的影响。

小管径且管壁较薄的管子在相同的壳径内可以排列较多的管子，使换热器单位体积的传热面积增大、结构紧凑，单位传热面积金属耗量少，传热效率也稍高一些，但制造麻烦，且易结垢，不易清洗。所以一般对清洁流体用小直径管子，黏性较大的或污染的流体采用大直径管子。

1. 换热管的结构与选材

换热管一般采用无缝钢管，为强化传热，可采用如图 7-17 所示的翅片管、螺纹管、螺旋槽管等其他形式。换热管材料主要是根据工艺条件和介质腐蚀情况来选择，常用的金属材料有碳素钢、不锈钢、铜和铝等；非金属材料有石墨、陶瓷、聚四氟乙烯等。

2. 换热管的规格

换热管尺寸一般用外径与壁厚表示，常用碳素钢、低合金钢钢管的规格有 $\phi 19 \times 2$、$\phi 25 \times 2.5$、$\phi 38 \times 2.5$（单位均为 mm）；不锈钢管的规格为 $\phi 25 \times 2$、

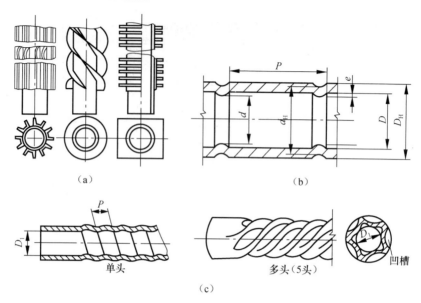

图 7-17 换热管形式
(a) 翅片管；(B) 横纹管；(c) 螺旋槽纹管

$\phi 38 \times 2.5$（单位均为 mm）。标准管长为 1.5, 2.0, 3.0, 4.5, 6.0, 9.0 等（单位均为 m）。管子的数量、长度应符合规格。在炼油厂所用的换热器中最常用的是 6 m 管长。换热管一般都用光管，为了强化传热，也可用螺纹管、带钉管及翅片管。

3. 换热管的排列方式

换热管的排列方式主要有正三角形、转角正三角形、正方形和转角正方形等。如图 7-18 所示。

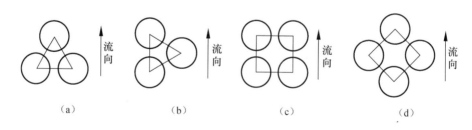

图 7-18 换热管排列方式
(a) 正三角形排列；(b) 转角正三角形排列；(c) 正方形排列；(d) 转角正方形排列

其中正三角形排列最普遍，因为在相同面积的管板上排管最多，结构紧凑，但管外清洗不方便，适用于壳程介质较清洁，换热管外不需要清洗的场合；正方形排列布管少，结构不够紧凑，但管外清洗较方便。一般在固定管板式换热器中多用三角形排列，浮头式换热器多用正方形排列。同时正三角形排列和转角正方形排列时，流体在垂直向折流挡板缺口时正对换热管，冲刷换热管外表面，提高了传热效果，另外，这两种排列方式较转角三角形和正方形排列的流体通道截面小,有利于提高流速和换热效率。

三、管板

管板是列管式换热器中的一个重要零部件之一,它主要起着固定列管和使管箱里的流体均匀分配的作用。根据换热器的类型不同,管板有多种形式,按结构可分为固定管板、浮动管板和双管板等;按外形可分为平管板、椭圆管板等,其中最常用的是平管板,管板上按正三角形或正四边形等形式规则排列许多管孔来连接换热管。

换热管与管板间的连接必须保证在设备运行中,每根管子与管板孔都上连接牢固,密封可靠无泄漏。常用的连接方式有胀接、焊接和胀焊结合等。

1. 胀接

利用胀管器挤压伸入管板孔中的管子端部,使管端发生塑性变形,管板孔同时产生弹性变形,取去胀管器后,管板与管子产生一定的挤压力,贴在一起达到密封紧固连接的目的。如图7-19表示胀管前后管径增大和受力情况。

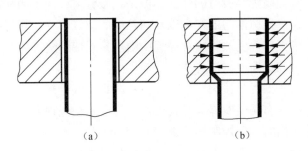

图 7-19 胀管前后示意图
(a) 胀管前;(b) 胀管后

换热管与管板间采用胀接连接时,结构简单、换热管修补容易;由于胀接管端处在胀接时产生的塑性变形,存在着残余应力,随着温度的上升,残余应力逐渐消失,使管端处密封和结合力降低。所以胀接结构受到压力和温度的限制。一般适用于设计压力小于或等于 40 MPa,设计温度小于或等于 300 ℃,以及操作中无剧烈的振动,无过大的温度变化及无明显的应力腐蚀场合。

2. 焊接

当设计压力大于 40 MPa,设计温度大于 300 ℃时,一般就采用焊接。其结构形式如图 7-20 所示。焊接时管板孔不需要开槽,对管孔的加工精度要求低,管子端部不需要退火处理。管子焊接处如有渗漏可以补焊或利用专用刀具拆卸予以更换。

采用焊接结构加工简单,连接强度可靠,可使用较薄的管板,在高温高压时也能保证连接的紧密性和管子抗拉脱能力;但在焊接处容易产生裂纹,以及在焊

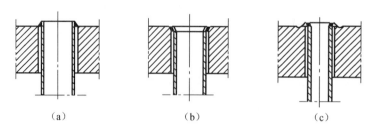

图 7-20 换热管与管板的焊接结构

(a) 一般焊接结构；(b) 立式换热器焊接结构；(c) 不锈钢板和换热管焊接结构

接接头处产生应力腐蚀。由于管子和管板孔间存在间隙，间隙中的介质会形成死区，造成间隙腐蚀，故焊接结构不适用较大振动及有间隙腐蚀的场合。

3. 焊胀结合

焊胀结合适用于密封性能要求高以及存在间隙腐蚀的场合，以及承受振动或疲劳载荷的场合。这种结构按加工工艺过程有先胀后焊和先焊后胀两种形式。

先胀后焊是胀管之后使管壁紧贴于管板孔壁上，防止焊接后再胀管引起焊缝产生裂纹，有易于提高焊缝疲劳的性能。但是在胀管时，使用的润滑油可能进入接头的缝隙中，这些残留油污的存在以及间隙中的空气存在，在焊接过程中高温的作用下，会生成气体而受热膨胀从焊缝中溢出，致使焊缝产生气孔，严重时会影响焊缝质量，因此焊前要将油污清洗干净。

先焊后胀能防止油污在接头缝隙中存在和防止空气受热膨胀，有利于保证焊缝质量。但先焊后胀有时会使焊缝受到损坏，为了防止此现象的产生，除了仔细操作外，在管端胀接时，要控制离管板表面 15 mm 以上范围内不进行胀接，以避免胀管时损坏焊缝，如图 7-21 所示。先焊后胀对胀管位置要求较高。

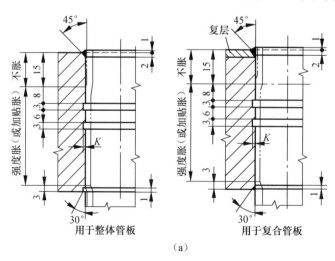

图 7-21 焊胀结合结构中换热管与管板连接结构及尺寸

(a) 先胀后焊

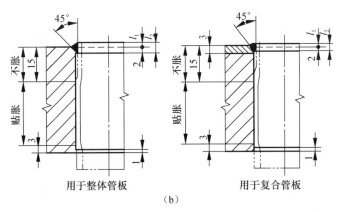

图 7-21 焊胀结合结构中换热管与管板连接结构及尺寸（续）
(b) 先焊后胀

采用先胀后焊还是先焊后胀，目前还没有统一规定，一般根据制造厂的加工工艺、设备条件而确定。

四、折流挡板

折流挡板是设置在壳体内与管束垂直的弓形或圆盘-圆环形平板，安装折流板迫使壳程流体按照规定的路径多次横向穿过管束，既提高了流速又增加了湍流速度，改善了传热效果，在卧式换热器中折流板还可起到支撑管束的作用。常用的折流挡板有：单弓形、双弓形、三弓形和圆盘-圆环形。折流挡板材料常用Q235-A 或不锈钢。

1. 单弓形、双弓形、三弓形折流挡板

单弓形、双弓形、三弓形折流挡板结构以及对介质流向的影响如图 7-22 (a)、(b)、(c) 所示。

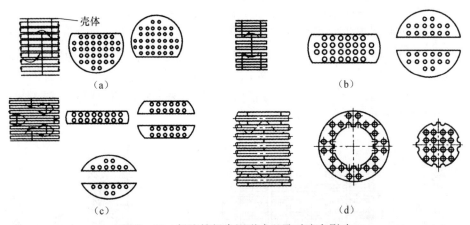

图 7-22 折流挡板常用形式以及对流向影响
(a) 单弓形；(b) 双弓形；(c) 三弓形；(d) 圆盘-圆环形

其中单弓形折流挡板用得最多。弓形缺口高度 h 应为壳体公称直径的 0.20~0.45 倍。当卧式换热器的壳程为单向清洁流体时，折流挡板缺口应水平上下布置。若气体中含有少量液体时，则应在缺口朝上的折流挡板的最低处开通液口，如图 7-23（a）所示。若液体含有少量气体时，则应在缺口朝下的折流挡板的最高处开通气口，如图 7-23（b）所示。当壳程为气液相共存或液体中含有固体物料时，折流挡板缺口应垂直左右分布，并在折流挡板最低处开通液口，如图 7-23（c）所示。

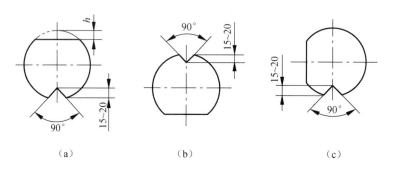

图 7-23　折流挡板弓形缺口和通液口布置
(a) 气相为主在底部开口；(b) 液相为主在顶部开口；(c) 共存时在底部开口

2. 圆盘–圆环形折流挡板

圆盘–圆环形折流挡板由于结构比较复杂，不便于清洗，一般用于压力较高和物料清洁的场合，其结构如图 7-22（d）所示。

五、其他零部件

1. 拉杆和定距管

折流挡板的固定是通过拉杆和定距管来实现的。拉杆和定距管的连接如图 7-24 所示。拉杆是一根两端都带有螺纹的长杆，通常直径不小于 10 mm，数量不少于 4 根，使用时将一端拧入管板，另一端用螺母固定到最后一块折流挡板上。折流挡板穿在拉杆上，用套在拉杆上的定距管来固定板间的距离，或者采用螺纹与焊接结合连接和全焊连接的形式连接。

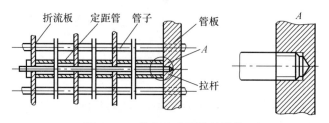

图 7-24　拉杆和定距管的结构

2. 防冲挡板

为防止壳程进口接口处流体对换热管的直接冲刷，可设置进口缓冲接管或壳程防冲挡板，分别如图 7-25 和图 7-26 所示。防冲挡板表面到壳体内壁的距离为 h，一般应为接管外径的 $1/4 \sim 1/3$；防冲挡板的直径或边长 D 应比接管外径大 50 mm；防冲挡板的最小厚度碳钢为 4.5 mm，不锈钢为 3 mm。

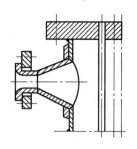

图 7-25　缓冲接管

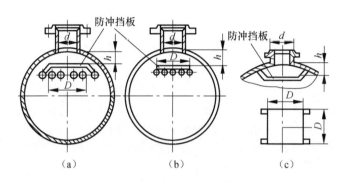

图 7-26　防冲挡板结构

3. 旁路挡板

当壳体与管束间存在较大的间隙时，如浮头式、U 形管式或填料函式换热器，可在管束上增设旁路挡板，阻止流体短路，迫使壳程流体向管束中心进行热交换，如图 7-27 所示。增设的旁路挡板一般为 1~3 对，厚度与折流挡板相同，采用对称布置。

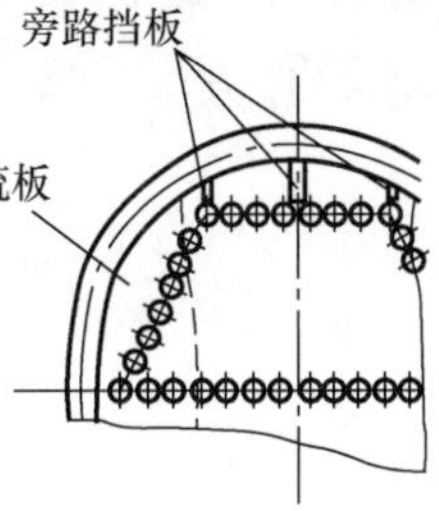

4. 膨胀节

当壳体与管壁温差较大时，为了减小温差应力，则需要在固定管板式换热器的壳体上设置膨胀节，使其对管子或壳体的轴向变形进行补偿，由此来消除或减小温差应力。

图 7-27　旁路挡板结构

膨胀节通常焊接在外壳的适当部位，结构形式多种多样，在管壳式换热器中常用的有平板焊接式膨胀节、Ω 形、U 形、平板形等几种，如图 7-28 所示。图 7-28（a）、(b) 所示的两种膨胀节结构简单、制造方便，但是它们刚度较大、补偿能力小，不常采用。图 7-38 (c)、(d) 所示的两种膨胀节为 Ω 形膨胀节，适用于直径大、压力高的换热器。图 7-28 (e) 所示的膨胀节为 U 形膨胀节，其结构简单，补偿能力大，价格便宜，所以应用最为普遍。若需要较大补偿量时，还可采用多波 U 形膨胀节，如图 7-28 (f) 所示。

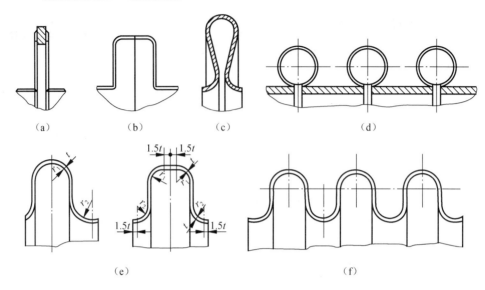

图 7-28 膨胀节的不同结构形式
(a)、(b) 平板形；(c)、(d) Ω形；(e) U形；(f) 多波U形

第五节 换热设备操作与维护

为了保证换热器长久正常运转，提高其生产效率，必须正确操作和运用换热器，并重视对设备的维护、保养和检修，将预防性维护放在首位，强调安全预防，减少任何可能发生的事故。这就要求我们掌握换热器基本操作方法，运行特点和维护经验。

一、换热器的基本操作

1. 换热器的正确使用

(1) 投产前应检查压力表、温度计、液位计以及有关阀门是否齐全好用。

(2) 输进蒸汽前先打开冷凝排水阀门，排除积水和污垢；打开放空阀，排除空气和其他不凝性气体。

(3) 换热器投产时，要先通入冷流体，缓慢或数次通入热流体，做到先预热后加热，切记骤冷骤热，以免换热器受到损坏，影响其他使用寿命。

(4) 进入换热器的冷热流体如果含有大颗粒固体杂质和纤维质，一定要提前过滤和清除（特别是对板式散热器），防止堵塞通道。

(5) 经常检查两种流体的进出口温度和压力，发现温度、压力超出正常范围或有超出正常范围的趋势时，要立即查出原因，采取措施，使之恢复正常。

(6) 定期分析液体的成分，以确定有无内漏，以便及时处理；对列管换热器进行堵管或换管，对板式散热器修补或更换板片。

（7）定期检查换热器有无渗漏、外壳有无变形以及有无振动，若有应及时处理。

（8）定期排放不凝性废气和冷凝液，定期进行清洗。

2. 操作要点

化工生产中对物料进行加热（沸腾）、冷却（冷凝），由于加热剂、冷却剂等不同，换热器具体的操作要点也有所不同，下面分别予以介绍。

（1）蒸汽加热。蒸汽加热必须不断排除冷凝水，否则积于换热器中，部分或全部变为无相变传热，传热速率下降；同时还必须及时排放不凝性气体，因为不凝性气体的存放使蒸汽冷凝的传热系数大大降低。

（2）热水加热。热水加热，一般温度不高，加热速度慢，操作稳定，只要定期排放不凝性气体，就能保证正常操作。

（3）烟道气加热。烟道气一般用于生产蒸汽或加热、汽化液体，烟道气的温度较高，且温度不宜调节，在操作过程中，必须时时注意被加热物料的液位、流量和蒸汽产量，还必须做到定期排污。

（4）导热油加热。导热油加热的特点是温度高（可达 400 ℃）、黏度较大、热稳定性差、易燃、温度调节困难。操作时必须严格控制进出口温度，定期检查进出口管口及介质流道是否结垢，做到定期排污，定期放空，过滤或更换导热油。

（5）水和空气冷却。操作时注意根据季节变化调节水和空气的用量，用水冷却时，还要注意定期清洗。

（6）冷冻盐水冷却。其特点是温度低、腐蚀性较大，在操作时应严格控制进出口温度，防止结晶堵塞介质通道，要定期放空和排污。

（7）冷凝。冷凝操作需要注意的是，定期排放蒸汽侧的不凝性气体，特别是减压条件下不凝性气体的排放。

二、管壳式换热器的检修

换热器的检修可分为定期和不定期检修。不定期检修是临时性的检修，定期检修根据生产装置的特点、介质性质、腐蚀速度、运行周期等情况分为大修和小修。

1. 换热器小修主要内容

（1）清扫管程内部及头盖积垢。

（2）通过试压找出泄漏的管子和管口。

（3）对泄漏的管口进行补胀、补焊，对泄漏的管子用锥形堵头堵死。

（4）对管束进行试压。

（5）对管箱、后盖及出入口接管法兰换垫片并试压。

（6）部分螺栓、螺帽的更换及壳体保温修补。

2. 换热器大修主要内容

（1）抽芯，使用专用抽芯机将管束从壳体抽出。

（2）管壳程清洗，这里管束清洗指的是管束抽出后，用高压水进行的彻底清洗，一般在专用场地进行。

（3）管束回装，通过试压查漏、堵漏。管束回装一般使用抽芯机进行，$DN<400\ mm$ 的换热器可用葫芦、钢丝绳直接抽出。

（4）当管束堵管数达到管程单程管子10%以上时，管束应进行更新。

（5）浮头式灌输进行三程试压，U形管换热器进行两程试压。

（6）换热器壳体按压力容器检修超标时必须消除壳体焊缝缺陷或更新。

3. 壳体检查

属于压力容器范围的换热器壳体，必须按照国家技术监督局颁布的《在用压力容器检查规程》进行定期检查。由于石化行业长周期运行的特点，换热器大修周期与压力容器检验周期应同步进行。安全状况等级为1级的压力容器内部检查一般为6年一次，2级内部检查4~5年一次，安全状况等级为3级，每3年至少一次。

换热器壳体内部检查时除进行外观检查外，焊缝应进行15%~20% X射线和表面硬度检查，母材进行测厚和硬度检查。母材测厚应着重接管部位和封头大曲率部位。

在检查中发现缺陷应进行评定，对在一个使用周期内没有变化的非线性缺陷，一般情况下可以不进行返修。对评定后必须返修的缺陷，应编制返修方案。焊缝缺陷返修后，壳体内部必须打磨到与母材平整，不能影响管束回装。压力容器检验规定的压力强度试验，用管束回装后的管壳程压力试验替代。

属于中高压的U形管换热器，其密封多为梯形槽钢圈密封，属硬密封范畴。在压力容器检查时，必须对梯形槽表面进行检查，以防梯形槽根部出现裂纹。

4. 泄漏检查

管束泄漏有两个部位，一是在管子与管板连接处，二是管子本身泄漏。管束泄漏检查采用在管子外部进行外压实验。这种方法便于检查管子的泄漏情况，但实验压力不能大于壳体所能承受的压力。具体做法是，把管束放入壳体，两端装上试验法兰和浮头试验环，壳程通水，加压保压，且再检查两端管板处管子的泄漏情况，对漏管做出标记。

壳程不允许进水的换热器，可用气压试验。气压试验过程必须严格控制进气压力，首试壳侧试验压力不应大于0.1 MPa；终试压力不大于工作压力。查漏时用发泡液体顺序刷管板表面，在检查漏液期间应检查各管路。

高压固定管板换热器（反应器），管板与管箱制成一个整体，管程压力比壳程大很多，如尿素装置的高压甲氨冷凝器管程操作压力为 14 MPa，而壳体和水蒸气压力仅为 0.47 MPa。因此，检查管板漏点时，壳程通入满负荷压缩空气，都不能达到对管板简陋要求。高压固定管板换热器（反应器），用渗透力非常强的 NH_3、N_2 混合气通入壳程查漏，用酚酞溶液作试剂检查漏点。

5. 管束泄漏处理

随着焊接技术的发展，石油化工所用换热器管束、管子与管板的连接方法大部分已是焊接结合。换热器与管板连接处的泄漏，是管束泄漏处理的难点。采用补焊并不是一种好方法，原因是管子与管板之间存有间隙，在使用过程中必然有杂质进入，使得焊接时产生强烈的气泡、夹渣、夹层，而且局部焊接造成的应力集中，有可能拉裂管板附近管口，造成新的泄漏点。

对于强度焊接连接的管束，防止焊口失效的最好方法：一是合理的选材，即根据介质合理选用管板和换热管，特别要防止管板与管子间产生电化学腐蚀；二是焊口根部要确保焊透，有足够的加强高（>2.5 mm）；三是生产实践说明，强度焊后贴胀是保证焊口不失效的手段。

对于纯强度胀接的管束的胀口发生的泄漏，泄压后可进行补胀，补胀数最多不超过 3 次。换热管因腐蚀穿孔是管束泄漏的主要形式，处理方法可采用：泄压后用锥度为 3°~5°，与管子同类材质的金属堵头，将泄漏管堵死的方法。堵头强力打紧固定，不用焊接。

6. 内浮头泄漏处理

浮头式换热器内浮头泄漏是比较常见的，维修也比较麻烦。浮头的连接实际上是法兰连接，处理方法一般与法兰连接基本相同。维修时应按法兰连接的方法检查法兰密封面及浮头垫片是否符合规定，法兰螺栓拧紧是否正确。经常泄漏的浮头，根本原因是由密封面破坏引起的。在密封面无法加工而管束各方面都能满足使用的前提下，可采取将浮头与管板焊死的办法，以确保换热器在一个周期内连续运行。

三、管壳式换热器的试压

1. 浮头式换热器的试压

浮头式换热器全过程试压分三程进行。

（1）第一程：固定管板、浮动管板与管子接口的试压，具体步骤如下。

① 将管束与壳体间的垫圈放入法兰封面处，一般的做法是用润滑油脂粘住并用聚四氟乙烯密封缚在法兰上。

② 用抽芯机将管束顶入壳体。

③ 浮头侧试压。装胎具，固定管板侧装假法兰。试压胎具与浮动管板间的密封是 2~3 道 C 形橡胶密封圈，密封原理是：C 形圈内水压对橡胶柱面压强产

生的静摩擦力大于试验压力,同时软橡胶在水压作用下产生的变形,填充了C形圈与浮动管板圆柱面间的小通道,从而达到密封的目的。假法兰仅是有一定厚度、与壳体法兰螺栓孔节圆直径相同、孔径大致相同的钢板圈,厚度为50～80 mm,不用加工密封面。由于试压过程短暂,胎具和假法兰在强度设计上不能按压力容器正式零件设计。

④ 确定试压压力。根据设备新旧程度,试验压力为最高工作压力的1.1～1.25倍。

⑤ 此程试压有可能是一个反复的过程,在不同的试验压力下,可能有不同的漏点,应及时消除,故第一程试压与管束漏点检查是同时进行的

（2）第二程：管箱和浮头封头试压,具体步骤如下。

① 回装管箱和浮头封头。

② 从管箱法兰注入水。由于此程试压涉及管箱压力容器,按容规规定,试验压力为最高工作压力的1.25倍,稳压30 min后,降压至最高工作压力,稳压10 min,无泄漏为合格。

（3）第三程：壳体和外头盖试压,具体步骤如下。

壳体和外头盖试压的目的是试验压力容器、固定管板与壳体法兰密封面、外头盖法兰与壳体法兰密封面。

① 回装外头盖。

② 壳体法兰处注入水,试验压力为最高工作压力的1.25倍,稳压30 min后,降压至最高工作压力,稳压10 min,无泄漏为合格。此程试压最好保留二程试压管箱压力为工作压力,以保护固定管板与管子连接,防止管板出现新的泄漏点。

2. U形管换热器的试压

（1）壳程试压。壳程试压的目的是检查管板与管子连接口,检查管板与壳体法兰间密封,进行壳体压力容器强度试验,具体步骤如下。

① 回装密封圈和U形管束。回装钢圈前必须认真检查梯形槽密封面,彻底清理密封面,不能残留杂物。在清理梯形时,必须保护密封面不被划伤,尤其要防止出现径向划伤,造成密封失效。如果密封面已有划槽,可用氩弧焊堆焊后,钳工修磨平滑。如果母材属CrMo类耐热钢,应特别注意补焊是否会造成裂纹,应有完善的补焊方案。

② 管束管箱侧装试压用压环,间隔1个螺栓孔装螺栓试压即可。壳程水压试验压力为最高工作压力的1.1～1.25倍。壳程试压过程也是检查管板与管子连接焊缝的过程,应仔细检查管口,并最终消除泄漏管和管口。

（2）管程试压。管程试压的最终目的是检查管箱与管板间密封,管箱压力容器强度试验,具体作法如下。

① 回装垫圈（垫片）、管箱。同样,在管箱回装前,必须严格检查密封面,确保干净。

② 升压。试验压力为管程最高工作压力的 1.25 倍。

3. 固定管板换热器的试压

固定管板换热器水压试验同 U 形管换热器水压试验，也是壳、管程两程，但更简单，壳程试压不用试压压环，可直接在壳程通水进行强度试压。在化工装置中的高压固定管板反应器（换热器），管箱与管板制成一个整体，管程工作压力远远大于壳程压力，壳程试压压力不足以确保管板上连接口和管子不泄漏，因此必须进行氨试漏。

四、《管壳式换热器维护检修规程》主要技术要求和质量标准

SHS 01009—2004《管壳式换热器维护检修规程》适用于操作压力小于 35 MPa 的石油化工钢制固定管板式、浮头式、U 形管式换热器及釜式重沸器。

（1）关于检修周期。SHS 01009—2004 规定，根据《压力容器安全技术监察规程》的要求，并结合生产装置的生产状况，统筹考虑，一般为 2~3 年。

（2）关于管束堵漏的限制。同一管程内，堵管数一般不超过其总数的 10%。在工艺指标允许的范围内，可以适当增加堵管数。即管束更换的一般依据应是：管程单程管数接近或达到 10% 单程总管数。

（3）关于试验压力值。SHS 01009—2004 对在用换热器的规定与 GB 151—1999 表面相同，但本质不同，即试验压力确定的依据是最高工作压力，而 GB 151—1999 中试验压力确定值依据是设计压力。设计压力是定值，而最高工作压力是工艺所给定的，一般最高工作压力均小于设计压力。SHS 规定比较符合在用换热器的实际情况。

（4）关于试压时间。考虑到再用换热器强度下降、腐蚀等因素，对强度试验的时间要求比 GB 151—1999 的规定少，具体如下：施压时压力缓慢上升至规定压力（即试验压力）。低压换热器恒压时间不低于 5 min，中、高压换热器不低于 20 min，然后降到操作压力进行详细检查，无破裂、渗漏、残余变形为合格。如有泄漏等问题，处理后再试验。

（5）关于验收。SHS 01009—2004 规定，"设备运行一周，各项指标达到技术要求或能满足生产需求"即达到验收要求。验收提交设计变更及材料通知单、材质、零部件合格证、检修记录、焊缝整理检验（包括外观检验和无损探伤等）报告，实验记录等技术资料。

五、换热器的维护和保养

（1）列管换热器的维护和保养。

① 保持设施外部整洁，保温层和油漆完好。

② 保持压力表、温度计、安全阀和液位计等仪表和附件的齐全、灵敏和准确。

③ 发现阀门和法兰连接处渗漏时,应及时处理。

④ 开停换热器时,不要将阀门开得太猛,否则容易造成管子和壳体受到冲击,以及局部骤然胀缩,产生热应力,使局部焊缝开裂或管子连接口松弛。

⑤ 尽可能地减少换热器的开停次数,停止使用时,应将换热器内的液体清洗放净,防止冻裂和腐蚀。

⑥ 定期测量换热器的壳体温度,一般两年一次。

列管换热器的常见故障及其处理方法见表7-2。

表7-2 列管换热器的常见故障及其处理方法

故 障	产生原因	处理方法
振动	① 壳程介质流动过快 ② 管路振动所致 ③ 管束与折流板的结构不合理 ④ 机座刚度不够	① 调节流量 ② 加固管路 ③ 改进设计 ④ 加固机座
管板与壳体连接处开裂	① 焊接质量不好 ② 外壳歪斜,连接管线拉力或推力过大 ③ 腐蚀严重,外壳壁厚减薄	① 清除补焊 ② 重新调整找正 ③ 鉴定后修补
管束、胀口渗透	① 管子被折流板磨破 ② 壳体和管束温度过大 ③ 管口腐蚀或胀(焊)接质量差	① 堵管或换管 ② 补胀或焊接 ③ 换管或补胀

列管换热器的故障50%以上是由于管子引起的,下面简单介绍更换管子、堵塞管子和对管子进行补胀(或补焊)的具体方法。

当管子出现渗漏时,就必须更换管子。对胀接管,须先钻孔,除掉胀管头,拔出坏管,然后换上新管进行胀接,最好对周围不需要更换的管子也能稍稍胀一下,注意换下坏管时,不能碰伤管板的管孔,同时在胀接新管时要清除管孔的残留异物,否则可能产生渗漏;对焊接管,须用专用工具将焊缝进行清除,拔出坏管换上新管进行焊接。

更换管子的工作是比较麻烦的,因此当只有个别管子损坏时可用管堵将管子两端堵死,管堵材料的硬度不能高于管子的硬度,堵死的管子的数量不能超过换热器该管程总管数的10%。

管子胀口或焊口处发生渗漏时,有时不需换管,只需进行补胀或补焊。补胀时,应考虑到胀管应力对周围管子的影响,所以对周围管子也要轻轻胀一下;补焊时,一般需先清洗焊缝再重新焊接,需要应急时,也可直接对渗漏处进行补焊,但只适用于低压设备。

(2) 板式换热器的维护和保养。

① 保持设备整洁、油漆完好,紧固螺栓的螺纹部分应涂防锈油并加外罩,防止生锈和粘结灰尘。

② 保持压力表、温度计灵敏、准确,阀门和法兰无渗漏。

③ 定期清理和切换过滤器，预防换热器堵塞。
④ 组装板式换热器时，螺栓的拧紧要对称进行，松紧适宜。
板式换热器的常见故障和处理方法见表7-3。

表7-3 板式换热器常见故障和处理方法

故 障	产生原因	处理方法
密封处渗漏	① 胶垫未放正或扭曲 ② 螺栓紧固力不均匀或紧固不够 ③ 胶垫老化或有损伤	① 重新组装 ② 调整螺栓紧固度 ③ 更换新垫
内部介质渗漏	① 板片有裂缝 ② 进出口胶垫不严密 ③ 侧面压板腐蚀	① 检查更新 ② 检查修理 ③ 补焊、加工
传热效率下降	① 板片结垢严重 ② 过滤器或管路堵塞	① 解体清理 ② 清理

六、换热器的清洗

在石油、化工生产过程中使用的换热设备常常存在的污垢有：水垢、锈垢、油脂垢、微生物等。由于各种污垢性质差异大，所以在选择清洗方式、清洗液等方面就有所不同。

工业污垢的清洗，从原理上可以分为物理方法和化学方法两大类。在清洗过程中没有新化学物质生成的方法即为物理清洗法，严格地说包括借助机械力、声波、热力、光以及单纯物理溶解的清洗方法；在清洗过程中有新物质生成的方法为化学清洗法，包括通过酸碱反应、氧化反应、配合反应等以除去污垢的方法，也包括借助电化学、酶及微生物等的作用而清洗污垢的方法。

1. 机械清理法

（1）手工清洗法。常用的手工工具是榔头、锉刀、铲刀、刮刀、钢丝刷与吸尘器等。利用这些工具使固体污垢脱离设备或材料表面，再用毛刷、吸尘器或压缩空气清除。

（2）风力与电动工具法。采用压缩空气或电能使除污器做往复运动或圆周运动，驱动砂轮、刀具、钻头对带污垢的表面作冲击或摩擦作用，以清除污垢。

（3）球胶清洗。对于在管内的某些污垢，可用水流把比管子的内径稍大的海绵状橡胶球送入管内，借橡胶球在馆内的挤压和摩擦作用，以清除污垢。

（4）喷砂（丸）除垢法。喷砂（丸）除垢法的基本原理是利用压缩空气，把砂子或铁丸推入喷砂（丸）管路，再经过喷嘴喷射到带锈垢的金属表面，撞击垢面和各种污物，从而达到除垢的目的。

（5）液流和高压水射流除垢。其原理是利用有一定压力的水流，甚至高压水的射流对被清理的表面产生冲击、冲刷、气蚀等作用，以清除表面的锈和垢。

（6）高压喷射干冰除垢。把干冰制成冰块或颗粒状，再研磨成粉状，通过喷射清洗机和压缩空气混合，喷射到被清洗表面，利用其高速运动的颗粒对污垢面的冲击力，及干冰升华时的热力刮除、剥离污垢。

2. 化学清洗法

（1）溶剂法。利用不同污垢可以均匀地分散在某一种溶剂中，成为分子或离子状态的性质，可以清除固体表面的某些污垢。

（2）表面活性剂清洗法。例如，利用表面活性剂的特殊分子结构和性质，其水溶液表面张力低、浸透湿润性好、对油污的乳化性强等，可以清除固体表面的油脂等污物。

（3）酸洗除污垢法。利用无机酸或有机酸与污垢发生化学反应，使污垢从被清洗表面转化、脱离与溶解的方法，即为酸性介质清洗法或简称为酸洗法。一般应添加经选择的酸性介质缓蚀剂，以减少酸对金属的腐蚀以及产生酸雾等的不良影响。

（4）碱洗除污垢法。采用碱与强碱弱酸盐的水溶液以除去清洗对象表面的污垢。碱洗法一般用于在一定浓度范围内碱无明显腐蚀作用的黑色金属和某些非金属材料的清洗。

思考题与习题

7-1 经过实际调查，根据工艺条件说明具体换热设备类型的选择理由。

7-2 管壳式换热器有哪些类型？各适用于什么场合？

7-3 换热管与管板有哪几种连接方式？各有什么特点？适用范围如何？

7-4 什么是温差应力？常用的温差应力补偿装置有哪些？

7-5 折流板的作用是什么？常用有哪几种形式？如何安装固定？

7-6 换热器哪些部位易腐蚀？预防措施有哪些？

7-8 换热设备日常检查的内容是什么？

7-9 换热设备清洗的方法有哪些？

第八章

塔 设 备

本章内容提示

　　塔设备在石油、化工、医药、食品及环境保护等领域有着广泛的应用。塔设备是一种重要的单元操作设备。塔设备内可完成气－液、液－液间的传质与传热。本章主要讲述塔设备的作用和分类，以及塔设备的常见故障与处理。

　　塔设备按内件结构可分为板式塔和填料塔。板式塔是一种逐板接触的气液传质设备，板式塔内部有一定数量的塔盘，通过塔盘气－液两相充分接触传质，气－液两相的组分浓度呈阶梯式变化。填料塔是微分接触型的传质设备，填料塔内部填有一定高度的填料，通过填料气－液两相进行逆流传质，气－液两相的组分浓度沿塔高连续变化。

　　塔设备的故障主要有：塔体出现裂缝、塔体局部变形、塔体厚度减薄、工作表面结垢、连接处失去密封能力、塔板越过稳定操作区、塔板上鼓泡元件脱落或被腐蚀掉、塔体振动剧烈和裙座焊缝开裂。

第一节　塔设备的应用

一、塔设备的特点

　　塔设备是一种重要的单元操作设备，在化工、石油、食品、医药及环境保护等部门有着广泛的应用。塔设备的作用是实现气－液相或液－液相之间的充分接触，从而实现相间的传质与传热。如：蒸馏、吸收、解析、萃取及冷却等单元操作。塔设备的操作性能直接影响着产品质量、产量、成本及环境保护，还对"三废"处理有较大的影响。塔设备种类繁多，应用广泛。

　　塔设备一般都比较笨重，设备高度可达几十米，直径可达十几米，塔设备重量可达几百吨，重量及投资占整个过程设备的比例很高。如年产 4.5 万吨的丁二烯设备中，塔设备的重量比例占整个设备重量比例的 54%，炼油及煤化工的塔设备投资占整个设备投资的 34.85%。随着石油化工行业的迅速发展，塔设备的研究和设计越来越受到工程界的关注和重视。

　　为了使塔设备能够更有效、更经济的运行，塔设备除了满足特定的工艺要求外，还应满足以下基本要求。

（1）生产能力要大，即气液处理量大。对于结构大小一定的塔，若在较大的气液负荷时仍能保证正常运转，这就说明该塔设备的单位生产能力较高，投入较低。

（2）操作稳定、操作弹性大。当气液负荷在一定范围内有较大的波动时，塔设备仍能在较高的传质效率下进行稳定的操作，并且塔设备应保证能长期连续操作。

（3）阻力小、能耗低。如果流体流过设备时阻力小，即压降小，则可大大地较少生产中的动力消耗和热量损失，从而达到节能、降低操作费用的目的。

（4）结构简单，材料耗用量小，制造、安装、维修方便，减少对塔设备的投资及操作费用。

（5）耐腐蚀，不易堵塞。

事实上，对于现有的任何一种塔设备，同时满足上述所有要求是不可能的，因此，在设计和选用时要根据工艺条件和经济合理的要求出发，抓住主要矛盾进行综合考究，以确保实现最大的经济效益。

二、塔设备的分类和结构

1. 塔设备的分类

塔设备的种类很多，为了便于比较和选型，可从不同角度对塔设备进行分类。常见的分类方法如下。

（1）按操作压力分为加压塔、常压塔及减压塔。

（2）按单元操作分为精馏塔、吸收塔、反应塔、萃取塔及干燥塔。

（3）按塔的内件结构分为板式塔及填料塔。

目前工业上应用最广泛的是板式塔和填料塔，本章将主要介绍这两种塔设备。

2. 塔设备的结构

（1）板式塔。

在板式塔中，塔内装有一定数量的塔盘，气体自塔底向上以鼓泡或喷射的形式穿过塔板上的液层，使气-液两相密切接触以进行传质，两相的组分浓度呈阶梯式变化。板式塔的总体结构如图 8-1 所示。

（2）填料塔。

在填料塔中，塔内装有一定段数和一定高度的填料层，液体自塔顶沿填料表面呈膜状向下流动，气体呈连续相自塔底向上流动，与液体逆流传质。两相组分浓度沿塔高呈连续变化。填料塔总体结构如图 8-2 所示。

从图 8-1 及图 8-2 可以看出，无论是板式塔还是填料塔，除了各种内件不同以外，它们均由塔体、支座、人孔或手孔、除沫器、接管、吊柱及扶梯、操作平台等组成。

塔体是塔设备的外壳。常见的塔体由等直径、等厚度的圆筒及上下封头组成。某些大型塔设备或为了满足工艺要求，或为了节省材料也可采用不等直径、

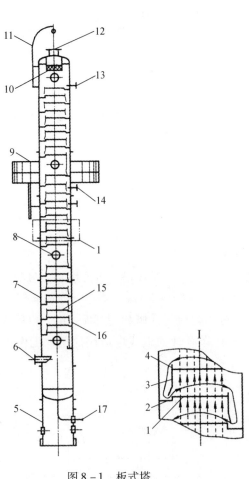
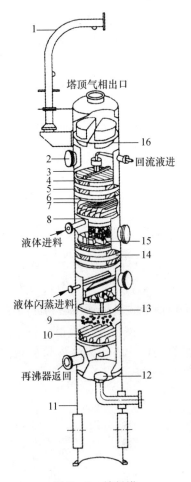

图 8-1 板式塔

1—塔盘板；2—受液盘；3—降液板；4—溢流堰；5—裙座；6—气体进口；7—塔体；8—人孔；9—扶梯平台；10—除沫器；11—吊柱；12—气体出口；13—回流管；14—进料管；15—塔盘；16—保温圈；17—出料管

图 8-2 填料塔

1—吊柱；2—人孔；3—液体分布器；4—床层定位器；5—规整填料；6—填料支托栅板；7—液体收集器；8—集液器；9—散管填料；10—填料支托装置；11—支座；12—除沫器；13—槽式液体分布器；14—规整填料；15—盘式液体再分布器；16—防涡流器

不等厚度的塔体。塔体的厚度除满足工艺条件下的强度要求外，还应该校核风载荷、地震载荷、偏心载荷所引起的刚度、强度要求，还应满足试压、吊装和运输时的强度、刚度和稳定性的要求。对于板式塔塔体的安装，垂直度和弯曲度也要符合一定的要求。

塔体支座是塔体与基础的连接部件，起固定和承担载荷的作用。由于塔设备的自身特点，为保证足够的强度和刚度，塔设备常采用裙式支座。

人孔和手孔是为了安装、检修、检查和装填填料的需要而在塔体上设置的。

板式塔和填料塔的人孔、手孔的设置各有不同的要求。

塔设备的接管用于连接工艺管路，使塔设备与其他相关设备组成封闭的系统。按接管的用途不同可分为进液管、出液管、回流管、进气管、出气管、侧线抽出管、取样管、仪表接管和液面计接管等。

板式塔塔体内件包括塔盘、降液管、溢流堰、紧固件、支撑件和除沫器等。填料塔的内件主要有喷淋装置、填料、栅板、液体再分布器等。塔设备的外部附件包括吊柱、支撑保温材料的支撑圈和平台扶梯等。

第二节 板 式 塔

一、板式塔的分类

板式塔的种类繁多，通常分类方法如下。

（1）按塔板结构分：分为泡罩塔、筛板塔、浮阀塔、舌形塔等。目前应用最广泛的板式塔是筛板塔和浮阀塔。

（2）按气-液两相流动方式分：分为错流板式塔和逆流板式塔，也称为有降液管的板式塔和无降液管的板式塔。有降液管的板式塔应用广泛。工作情况如图8-3所示。

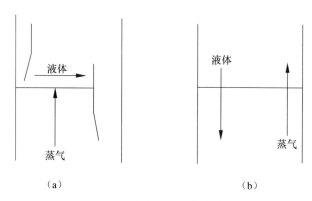

图8-3 错流式和逆流式塔板
(a) 错流式；(b) 逆流式

（3）按液体流动形式分：分为单溢流型和双溢流型。单溢流型应用广泛，有结构简单、液体流程长的优点，而且有利于提高塔板效率。双溢流塔板适用于塔径及液量较大的场合。优点是液体分为两股，减小了塔板上的液位梯度，减少了降液管的负荷，缺点是降液管要相应地置于塔板的中间或两边，减小了塔板的传质面积。

二、板式塔的结构

板式塔的总体结构还包括塔顶的气液分离部分、塔底的液体排出部分和裙座。塔顶的气液分离部分具有较大的空间，目的是降低气体上升速度，便于液滴从气相中分离出来。有的塔在顶部装有除沫器。塔的中部是塔盘和溢流装置，在此气-液两相充分接触，以达到传质的目的。塔的底部是塔釜，用于储存液体。

1. 泡罩塔

泡罩塔是工业上应用最早（1813年）的板式塔。在相当长的一段时间内，泡罩塔广泛应用于精馏、吸收等工艺过程中。自20世纪50年代以来，由于各种新型塔板的出现，泡罩塔已经几乎被浮阀塔和筛板塔所取代。

泡罩塔盘的主要结构包括泡罩、升气管、溢流堰、降液管和塔板等。塔盘上的气液接触状态如图8-4所示。液体由上层塔盘通过左侧降液管经 A 处流入塔盘，然后横向流过塔盘上布置泡罩的区段 BC，此区域为塔盘上有效的气液接触区，CD 段的作用是初步分离液体中夹带的气泡，然后液体越过出口堰板并流入左侧的降液管。在堰板上方的液层高度称为堰上液层高度。在降液管中，经静止分离，被夹带的蒸汽上升返回塔盘。清夜则流入下层塔盘。

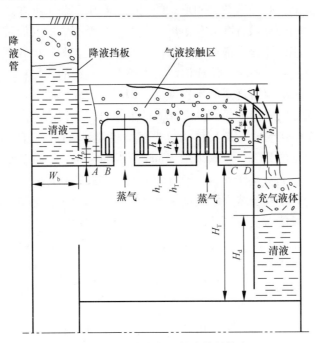

图8-4 泡罩塔盘上气液接触状态

与此同时，蒸气由下层塔盘上升进入泡罩的升气管内，经过升气管与泡罩间的环形通道，穿过泡罩的齿缝分散到泡罩间的液层中去。蒸气从齿缝流出时，形成气泡，搅动了塔盘上的液体，并在液面上形成泡沫层。气泡离开液面时破裂而形成带有液滴的气体，小液滴相互碰撞形成大液滴而降落，回到液层中。如上所述，蒸气从下层塔盘进入上层塔盘的液层并继续上升的过程中，与液体充分接触，实现了传质和传热。

泡罩塔具有以下优点。
（1）操作弹性大，在负荷波动较大时仍能保证有较高的分离效率。
（2）气液比的范围大，不易堵塞，适用于处理各种物料。
泡罩塔的缺点如下。
（1）结构复杂、安装维修麻烦，造价高。
（2）气相压降大、生产能力及塔板效率低等。
目前，泡罩塔的使用场合主要用于生产能力变化大，操作稳定性要求高，分离能力稳定的场合。

2. 浮阀塔

浮阀塔自 20 世纪 50 年代前后开始开发和应用，在石油、化工等领域代替了传统使用的泡罩塔，成为目前应用最广泛的塔型之一。由于具有优异的综合性能，在工艺设备的选型中常被作为板式塔的首选。大型浮阀塔的塔径可达 10 m，塔盘有数百块之多。

浮阀塔塔盘上开有一定数量和形状的阀孔，孔中安装了可在适当范围内上下浮动的阀片，浮阀的形状有圆形和矩形等。浮阀是浮阀塔的气液传质元件。浮阀工作时，气液两相的流程和泡罩塔相似。蒸气自阀孔上升，顶开阀片，穿过环形缝隙，以水平方向吹入液层，形成泡沫。浮阀能随气速的快慢在较宽的范围内自由的调节升降，从而保持稳定的操作性能，即可适应较大的气相负荷变化。

浮阀是浮阀塔的气液传质元件。浮阀的形式较多。目前国内应用最广泛且标准化生产的是 F1 型浮阀。F1 型浮阀分为轻型和重型两种。轻阀采用 1.5 mm 薄板冲压而成，质量约 25 g；重阀采用 2 mm 薄板冲压而成，质量约为 33 g。由于轻阀容易漏液，除真空操作外，一般选用重阀。浮阀的阀片和 3 个阀腿是整体冲压制成的。当把 3 个阀腿装入塔板的阀孔后，用工具将阀腿扭转 90°，浮阀就会被限制在阀孔内只能做上下运动而不能脱离塔板。阀片的周边还冲制有 3 个下弯的小定距片。当浮阀关闭时，定距片能使浮阀与塔板间保留一段小间隙，一般约 2.5 mm。同时，小定距片还可以避免阀片粘在塔板上而影响浮阀上浮。阀片四周向下倾斜且有锐边，增加了气体进入液层的湍动作用，有利于气液传质。浮阀的最大开度由阀腿的高度决定，一般为 12.5 mm。

阀孔在塔板上可采用等腰三角形或正三角形排布，中心距一般为 75 mm。三角形分布分为顺排和叉排两种。如图 8-5（a）、（b）所示。叉排分布时液面落差较小，气流鼓泡与液层接触均匀，传质效果较好，因而经常采用。

浮阀塔具有以下优点。
（1）处理能力大。浮阀塔的处理能力比泡罩塔高 20% ~ 40%。
（2）操作弹性大。气相负荷在一定范围内变化时，塔板效率变化较小。
（3）塔板效率高。由于气液接触状态良好，且气体沿水平方向吹入液层，雾沫夹带少，因此塔板效率比泡罩塔高 15% 左右。

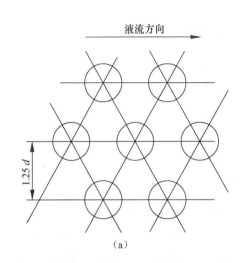 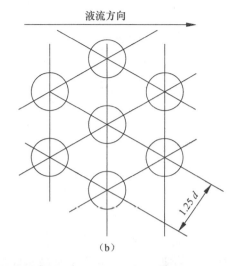

图 8-5 浮阀塔阀孔三角形分布
(a) 顺排；(b) 叉排

(4) 塔板结构及安装比泡罩塔简单，质量轻，制造费用仅为泡罩塔的 60%~80%。

浮阀塔有以下缺点。
(1) 在气速较低时，会有塔板漏液。所以气速较低时塔板效率低。
(2) 阀片有卡死或吹脱的可能，这将导致操作及维修困难。
(3) 塔板压力降偏大，妨碍了它在高气相负荷及真空塔中的应用。

3. 筛板塔

筛板塔也是应用较早的塔设备之一。自 20 世纪 50 年代起，人们对筛板效率、流体力学及漏液等问题进行了大量的研究，在理论和实践上取得了丰富的经验。使得筛板塔成为应用较广泛的一种塔设备。与泡罩塔相比，筛板塔结构简单，成本低 40% 左右，塔板效率高 10%~15%，安装维修方便。

筛板塔的结构及气液接触状况如图 8-6 所示。筛板塔塔盘分为筛孔区、无孔区、溢流堰及降液管等部分。筛板塔盘上有筛孔，工业塔的筛孔直径为 3~8 mm，按正三角形排列，孔间距与孔径之比为 2.5~5。近年来，发展了大孔筛板和导向筛板等多种筛板塔。

筛板塔的气液接触元件是筛板塔盘，塔盘上的气体和液体的接触状况与泡罩塔类似，液体从上层塔盘的降液管流下，横向流过塔盘，再越过溢流堰经降液管流入下层塔盘。塔盘上，依靠溢流堰高度保持液层高度。蒸气自下而上穿过筛孔时，被分散成气泡，在穿越塔盘上的液层时，进行气液两相间的传质与传热。

溢流堰的高度决定了塔盘上的液层深度，溢流堰越高，则气液两相接触的时

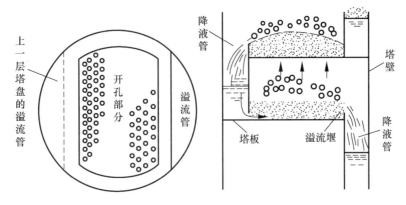

图 8-6 筛板塔结构及气液接触状况

间越长,塔板效率越高,且在液相负荷较小时,也能保证气液两相均匀接触,对筛板安装水平高度的要求也可适当降低。但是,当溢流堰太高时,塔板压降增大,当气相流量较小时,筛板容易漏液;当液相负荷较小时,筛板的安装高度可适当降低,以保证气液两相充分接触。一般而言,常压操作时,溢流堰的高度为 25~50 mm;减压蒸馏时,高度可选为 10~15 mm。

筛板塔与泡罩塔比较有如下的优点。

(1) 处理量大。生产能力比泡罩塔高 20%~40%。

(2) 塔板压降较低。压降比泡罩塔低 30%~50%。

(3) 塔板效率高。效率比泡罩塔高 10%~15%。

筛板塔的缺点是:小孔径筛板容易被堵塞,故不适用于处理污垢多、黏性大和带有固体颗粒的物料。

4. 无降液管塔

无降液管塔盘也称为穿流塔。该塔是一种典型的气液逆流式塔。这种塔的塔盘上无降液管。塔盘上开有栅缝或筛孔作为气相上升和液相下降的通道。操作时,蒸气由栅缝或筛孔上升,液体在塔盘上被上升的气体阻挠,形成泡沫。两相在泡沫中进行传质与传热。液体与蒸气接触后不断地从栅缝或筛孔流下,气液两相在栅缝或筛孔中形成上下穿流。因此称为穿流塔。

塔盘上的长条栅缝或圆形筛孔是冲压而成的。栅板也可用钢条拼焊而成,大小可视物料的清洁程度以及所要求的效率情况而定。孔缝大,则耐污性强、加工容易、但效率低。栅缝宽度一般为 3~12 mm,常用缝宽为 3~6 mm,长度为 60~150 mm。栅缝中心距为 1.5~3 倍的栅缝宽度。孔径通常为 5~8 mm,塔板的开孔率为 15%~30%,塔盘间距为 300~600 mm。简图如图 8-7 所示。

穿流塔的优点如下。

(1) 结构简单。由于没有降液管,所以结构简单,安装维修方便,加工容易,投资少。

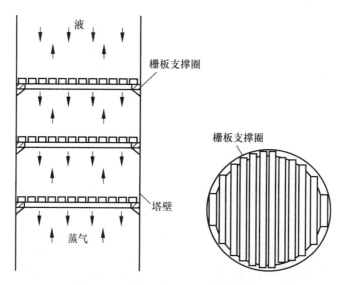

图 8-7 穿流式筛板塔

（2）处理能力大。由于节省了降液管所占的塔盘截面面积（约为塔盘截面的 15%~30%），使塔设备的允许蒸气流量和处理能力均有所增加，其处理能力可比泡罩塔高 20%~100%。

（3）压力降小。由于塔盘上开孔率大，孔缝气速小于溢流式塔盘，所以压降小，一般比泡罩塔低 40%~80%，可用于真空蒸馏。

（4）污垢不易沉积，孔道不易堵塞。

（5）可用塑料、陶瓷、石墨等非金属防腐蚀材料制造。

穿流塔的缺点如下。

（1）塔板效率较低。比一般板式塔低 30%~60%，但这种塔的开孔率大，气速低，形成的泡沫层高度低，雾沫夹带量小，所以可缩小塔板间距，在同样的分离条件下，塔的总高度与泡罩塔基本相同。

（2）操作弹性小。当保持较好的分离效率时，塔板负荷的上下限之比为 2.5~3.0，低于多数板式塔。

5. 导向筛板塔

导向筛板塔是在普通筛板塔的基础上，对筛板进行了两项有意义的改进：一是在塔盘上开设了一定数量与液流方向一致的导向孔。利用导向孔喷出的气流推动液体，减小液面梯度；二是在塔盘的液体入口处增设了鼓泡促进结构，称为鼓泡促进器。使液体刚进入塔板就迅速鼓泡，这样可达到良好的气液接触，提高塔板效率，增大处理能力，减小压力降。与普通筛板塔相比，使用这种导向筛板塔，压降可下降 15%，塔板效率可提高 13% 左右。因此，导向筛板塔可用于减压蒸馏和大型分离装置。

导向筛板的结构如图 8-8 所示。图中可见导向孔、筛孔和鼓泡促进结构，导向孔的形状类似于百叶窗，可冲压制成。开孔为细长的矩形缝，缝长有 12 mm、24 mm 和 36 mm 3 种。导向孔的开孔率一般为 10%~20%，具体可视物料性质而定。导向孔开缝高度一般为 1~3 mm。鼓泡促进器是在塔板入口处形成一凸起部分，凸起高度一般取 3~5 mm。斜面上通常只开有筛孔，而不开导向孔。筛孔的中心线与斜面垂直。

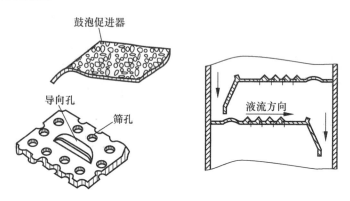

图 8-8　导向筛板结构

6. 斜喷型塔

筛板塔在工作时是塔盘上气流垂直向上，这会造成很大的雾沫夹带，如果使气流在塔盘上沿水平方向或倾斜方向喷射，则可以减轻雾沫夹带现象。并且通过调节倾斜角度还可以改变液流方向，减小液面梯度和液体返混。这种塔盘属于斜喷型塔盘，有舌形塔和浮动舌形塔两大类。

（1）舌形塔。舌形塔是应用较早的斜喷型塔。舌形塔盘结构如图 8-9 所示，在塔盘上开有许多舌形孔，舌片与板面成一定的夹角，向塔板的溢流出口侧张开。操作时，上升气流穿过舌孔后，以较高的速度（20~30 m/s）沿舌片的张角

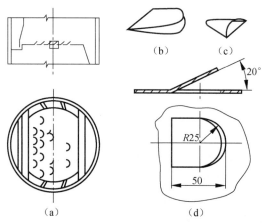

图 8-9　舌形塔盘的结构

向斜上方喷出。从上层塔板降液管流出的液体,流过每排舌孔时,被喷出的气流强烈扰动而形成泡沫体,并有部分液滴被斜向喷射到液层上方,喷射的液流冲至降液管上方的塔壁后流入降液管中,顺流到下一层塔板。舌面与板面的夹角有 18°、20°、25°三种,常用的为 20°。舌片尺寸有 50 mm × 50 mm 和 25 mm × 25 mm 两种,一般采用 50 mm × 50 mm。舌孔按正三角形排列,塔板上的液流出口不设溢流堰,只设降液管,降液管截面积比一般塔的降液管截面积稍大。

舌形塔与泡罩塔相比具有的优点如下。

① 塔盘上液层较薄,压力降小(为泡罩塔的 33% ~ 50%)。

② 生产能力大。

③ 结构简单,可节约金属用量 12% ~ 45%,制造、安装、维修方便等。

舌形塔的缺点如下:

在低负荷下操作时易产生漏液现象,所以操作弹性小,塔盘效率低,因而使用受到一定的限制。

(2)浮动舌形塔盘。浮动舌形塔盘是 20 世纪 60 年代研制的一种定向喷射型塔板。它是将固定舌形板的舌片改成浮动舌片,如图 8 – 10 所示,一端可以浮动,最大张角约 20°,舌片厚度约 1.5 mm,质量约为 20 g。

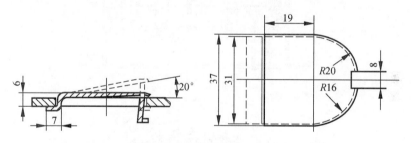

图 8 – 10 浮动舌形塔的舌片

浮动舌形塔的优点如下。

① 浮动舌形塔具有舌形塔盘生产能力大、压降小、雾沫夹带少的优点。

② 具有浮阀塔盘的操作弹性大、塔盘效率高、稳定性好等优点。

浮动舌形塔的缺点是:舌片易损坏。

三、板式塔的塔盘结构

板式塔的塔盘分为两类:溢流式和穿流式。溢流式塔盘上设有专供液相流通的降液管。塔盘上的液层高度由溢流堰的高度调节,因而操作弹性大,且能保持一定的效率,应用较广泛。本节仅介绍溢流式塔盘的结构,溢流式塔盘主要由塔盘、降液管、受液盘、溢流堰和气液接触元件等部件组成。

1. 塔盘

塔盘按其塔径的大小和塔盘的结构可分为整块式塔盘和分块式塔盘两类。当塔

径 $DN<800$ 时，多采用整块式塔盘，当塔径 $DN \geq 800$ 时，宜采用分块式塔盘。

（1）整块式塔盘。

整块式塔盘按组装方式不同可分为定距管式和重叠式两类。采用整块式塔盘时，塔体由若干塔节组成。每个塔节中安装一定数量的塔盘，塔节之间采用法兰连接。

① 定距管型整块式塔盘。定距管型整块式塔盘用定距管和拉杆将同一塔节内的几块塔盘支撑并固定在塔节的支座上。定距管的作用是支撑塔盘和保持塔盘的间距。塔盘与塔壁的间距用软填料密封，并用压圈压紧。结构如图 8 – 11 所示。

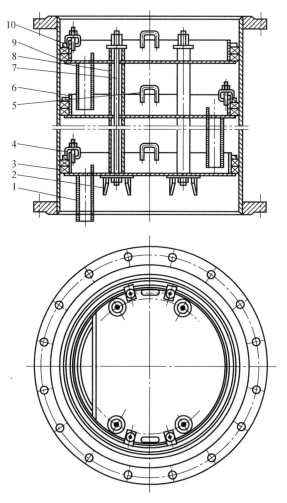

图 8 – 11　定距管型整块式塔盘

1—降液管；2—支座；3—密封填料；4—压紧装置；5—吊耳；
6—塔盘圈；7—拉杆；8—定距管；9—塔板；10—压圈

对于此类塔盘，塔节高度由塔径和支撑结构决定。一般情况下，塔节的高度随塔径的增大而增加。当塔径 $DN = 300 \sim 500$ mm 时，只能伸入手臂安装，塔节长度 $L = 800 \sim 1000$ mm；当塔径 $DN = 500 \sim 800$ mm 时，塔节长度 $L = 1200 \sim 1500$ mm；当塔径 $DN \geqslant 800$ mm 时，人可进入塔内进行安装，塔节长度 $L = 2500 \sim 3000$ mm。每个塔节安装的塔盘数一般不超过 $5 \sim 6$ 层，避免受拉杆长度的限制，出现安装困难的现象。单个塔节的长度不应超过 3000 mm。

塔盘板的厚度由介质的腐蚀性和塔盘的刚度决定。对于碳钢，塔盘厚度可取 $3 \sim 5$ mm；对于不锈钢，塔板厚度可取 $2 \sim 3$ mm。

② 重叠型整块式塔盘。重叠型整块式塔盘是在每一个塔节下边焊有一组支座，将底层塔盘置于支座上，然后依次装入上一层塔盘。塔盘间距由焊在下层塔盘的支柱与支撑板决定。可用三只调节螺钉调节塔盘的水平度。塔盘与塔壁的间隙同样采用软填料密封，然后用压圈压紧。结构如图 8 – 12 所示。由于此类塔盘在安装时需要进入塔内调整塔盘的水平度，因此不适用于直径小于 700 mm 的塔。

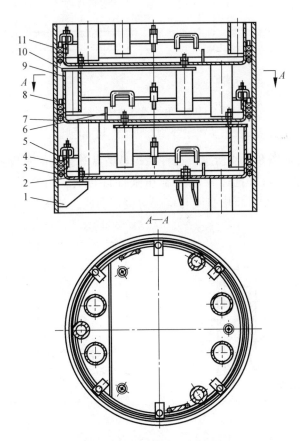

图 8 – 12　重叠型整块式塔盘

1—支座；2—调节螺钉；3—圆钢圈；4—密封填料；5—塔盘圈；6—溢流堰；
7—塔盘板；8—压圈；9—支柱；10—支撑板；11—压紧装置

整块式塔盘有两种安装结构,即角焊结构和翻边结构。角焊结构就是将塔盘圈角焊在底板上组成塔板。无特殊要求时,可采用单面角焊。焊缝可在塔盘圈的外侧或内侧。当塔盘圈较低时,采用图8-13(a)所示的结构,而当塔盘圈较高时,采用图8-13(b)所示的结构。角焊结构的优点是结构简单,制造方便,但需要在制造是时采取有效措施,减小因焊接变形引起的塔盘不平整度。

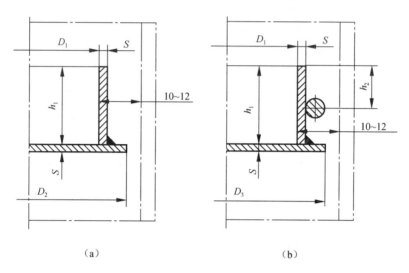

图8-13 角焊式整块塔盘结构
(a)塔盘圈较低时;(b)塔盘圈较高时

翻边式结构如图8-14所示。这种结构是塔盘圈直接由底板翻边而成。因此可避免焊接变形。如果直边较短或制作条件许可时,可整体冲压成型,如图8-14(a)所示。否则可将塔盘圈与塔板对接焊而成,如图8-14(b)所示。

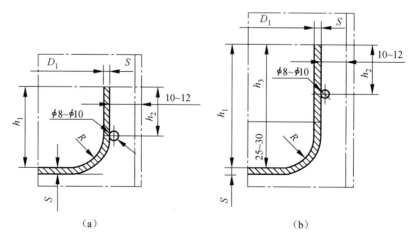

图8-14 翻边结构整块式塔盘
(a)整体式;(b)对焊式

确定整块式塔盘的结构尺寸时，塔盘圈高度 h_1 一般可取 70 mm，但是不得低于溢流堰的高度。塔盘圈上的密封填料支撑圈用 $\phi 8 \sim 10$ mm 的圆钢弯制并焊于塔盘圈上。塔盘圈外壁与塔内壁之间的间隙一般为 $10 \sim 12$ mm。圆钢填料支撑圈距塔盘圈顶面的距离为 h_2，一般可取 $30 \sim 40$ mm，视需要的填料层数而定。

整块式塔盘与塔内壁环隙的密封用的软填料可采用石棉、聚四氟乙烯纤维编织填料等。密封结构如图 8-15 所示。

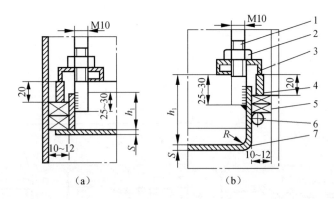

图 8-15　整块式塔盘的密封结构
1—螺栓；2—螺母；3—压板；4—压圈；5—填料；6—圆钢圈；7—塔盘

(2) 分块式塔盘。

分块式塔盘是把若干块塔盘板通过紧固件连接在一起，组成一个完整的塔盘板。对于大直径的板式塔，为了便于制造、安装和检修，将塔盘板分成数块，通过人孔送入塔内，安装在焊于塔壁的塔盘支撑件上。采用分块式塔盘时，塔体为焊制整体圆筒，不分塔节。其组装结构如图 8-16 所示。

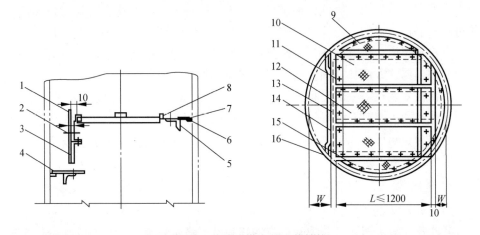

图 8-16　分块式塔盘的组装结构
1，14—出口堰；2—上段降液板；3—下段降液板；4，7—受液盘；5—支持梁；6—支持圈；
8—入口堰；9—塔盘边板；10—塔盘板；11，15—紧固件；12—通道板；13—降液板；16—连接板分块式塔盘应遵循结构简单、装拆方便、具有足够的刚性,且便于制造、安装和维修的原则。分块式塔盘多采用自身梁式或槽式。自身梁式较为常用,由于其将分块式塔盘冲压成带有折边的形式,使得刚性得到了很大的提高。结构如图 8-17 所示。这样既使得塔盘结构结构简单,而且又可以节省钢材。

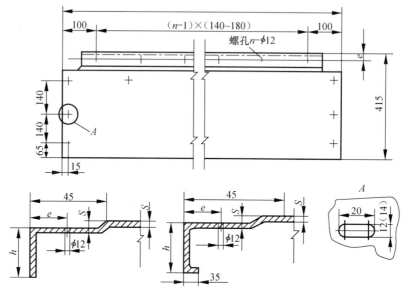

图 8-17　自身梁式分块式塔盘

为了安装、检修各层塔板方便,塔盘板接近中央处应设置一块通道板,即相当于安装在塔盘上的人孔盖。各层塔盘板上的通道板应开在同一垂直位置上,这样有利于采光和操作。在塔体的不同高度处,通常开设有若干个人孔,人可以从上方或下方进入塔内。因此,通道板应为上下可拆的连接结构。分块式塔盘间及通道板与塔盘板之间的上下可拆连接结构如图 8-18 所示。需拆开时,可从上方或下方松开螺母,将椭圆垫片旋转到虚线所示的位置。塔盘板Ⅰ即可移开。为保证拆装的迅速、方便,紧固件通常采用不锈钢材料。

塔盘板安装在塔壁的支撑圈上。塔盘板与支撑圈用卡子连接。卡子由卡板、椭圆垫片、圆头螺钉及螺母等零件组成。结构如图 8-19 所示。塔盘上所开的卡子孔通常为长圆形,如图 8-17 所示。这是考虑了塔体的椭圆度公差及塔盘板的宽度尺寸公差等因素。

2. 降液管

(1) 降液管的类型。

降液管的结构形式可分为圆形降液管和弓形降液管两类。圆形降液管用于液体负荷小及塔径较小的场合。对于采用一根或几根,圆形还是长圆形降液管 [图 8-20 (c)],根据力学计算结果而定。为了增加溢流周边,并且提供足够的分

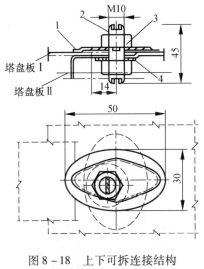
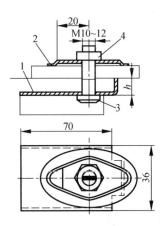

图 8-18 上下可拆连接结构
1—椭圆垫板；2—螺栓；
3—螺母；4—垫圈

图 8-19 卡子的组装结构
1—卡板；2—椭圆垫板；
3—圆头螺钉；4—螺母

离空间，可在降液管前设置溢流堰。这种结构的溢流堰所包含的弓形区域仅有一小部分是有效的降液截面，因此圆形降液管不适用于大液量及易起泡沫的物料。弓形降液管将溢流堰与塔壁间的弓形区的全部截面用作有效降液面积，结构如图[图 8-20（d）]所示。弓形降液管适用于大液量及大直径的塔，塔盘面积利用率高，降液能力大，气液分离效果好。对于采用整块式塔盘的小直径塔，为了增大降液截面积，可采用固定在塔盘上的弓形降液管，如图 8-20（e）所示。

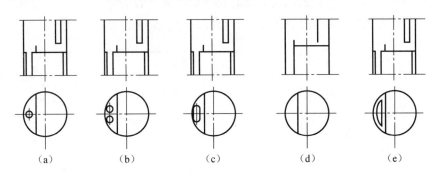

图 8-20 降液管的形式
(a) 单根；(b) 多根；(c) 长圆形；(d) 弓形；(e) 固定塔盘上弓形

(2) 降液管的尺寸。

对于降液管的要求是：能使夹带气泡的液流进入降液管后有足够的分离空间，将气泡分离出来，使得仅有清夜流入下层塔盘。为此降液管应满足：降液管内清液层的最大高度不超过塔板间距的一半；降液管的截面积占塔盘总面积的比例为 5%~25%。为了防止气体从降液管的底部窜入，降液管必须有一定的液封

高度 h_w，见图 8-21 所示。降液管底端到下层塔盘受液盘的间距 h_0 应低于溢流堰的高度 h_w，通常取 $(h_w - h_0) = 6 \sim 12$ mm。大型塔此值不低于 38 mm。

(3) 降液管的结构。

整块式塔盘的降液管直接焊在塔盘板上。如图 8-22 所示为降液管的连接结构。对于碳钢塔盘或塔盘较厚的场合，采用图 8-22（a）所示的结构；对于不锈钢塔盘或塔盘较薄的场合，采用图 8-22（b）所示的结构。

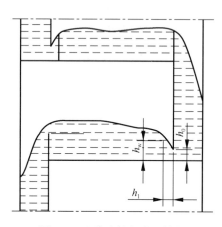

图 8-21 降液管的液封结构

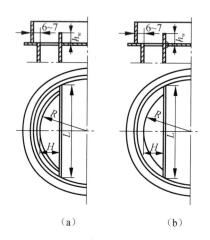

图 8-22 整块式塔盘的弓形降液管结构
(a) 较厚或碳钢塔盘；(b) 较薄或不锈钢塔盘

具有溢流堰的圆形降液管结构如图 8-23 所示，碳素钢和不锈钢的塔盘分别采用图 8-23（a）、（b）的结构。带有长圆形降液管的结构如图 8-24 所示。不锈钢的塔盘应翻边后再与降液管焊接，目的是为了保证焊接质量。

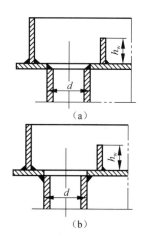

图 8-23 整块式塔盘的圆形降液管结构
(a) 碳素钢；(b) 不锈钢

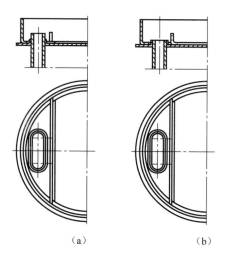

图 8-24 整块式塔盘的长圆形降液管结构
(a) 碳素钢；(b) 不锈钢

3. 受液盘

塔盘上设置受液盘的作用是保证降液管出口处的液封。受液盘有平形和凹形两种。受液盘的形式和性能影响降液管的液封和流体流入塔盘的均匀性等。平形受液盘适用于处理易聚合物料的场合，可以有效地避免在塔盘上形成死角。平形受液盘的形式分为可拆式和焊接固定式。图 8-25 是可拆式平形受液盘的一种。凹形受液盘适用于降液管与受液盘的压力降大于 25 mm 水柱，或是使用倾斜式降液管的场合，结构如图 8-26 所示。凹形受液盘的优点有，对液体的流动有缓冲作用，可降低塔盘出口处的液封高度，还可以使液流平稳，这样有利于塔盘入口区气体更好地鼓泡。凹形受液盘的深度一般不大于 50 mm，但是不能超过塔板间距的三分之一，否则应增大塔板间距。

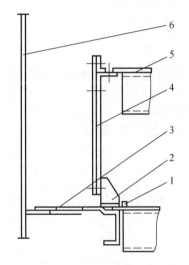
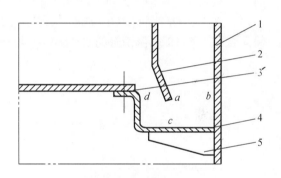

图 8-25　可拆式平形受液盘　　　　图 8-26　凹形受液盘
1—入口堰；2—支撑筋；3—受液盘；　　1—塔壁；2—降液板；3—塔板；
4—降液盘；5—塔盘板；6—塔壁　　　　4—受液盘；5—筋板

在塔或塔段的最底层塔盘的降液管末端还应该设置封液盘。封液盘的作用是保证降液管出口处的液封。用于弓形降液管的封液盘如图 8-27 所示，用于圆形降液管的封液盘如图 8-28 所示。封液盘上应设置泪孔，用于停工时排出液体。

4. 溢流堰

根据溢流堰在塔盘上的位置，可分为进口堰和出口堰。当塔盘为平形受液盘时，为了保证降液管的液封，减少液体在水平方向的冲击，同时使液体均匀流入下层塔盘，应在液体入口端设置入口堰。为了保持塔盘上液层的高度，并使液体流动均匀，须设置出口堰。通常，出口堰的最大溢流强度不超过 100~300 m³/(h·m)。溢流强度大于 100~300 m³/(h·m) 的大塔，可采用双溢流或四溢流的塔盘。根据溢流强度可确定出口堰的长度 L_w。对于单溢流塔盘，出口堰的长度 L_w = (0.6~

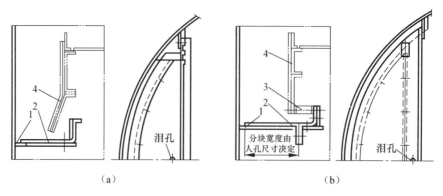

图 8-27　弓形降液管的封液盘
(a) 倾斜式降液管封液盘；(b) 垂直式降液管封液盘
1—支撑圈；2—液封盘；3—支撑筋；4—降液板

0.8) D；对于双溢流塔盘，出口堰的长度 $L_w = (0.5 \sim 0.7) D$（D 为塔径）。出口堰的高度 h_w 由物料的性能、塔型、液体流量及塔板压力降等因素决定。进口堰的高度 h'_w 按以下情况确定：当出口堰的高度 h_w 大于降液管底边至受液盘板面的距离 h_0 时，进口堰的高度 h'_w 取 6~8 mm，或与 h_0 相等。当 $h_w < h_0$ 时，h'_w 应大于 h_0，以保证液封。进口堰与降液管的水平距离应大于 h_0。如图 8-29 所示。

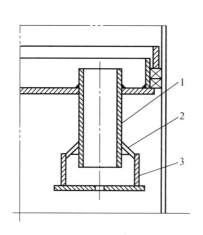

图 8-28　圆形降液管的封液盘
1—圆形降液管；2—支撑筋；3—液封盘

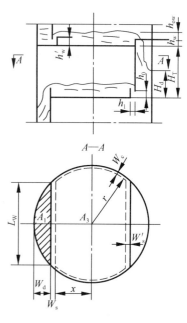

图 8-29　溢流堰的结构尺寸

5. 除沫器

当塔内的操作气速较大时，会出现塔顶雾沫夹带现象。这会造成物料的流失和塔的效率降低，而且还会造成环境污染。为了避免这种现象的发生，需在塔顶设置除沫装置，能够起到减少液体夹带，保证气体的纯度，确保后续设备的正常操作的作用。除沫器装在塔顶的最上一块塔盘之上，与塔盘的距离应大于两块相邻塔板间的距离。

常用的除沫器有丝网除沫器、折流板除沫器和旋流板除沫器。此外，还有多孔材料除沫器和玻璃纤维除沫器。在分离要求不严的情况下，还可用干填料层做除沫器。

（1）丝网除沫器。丝网除沫器的网块结构有盘形和条形两种。盘形结构采用波纹形丝网缠绕直至所需的直径。网块的厚度等于丝网的宽度；条形网块结构是采用波纹形丝网一层层平铺至所需的厚度，再以栅格和定距杆结成整体。图 8-30（a）所示的缩径型丝网除沫器适用于小塔径。图 8-30（b）所示的全径型丝网除沫器适用于大塔径的塔设备。丝网与上下栅板分块制作，每一块应该能通过人孔在塔内安装。

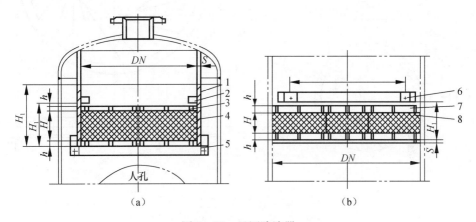

图 8-30　丝网除沫器
(a) 缩径型丝网除沫器；(b) 全径型丝网除沫器
1—升气管；2—挡板；3—格栅；4—丝网；5—梁；6—压条；7—格栅；8—丝网

丝网除沫器的优点是比表面积大、重量轻、空隙率大、压力降小等。

丝网除沫器适用于洁净的气体，不适用于液滴中含有或能析出固体物质的情况（如碱液、碳酸氢钠溶液等）。原因是液体蒸发后留下的固体会堵塞丝网。当雾沫中含有少量悬浮物时，应注意经常清洗。

（2）折流板除沫器。折流板除沫器中最常用的是角钢除沫器，如图 8-31 所示。折流板由 50 mm × 50 mm × 3 mm 的角钢制作。夹带液体的气体穿过角钢通道时，依靠碰撞及惯性作用而达到截留和惯性分离。分离下来的液体由导液管和进料一起进入分布器。若增加折流次数，可提高分离效率。

折流板除沫器的优点是结构简单，不易堵塞。缺点是金属消耗量大，造价较高。多用于小型塔设备。

(3) 旋流板除沫器。旋流板除沫器的结构如图 8-32 所示。这种除沫器由固定的风车状叶片组成。夹带液滴的气体通过叶片时产生旋转，在离心力的作用下，将液滴甩至塔壁，从而达到气液分离。除沫效率可达 95%。

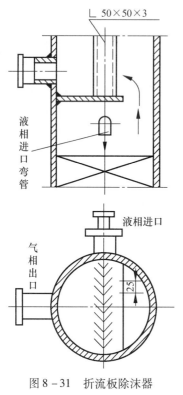

图 8-31 折流板除沫器　　　　图 8-32 旋流板除沫器

第三节　填　料　塔

一、填料塔的总体结构

填料塔具有结构简单、压降小、填料宜用耐腐蚀材料制造等特点。填料塔常用于吸收操作及真空操作的场合。尤其是在处理量小、介质为高黏度或易发泡的物料时，填料塔较板式塔具有优势。填料塔的缺点是清洗、检修麻烦，对含有固体杂质和易结焦、易聚合的物料适应性较差。从传质方式看填料塔是一种连续式的传质设备。工作时，液体从塔上部进入，通过液体分布装置均匀淋洒在填料层上，继而沿填料表面缓慢流下；气体自塔下部进入，穿过筛板，沿填料间隙上升，从而使气液两相在填料表面及填料自由空间连续逆流接触，进行传质传热。

从结构上看，填料塔的壳体、支座、塔顶除沫器、塔底滤焦器、进出料接管等与板式塔差不多，有些是完全相同的。主要区别是内部的传质元件不同，板式塔以塔盘作为传质元件，而填料塔是以填料作为传质元件。填料塔的内部构件主要是围绕填料及其工作情况设置的,如填料、支撑结构、填料压板、喷淋装置、液体再分布装置等。

二、填料的分类

填料的作用是为填料塔内气液两相进行接触时提供表面,因此填料是填料塔的核心部件。填料及塔内的其他内件决定了填料塔的操作性能和传质效率。

填料的分类有很多种,按照性能分可分为普通填料和高效填料;按照结构分可分为实体填料(如拉西环、θ环、十字环、内螺旋环、鲍尔环、阶梯环、弧鞍填料、矩鞍填料、环鞍填料、波纹板填料等)和网体填料(如θ网环、网鞍填料、波纹网填料等);按照形状分可分为散装填料和整体填料。

1. 散装填料

散装填料即是安装时以乱堆为主的填料,也可以整砌。这种填料是具有一定外形结构的颗粒体,又称为颗粒填料。根据其形状,这种填料可分为环形填料、鞍形填料和环鞍形填料。在散装填料乱堆的填料层内,气-液两相的流动路线是随机的,散装填料在安装时很难做到各处均一,所以很容易产生沟流、壁流等不良情况。这种情况会造成塔效率的降低。

(1) 环形填料。

① 拉西环填料。1914 年拉西(F. Rasching)发明了具有固定几何形状的拉西环瓷制填料。拉西环为外径与高度相等的空心圆柱体,结构如图 8-33 所示。材料可采用陶瓷、金属、塑料等制作。大尺寸的拉西环(100 mm 以上)一般采用整砌方式装填,小尺寸的拉西环(75 mm 以下)多采用乱堆方式装填。

拉西环的特点是结构简单、制造方便、价格低廉、使用经验丰富。缺点是以散装方式装填时,易产生壁流及沟流现象,且此现象较严重。因此塔效率随着塔径及塔高的增加而显著降低。除此之外,拉西环对气速变化敏感,操作弹性较小,气体阻力高,流通量低等。

② θ环、十字环和内螺旋填料。这几种填料是在拉西环的基础上进行了改进,即在拉西环内分别增加一竖直隔板和十字隔板形成的,结构如图 8-34 所示。它们的优点是增加了表面积,提高了分离效率。但是传质效率与拉西环比较,改进不大。

图 8-33 拉西环

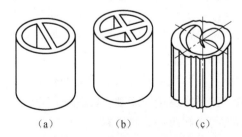

图 8-34 θ环、十字环和内螺旋填料
(a) θ环;(b) 十字环;(c) 内螺旋填料

(2) 开孔环形填料。

形孔环形填料是在环形填料的环壁上开出规则的长方形的窗孔,并使开窗部分的环壁以一定的曲率弯向环中心。这种填料在利用环形填料表面的基础上,又增加了许多窗孔。这就有效地改善了气-液两相物料流过填料层时的流动状态,即增加了气体的流通量,降低了气相阻力,增加了填料层的湿润表面,从而提高了填料层的传质效率。

① 鲍尔环填料。鲍尔环填料是在拉西环的基础上发展起来的。拉西环经过改进即在拉西环的侧壁上开设两层长方形的孔窗得到鲍尔环。每层有5个窗孔,每个孔的舌页弯向环心,上下两层窗孔是交错的位置,结构如图8-35所示。开设的孔的面积占环壁总面积的35%。实践表明,鲍尔环的效率比拉西环的效率高30%左右。相同压降下,鲍尔环的处理能力比拉西环大50%以上。

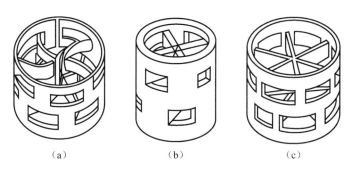

图8-35 鲍尔环
(a) 钢环;(b) 瓷环;(c) 塑料环

在相同的处理能力和条件下,鲍尔环的压降仅为拉西环的一半。鲍尔环一般由金属或塑料制成。

② 阶梯环填料。阶梯环是20世纪70年代初由英国的传质公司开发研制的一种新型的填料。阶梯环是在鲍尔环的基础上进行了改进,即高度比鲍尔环的高度减小一半,填料的一端扩为喇叭形翻边。这样做的目的是增加填料环的强度,而且使填料在堆积时相互的接触由线接触变为以点接触为主。这样就增加了填料颗粒的空隙,降低了气体通过填料层时的阻力,且改善了液体的分布,加快了液膜的更新速度,提高了传质效率。因此阶梯环填料的性能比鲍尔环填料的性能又有了提高。阶梯环填料可由金属、陶瓷和塑料等制作。结构如图8-36所示。

(3) 鞍形填料。

鞍形填料形状类似马鞍,因此而得名。这种填料的空隙比环形填料连续,气体液体沿弧形通道逆向流动。因此能够改善气液的流动状况。鞍形填料有弧鞍填料、矩鞍填料和改进矩鞍填料。

① 弧鞍填料。这种填料与拉西环相比,有了一定程度的改善,但是相邻的填料间容易产生套叠和架空现象。这就使得一部分填料的表面不能被润湿,不能

成为有效的传质表面。因此这种填料基本被矩鞍填料所取代。形状如图 8-37 所示。通常由陶瓷制造。

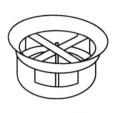

图 8-36 阶梯环

图 8-37 弧鞍形填料

② 矩鞍形填料。矩鞍形填料是对弧鞍形填料进行了改进，即将弧鞍填料两端的圆弧改为矩形，从而改善了弧鞍形填料相互叠合的缺点。这种填料在床层中相互叠合的部分较少，空隙率较大，填料表面利用率高。这种填料与拉西环相比有传质效率高的优点。因此被广泛推广使用。材料由瓷制材料、塑料等制作。结构如图 8-38 所示。

③ 改进矩鞍形填料。改进矩鞍填料是把矩鞍填料的平滑弧形边缘改为锯齿形状。在填料的表面增加皱褶并开有小圆孔。这种结构上的改进，改善了流体的流动状态和分布，提高了填料表面的润湿率，增强了液膜的湍动，降低气体阻力。这就使得塔设备的处理能力和传质效率有了提高。材料一般由陶瓷或塑料制造。结构如图 8-39 所示。

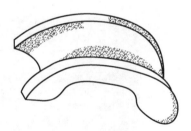

图 8-38 矩鞍形填料

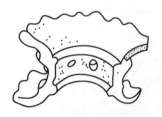

图 8-39 改进矩鞍形填料

④ 金属环矩鞍填料。金属环矩鞍填料是 1978 年由美国 Norton 公司研制开发的。这种填料是将开孔环形填料和矩鞍填料的特点相结合，有类似于开孔环形填料的圆环、环壁开孔和内伸的舌片，也有类似于矩鞍填料的圆弧形通道。这种填料是一种敞开的整体环鞍结构，具有流量大、压降低、滞留量小等优点。同时，能加快液体表面的更新和改善液体表面的分布，能有效地提高传质效率。这种填料由金属薄板冲制而成。结构如图 8-40 所示。

图 8-40 金属环矩鞍填料

2. 规整填料

规整填料是一种在塔内按均匀的几何形状进行整齐、规则的堆砌填料的方式。由于是整齐的堆砌，所以人为地设计和规定了填料层中气、液的流路，减少了壁流和沟流的不良现象，有效地降低了压降。因此在一定程度上提高了传质和传热的效率。规整填料按其结构可分为丝网波纹填料和板波纹填料。

（1）丝网波纹填料。

不锈钢、铜、铝、铁、镍及蒙特尔等是制作丝网波纹填料的主要材料。丝网波纹填料的优点是网丝细、网片薄、结构紧凑、组装规整、空隙率和表面积大。即使是仅有少量液体也可以在丝网表面形成均匀的液膜。故填料的润湿率很高。这种填料不适用于有固体析出、聚合、液体黏度大和有结痂的物料。这种填料的缺点是抗污能力差、难以清洗、造价高。因此使用范围不是很广泛。结构如图8-41所示。

（2）板波纹填料。

制造板波纹填料的材料有塑料、陶瓷和金属，因此板波纹的种类也是三类即塑料板波纹、陶瓷板波纹和金属板波纹。

金属板波纹填料是在金属丝波纹填料的基础上进行了改进，即将金属丝波纹片用表面具有沟纹和小孔的金属板波纹代替。金属板波纹具有金属丝波纹填料的优点，即通量高、压降小、持液量小、气液分布均匀，几乎无放大效应，传质效率高等。造价远低于金属丝波纹填料。结构如图8-42所示。

图8-41 丝网波纹填料

图8-42 金属板波纹填料

3. 填料的选择

选用填料时主要考虑压降、效率和通量3个因素。此外，还应该考虑塔的大小、物料的性质、系统的腐蚀性、成膜性、是否含有固体颗粒、塔的整体投资，以及安装、检修的难易程度。

三、填料塔的内件

填料塔内件的作用是保证气液更好的接触，以便发挥填料的应有性能，从而实现填料塔的保证生产能力和效率。

1. 填料的支撑装置

填料的支撑装置安装在填料层的底部。支撑装置的作用是支撑填料及填料层中所载液体的重量。支撑装置应保证足够的开孔率,即保证气流能均匀地进入填料层,使气液两相自由的通过。对于支撑装置的要求是,有足够的强度和刚度,结构简单,便于安装,所用材料有较好的耐腐蚀性。常用的支撑装置有栅板型支撑和气液分流型支撑。

（1）栅板型支撑。

栅板型支撑是最简单、最常用的填料支撑装置,由相互垂直的栅条组成,放置于焊接在塔壁的支撑圈或支座上。对于小塔径（$DN<600$ mm）的塔,采用整块式栅板支撑结构;对于大塔径（$DN\geqslant 600$ mm）的塔,采用分块式栅板。

栅板型支撑的优点是强度高、结构简单,是规整填料塔应用较多的支撑装置。若是散装填料乱堆在栅板上,会堵塞空隙使得开孔率减少。结构如图8-43所示。

（2）气液分流型支撑。

这种支撑属于高通量低压降的支撑装置。优点是为液体和气体提供了不同的通道,避免了气液从同一孔槽中逆流通过的现象。这样有利于液体的再分布和均匀分布。有波纹型、钟罩型和梁型气液分流式支撑板。

① 波纹型气液分流支撑板。它采用钢板冲压成波形,然后焊接在扁钢圈上制成。网孔呈菱形,波形沿菱形的长轴压制。该支撑板结构简单、重量轻、自由截面积大。缺点是强度较低。目前使用网板的最大厚度：碳钢为 8 mm,不锈钢为 6 mm。结构如图 8-44 所示。

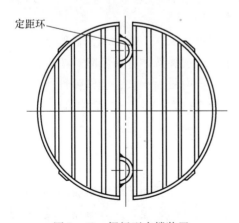

图 8-43 栅板型支撑装置

图 8-44 波纹型支撑板

② 钟罩型气液分流式支撑板。它的气、液分布情况较好,液体从支撑板上的孔中排出。特点是位于支撑板上的升气管上口封闭,在管壁上开有长孔。但是

强度、自由截面积不够理想。一般用于法兰连接的小直径塔设备。结构如图 8-45 所示。

③ 梁型气液分流式支撑板。它是由若干梁型单元支撑板以螺栓连接而成。梁型单元支撑板由钢板冲压而成，结构如图 8-46 所示。板厚：不锈钢为 4 mm，碳钢为 6 mm。这种支撑板已经有制作标准 HG/T 215612—1995。若处理腐蚀性介质，则可用塑料或陶瓷制造该支撑板。

图 8-45　钟罩型支撑板　　　　　　　图 8-46　梁型支撑板

梁型气液分流式支撑板不仅本身具有很大自由截面积，且装入填料后，大部分开孔不会被堵塞，这样就保存了足够大的有效自由截面积。梁型气液分流式支撑板具有气体流通量大、液体负荷高的优点。还具有较理想的强度和刚度。因此是性能最优的散装填料支撑板，得到广泛应用。特别适用于大型塔。当塔径大于 3 m 时，应在与梁垂直的方向上设置工字梁，以增加刚度。

2. 填料塔的液体分布器

液体分布器安装于填料的上方。其作用是将液相加料及回流料均匀地喷淋到填料表面，形成液体初始分布的装置。若液体的初始分布不均匀，则部分填料起不到作用，相当于失去了部分填料。所以液体分布器是填料塔内件中最重要的内件之一，直接影响填料的处理能力和分离效率。

液体分布器的安装位置，一般高于填料层表面 150～300 mm，目的是提供足够的空间，使上升气流不受约束地穿过分布器。选择液体分布器时，应尽量达到理性液体分布器的标准，即：液体分布均匀，自由截面积大，操作弹性宽，能处理易堵塞，有腐蚀，易起泡的液体，各部件可通过人孔进行安装和拆卸。

液体分布器根据其结构可分为管式、槽式、喷洒式和盘式。

(1) 管式液体分布器。

管式液体分布器分为重力型和压力型两种。

重力型管式分布器由进液口、液位管、液体分布管和布液管组成。进液口为漏斗形，内部装有金属丝网过滤器，目的是防止固体杂质进入分布器。液位管及液体分布管可由圆管或方管制作，一般用圆管制作。结构如图 8-47 所示。

这种液体分布器的优点是塔在风载作用下摆动时，液体不会溅出。另外，液体管中有一定的液体液位，这样即使是安装时存在水平度误差，也不会对小孔流

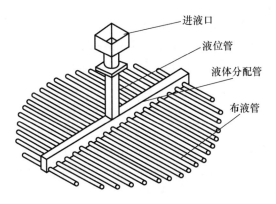

图 8-47 重力型排管式液体分布器

出的液体有影响。因此具有较高的分布质量。适用于中等以下液体负荷及无污染物进入的填料塔中，尤其是丝网波纹填料塔中。

压力型管式分布器依靠泵的压头或高液位，通过管道与分布器相连，将液体分布到填料上。根据管子的排布方法不同，可分为排管式和环管式。结构如图 8-48 和图 8-49 所示。

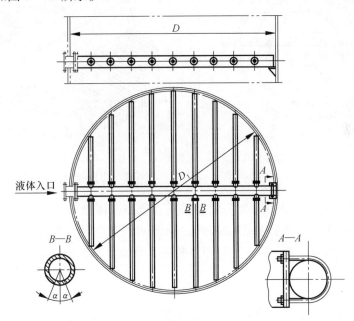

图 8-48 排管式压力型分布器

压力型分布器的特点是结构简单，占用空间小，易于安装，适用于带有压力的液体进料。但是只适用于液体单相进料的场合，且操作时必须充满液体。

（2）槽式液体分布器。

槽式液体分布器为重力型液体分布器，以液位作为推动力。按结构可分为孔流型和溢流型两种。

① 槽式孔流型液体分布器。它由主槽和分槽组成，主槽为矩形截面的敞开结构，其长度由塔径及分槽尺寸决定。高度则取决于操作弹性，通常取 200～300 mm。主槽的作用是将液体均匀稳定地分配到置于下方的各分槽中。主槽的底部和侧壁有布液装置。分槽的作用是将来自于主槽的液体均匀分布到填料表面上。其长度由塔径及排列情况决定；宽度由液体流量及停留的时间决定，一般为 30～60 mm；高度与操作弹性有关，一般为 250～300 mm。分槽是靠其底部的槽式液体分布器来分布液体的。液位一般不低于 30 mm，且须大于布液孔直径的两倍以上。最高液位由操作弹性、塔内允许高度及造价共同决定，一般取 200 mm 左右。结构如图 8-50 所示。

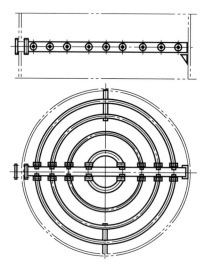

图 8-49　环管式压力型分布器

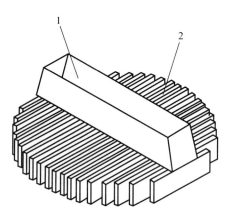

图 8-50　槽式孔流分布器
1—主槽；2—分槽

② 槽式溢流型液体分布器。它与槽式孔流型液体分布器结构基本相似，只是将孔流型底孔变成槽上边缘的溢流孔。溢流孔一般为倒三角形或矩形，适用于大液量或物料较脏的场合。这种分布器常用于散装填料塔中，高效规整填料塔中应用不多。

(3) 喷洒式液体分布器。

这种分布器是在压力的作用下通过喷嘴将液体喷洒到填料层的上方。其结构与压力型管式分布器相似。喷洒式分布器具有结构简单、价格低廉，易于支撑，占用空间小等优点。常用于大直径的塔中。进料含有固体杂质时须设置过滤装置。若处理有雾沫夹带的物料，须增设除沫装置。结构如图 8-51 所示。

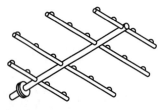

图 8-51　喷洒式液体分布器

（4）盘式液体分布器。

盘式液体分布器按其结构可分为孔流型和溢流型两种。制作盘式分布器的材料可以是金属、塑料或陶瓷等。

① 盘式孔流型液体分布器。它是常用的液体分布器，底盘上开有布液孔及升气管，气液的通道分开，气体自升气管上升，液体在底盘上保持一定的液位，并从布液小孔流下。对于小直径的塔，即直径小于 1.2 m 的塔，可将其做成具有边圈的结构。分布器与塔壁间的空间可作为气体通道。结构如图 8-52 所示。对于直径大于 3 m 的塔，可采用 Norton 公司开发的分块结构的盘式分布器。它用支撑梁将分布器分成 2~3 块，两个主分布槽安装在矩形升气管上，进入的液体由导管分布到槽中，再由该槽将液体分配到盘上，这样可以减小液面落差。结构如图 8-53 所示。

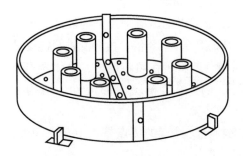

图 8-52 盘式孔流型液体分布器

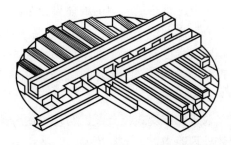

图 8-53 分块结构的盘式孔流型液体分布器

② 盘式溢流型液体分布器。它是将盘式孔流型分布器的布液孔改成溢流管，也可在底盘上均匀排列升气管，在升气管上开有 V 形溢流堰倒流液体。这种溢流管与升气管合一的结构的缺点是易造成雾沫夹带，所以只适用于小气量的塔。对于大塔径，分布器也可以做成分块结构，每块分盘上均设升气管，并在各分盘间，以及周边与塔壁之间设置有升气管道。结构如图 8-54 所示。

盘式分布器的优点是液体负荷的适用范围较宽。缺点是提供的自由截面积小，所以气相阻力大，因此不适用于较大气体负荷的工况；操作弹性小；安装时需保持盘面水平等。盘式孔流型液体分布器适用于散装填料塔和规整填料塔；而盘式溢流型液体分布器适用于处理含有固体颗粒的液体。

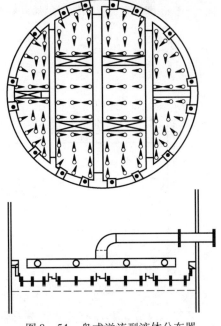

图 8-54 盘式溢流型液体分布器

3. 填料塔的液体再分布器

当液体沿着填料层向下流动时，会出现流向塔壁的趋势，即出现"壁流"现象。这种现象影响了液体沿塔截面分布的均匀性，降低了传质效率。"壁流"现象严重时会导致塔中心的填料不被润湿而形成"干堆"。为了避免这种现象的发生，提高传质效率，对于较高填料层，应进行分段处理。即在各段间设置液体再分布装置。它的作用是收集来自上段填料的液体，为下段填料进行均匀的液体分布。

分段填料层的高度 H_1 应小于 $15 \sim 20$ 块理论塔板，且每段金属填料的高度不超过 $6 \sim 7.5$ m，塑料填料高度不超过 $3 \sim 4.5$ m。对于较大的塔，应保证 $H_1/D = 2 \sim 3$，下限值为 $1.5 \sim 2$，否则将影响气体沿塔截面的均匀分布。

再分配锥是最简单的液体再分布器。分配锥可以把沿塔壁流下的液体导至塔的中心区。圆锥小端内直径 D_1 通常为塔径 D 的 $0.7 \sim 0.8$ 倍。再分配锥只能安装在填料层的段与段间，而不能安装在填料层内。若安装在填料层内，锥体会与塔壁形成死角，妨碍填料的装填，还会扰乱气体在填料层内的流动。结构如图 8-55 所示。

改进的玫瑰式再分配锥与传统的分配锥相比，具有的优点是自由截面积大，液体处理能力大，不易堵塞，布液点多，布液点均匀等。工作过程是通过尖端将收集的液体分配到填料中心区。玫瑰式再分配锥也只能起到收集液体，分配到下层填料的作用。而不能消除气液相的径向浓度差。所以这种分布器只适用于直径小于 1 m 的散装填料塔。结构如图 8-56 所示。

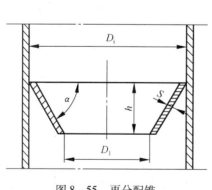

图 8-55　再分配锥

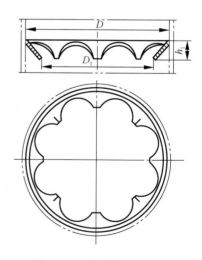

图 8-56　玫瑰式再分布器

液体再分布器还有盘式再分布器、梁式再分布器和组合式再分布器。这几种再分布器适用于操作弹性大和大塔径的填料塔中。

第四节 塔设备的常见故障与处理

塔设备在整个化工设备中投资巨大,占化工、石化项目总投资的 30%~40%。塔设备的性能直接关系到生产装置的投资、产能、质量、能耗及成本,在装置中起着至关重要的作用。当塔设备的性能达不到正常操作指标时,表明塔设备出现了故障。故障处理的首要任务是尽快搞清楚塔出现故障的原因,然后再采取有效的措施,使塔设备恢复正常操作。

一、塔设备的检查

为了使塔设备能够正常的运行,在平时的工作和使用过程中,就要经常对塔设备进行检查,检查内容和方法见表 8-1。

表 8-1 巡回检查内容及方法

检查内容	检查方法	问题的判断或说明
操作条件	① 察看压力表、温度计和流量表 ② 检查设备操作记录	① 压力突然下降——泄漏 ② 压力上升——填料阻力增加或塔板阻力增加,或设备、管道堵塞
物料变化	① 目测观察 ② 物料组成分析	① 内漏或操作条件被破坏 ② 混入杂质、杂物
防腐层 保温层	目测观察	对室外保温设备,着重检查温度在 100℃ 以下的雨水浸入处,保温材料变质处,长期经外来微量的腐蚀性流体侵蚀处
腐蚀设备	目测观察	① 进出管阀门的连接螺栓是否松动、变形 ② 管架、支架是否变形、松动 ③ 人孔是否腐蚀、变形、启用是否良好
基础	① 目测观察 ② 水平仪	基础如果出现下沉或裂纹,会导致塔体倾斜,塔板不水平
塔体	① 目测观察 ② 渗透探伤 ③ 磁粉探伤 ④ 敲打检查 ⑤ 超声波斜角探伤 ⑥ 发泡剂 ⑦ 气体	塔体的接管处、支架处容易出现裂纹或泄漏

另外,如果出现了以下问题,须按相关要求进行检查。

1. 塔的分离效率低

产生这种现象的原因可能有:
(1) 气-液相平衡数据偏差导致的。
(2) 理论塔板数、最小回流比、再沸器汽化量计算偏差导致的。
(3) 物料平衡偏差导致的。
(4) 传质效率预测偏差导致的。

对于塔效率低应进行检查的内容如下:

（1）检查板式塔上可能出现的液体分布不良，主要是检查降液管的入口和出口、入口堰、出口堰、大直径塔的塔盘边缘，溢流塔的流道等。

（2）检查液体分布器的设计和性能。

（3）检查塔盘、集液器、分布器上的雾沫夹带现象。

（4）检查塔盘、集液器、分布器上的泄漏和渗漏现象。

（5）检查气体分布性能。

2. 压力降过高

产生这种现象的原因可能有：

（1）气液流动有阻塞点。

（2）塔内件的设计、制造、安装存在问题。

（3）气相流动速率的改变。

（4）雾沫夹带现象严重。

对于这种现象应检查的内容如下。

（1）检查塔盘、分布器、支撑板上的流动堵塞点。

（2）检查压降计算式的可靠性。

（3）检查传质元件以外的其他塔内件的压力降设计问题。

（4）检查装置仪表的准确性，以及物料平衡数据是否和设计值一致。

二、塔设备常见故障与处理方法

塔设备的常见故障与处理方法如下所述。

1. 塔体出现裂缝

产生这种现象的原因可能为：

（1）塔体的局部变形加剧导致的。

（2）焊缝处产生的焊接内应力导致的。

（3）封头过渡圆弧弯曲半径太小导致的。

（4）液体物料的冲击作用导致的。

（5）制造塔体的材料缺陷导致的。

（6）振动或温差效应导致的。

（7）塔体某处存在应力腐蚀现象导致的。

对于塔体出现裂缝的处理措施是尽早地进行裂缝修理，防止裂缝扩大。

2. 塔体局部变形

产生这种现象的原因可能为：

（1）塔体的局部被腐蚀或是过热使得塔体材料的强度降低，从而引起塔设备的变形。

（2）开孔处没进行开孔补强；或是焊缝处产生了应力集中现象，从而使得焊缝处或开孔处产生应力集中现象；材料的内应力超过屈服点的屈服极限从而产生塑性变形。

（3）外压设备的工作压力超过临界压力，使得设备失稳从而产生变形。

对于塔体局部变形的处理措施为：

（1）防止局部腐蚀现象的发生。

（2）及时矫正变形，变形严重的将变形处的材料割下，焊上补板。

（3）稳定正常的操作压力，防止设备在超压状态下工作。

3. 塔体厚度减薄

产生这种现象的原因可能为：在操作过程中，设备受到了介质的腐蚀、冲蚀和摩擦从而导致塔设备的厚度减薄。

对于塔设备塔体厚度减薄的处理方法为：

（1）调节使塔设备在减压状态下工作。

（2）修理塔设备的腐蚀比较严重的部分。

（3）如果设备的厚度减薄非常严重，只能对设备进行报废处理。

4. 工作表面结垢

产生这种现象的原因可能为：

（1）被处理的物料中含有杂质，如泥、砂等。

（2）被处理的物料中有固体结晶或有沉淀产生。

（3）硬水产生的水垢。

（4）塔设备的某处的材料被腐蚀产生的腐蚀产物。

对于这种现象的处理措施是：

（1）对设备加强管理，对于杂质设备考虑进行过滤处理。

（2）清除结晶、沉淀、水垢和腐蚀产物。

（3）对塔设备采取防腐措施。

5. 连接处失去密封能力

产生这种现象的原因可能为：

（1）法兰连接处的法兰连接螺栓没有拧紧。

（2）螺栓拧得过紧使得垫片或螺栓发生塑性变形。

（3）由于设备在工作过程中产生振动，从而使得螺栓松动。

（4）密封垫片产生疲劳损坏即发生了塑性变形。

（5）密封垫片受到介质的腐蚀而被损坏。

（6）法兰面上的衬里不平。

（7）焊接法兰翘曲。

对于这种现象的处理措施是：

（1）拧紧松动螺栓。

(2) 更换变形螺栓。
(3) 拧紧松动螺栓，消除振动。
(4) 更换被损坏的垫片。
(5) 对于被腐蚀的垫片，更换耐腐蚀的垫片。
(6) 对不平的法兰进行再加工。
(7) 对于损坏严重的法兰进行更换。

6. 塔板越过稳定操作区

这种现象产生的原因可能为：
(1) 液相负荷减小，气相负荷的变化增大或减小。
(2) 塔板不水平。

对于这种现象的处理措施是：
(1) 控制气相、液相流量，调整降液管和出口堰的高度。
(2) 调整塔板的水平度。

7. 塔板上鼓泡元件脱落或被腐蚀掉

这种现象产生的原因可能是：
(1) 鼓泡元件安装不牢。
(2) 操作条件被破坏。
(3) 泡罩材料不是耐腐蚀的材料。

对于这种现象的处理措施是：
(1) 重新调整鼓泡元件。
(2) 改善操作，加强管理。
(3) 更新泡罩，选择耐腐蚀材料的泡罩。

8. 剧烈震动

这种现象产生的原因可能是：由风力作用下产生的诱导，使得塔设备发生共振，造成的后果是使得塔设备发生弯曲、倾斜、塔板效率下降。影响塔设备的正常操作，严重者会造成事故。

对于这种现象的处理措施是：
(1) 采用绕流装置。合理的布置塔体上的管道、平台和扶梯，可以消除漩涡的形成；在塔体周围焊接一些螺旋型板，可以消除漩涡的形成和脱落。从而达到消除产生大震动的目的。
(2) 增大塔的阻尼。当塔的阻尼增加时，可有效地降低塔的振幅，当阻尼增加到一定的数值时，振动会完全消失，塔盘上的液体及塔里的填料都是有效的阻尼物质。

9. 裙座焊缝开裂

产生这种现象的原因可能是：裙座焊缝承受了较大的风弯矩，在交变应力作用下发生焊缝开裂,甚至造成裙座与塔体分离,造成恶性事故。

对于这种现象的处理措施是:

(1) 保证焊接质量,消除焊接缺陷。

(2) 加强日常检查,出现问题及时处理。

思考题与习题

8-1 简述塔设备的分类。

8-2 分块式塔盘由哪几部分组成?各部分的结构是什么?

8-3 板式塔常用的塔盘有哪几种?各有何特点?

8-4 填料塔的填料有哪几种?各有哪些特点?

8-5 简述填料塔的基本结构及工作原理。

8-6 填料塔设置液体再分布器的原因是什么?

8-7 除沫器的作用有哪些?常用的除沫器有哪几种?

8-8 试比较填料塔和板式塔的结构及优缺点。

第九章

反 应 设 备

本章内容提示

在化工生产过程中,许多工艺都是先对生产原料进行物理处理,再按工艺要求进行化学反应,以得到最终产品。如在合成氨生产中,就是经过造气、精制,得到氢氮混合气,混合气进入氨合成塔,在一定的压力、温度和催化剂作用下,生成产品氨气。因此,反应设备是化工生产中实现化工反应的主要设备,也是工艺过程中的关键设备。

本章将介绍反应设备的应用及分类,着重讲解机械搅拌反应器的结构特点和设计选型,培养学生合理选用搅拌器、搅拌轴、密封装置和传动装置的能力,以及确定反应器尺寸的计算能力。

第一节 反应设备概述

一、反应设备的应用及分类

在工业生产过程中,反应设备为化学反应提供反应空间和反应条件。由于化学产品种类繁多,物料的相态各异,反应条件差别很大,使得工业应用的反应器也千差万别。化学反应器常见的分类方法有:按物料相态分为均相(单相)反应器和非均相(多相)反应器;按操作方式分为间歇式、连续式和半连续式反应器;按物料流动状态分为活塞流型和全混流型反应器;按传热情况分为无热交换的绝热反应器、等温反应器和非等温非绝热反应器;按设备结构特征形式分为搅拌釜(槽)式、管式、固定床和流化床反应器等。几种常用的分类方法见表9-1。

表9-1 反应器的分类

物料相态	操作方式	流动状态	传热情况	结构特征
均相 气相 液相 非均相 气-液相 液-液相 气-固相 液-固相 气-液-固相	间歇操作 连续操作 半连续操作	活塞流型 全混流型	绝热式 等温式 非等温非绝热式	搅拌釜式 管式 固定床 流化床 移动床 塔式 滴流床

二、常见反应设备的结构特点

反应设备使用历史悠久，应用广泛，它综合运用了反应动力学、传递、机械设计、计算机控制等方面的知识，因此了解反应设备的结构特点，对学习反应设备至关重要，从反应设备的分类可以看出，生产中常按设备结构特征形式分类，主要有机械搅拌式反应器、管式反应器、固定床反应器、流化床反应器等。现将这几种常见的反应器介绍如下。

1. 机械搅拌式反应器

这种反应器可用于均相反应，也可用于多相（如液－液、气－液、液－固）反应，可以间歇操作，也可以连续操作。连续操作时，几个釜串联起来。通用性很大，停留时间可以得到有效地控制。机械搅拌反应器灵活性大，根据生产需要，可以生产不同规格、不同品种的产品。生产的时间可长可短。可在常压、加压、真空下生产操作，可控范围大。反应结束后出料容易，反应器的清洗方便，机械设计十分成熟。普遍用于化工、制药、染料以及化纤生产中的磺化、硝化、缩合、聚合、烃化等反应，是三大合成材料生产的常用设备。机械搅拌式反应器将在本章第二节中做详细介绍。

2. 管式反应器

管式反应器的结构如图9－1所示，图9－1为用于石脑油分解转化的管式反应器，将混合好的气相或液相反应物从管道一端进入，连续流动，连续反应，最后从管道另一端排出。该反应器内径为102 mm，外径为43 mm，长1 019 mm，反应温度为750 ℃~850 ℃，压力为2.1~3.5 MPa，管的下部触媒支撑架内装有催化剂，气体由进气总管1进入管式反应器，在催化剂的催化下，石脑油分解转化为氢气和一氧化碳，供合成氨使用。

根据不同的反应，管径和管长可根据需要设计。管外壁可以进行换热，因此传热面积大。反应物在管内的流动快，停留时间短，经一定的控制手段，可使管式反应器有一定的温度梯度和浓度梯度。

此种反应器具有容积小、比表面大、返混少、反应混合物连续性变化、易于控制、结构简单、制造方便等优点。但若反应速度较慢时，则有所需管子长、压降较大等不足。因管式反应器具有结构简单，制造方便等优点，主要用于气相、液相、气－液相连续反应过程。随着化工生产越来越趋于大型化、连续化、自动化，连续

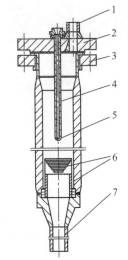

图9－1　管式反应器
1—进气管；2—上法兰；
3—下法兰；4—温度计；
5—管子；6—触媒支撑架；7—下猪尾巴管

操作的管式反应器在生产中使用越来越多。

3. 固定床反应器

固定床反应器是指流体通过静止不动的固体催化剂所形成的床层而进行化学反应的设备。以气-固反应的固定床反应器最常见，例如，氨合成塔、甲醇合成塔、硫酸及硝酸生产的一氧化碳变换塔、三氧化硫转化器等。固定床反应器的结构主要因传热要求和方式不同而不同，常见的基本形式有：轴向绝热式固定床反应器、径向绝热式固定床反应器、列管式固定床反应器。轴向绝热式固定床反应器结构如图9-2（a）所示，催化剂均匀地放在栅板上，反应物料预热后自上而下沿轴向通过床层进行反应，反应过程中物系与外界并无热量交换；径向绝热式固定床反应器结构如图9-2（b）所示，流体沿径向流过床层进行反应，反应过程中物系与外界并无热量交换；以上两种都属于绝热型反应器，适用于反应热效应不大，或反应系统能承受绝热条件下有反应热效应引起温度变化的场合。列管式固定床反应器结构如图9-2（c）所示，有多根反应管并联构成。管内或管外盛装催化剂，原料气大多由顶部流入催化剂床层，从底部流出，载热体流经管外或管内，其流向可成逆流，也可呈并流，应根据不同的反应具体选择。

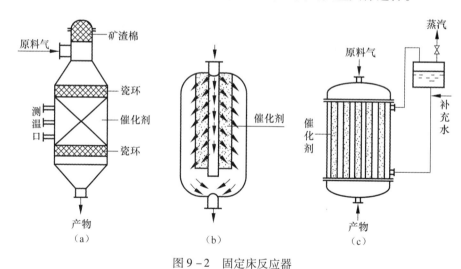

图9-2　固定床反应器
(a) 轴向绝热式；(b) 径向绝热式；(c) 列管式

例如图9-3所示的氨合成塔是一典型的固定床反应器，N_2、H_2合成气由主进气口进入反应塔，塔内压力约30 MPa，温度550 ℃，在触媒作用下合成为氨。氨的合成反应为放热反应，高温的合成气及未合成的N_2、H_2混合气经塔下部换热器降温后从底部排出。

固定床反应器具有结构简单、操作稳定、便于控制、易实现大型化和连续化生产等优点，是现代化工和反应中应用很广泛的反应器。但固定床反应器的缺点是床层的温度分布不均匀，由于固相粒子不动，床层导热性较差。

4. 流化床反应器

流化床反应器中流体（气体或液体）以较高的流速通过床层，带动床内的固体颗粒运动，使之悬浮在流动的主体流中进行反应，并具有类似流体流动的一些特性的装置称为流化床反应器。流化床反应器是工业上应用较广泛的反应装置，适用于催化或非催化的气-固、液-固和气-液-固反应。在反应器中固体颗粒被流体吹起呈悬浮状态，可做上下左右剧烈运动和翻动，好像是液体沸腾一样，故流化床反应器又称沸腾床反应器。

流化床反应器的结构形式很多，一般由壳体、气体分布装置、换热装置、气-固分离装置、内构件以及催化剂加入和卸出装置等组成。典型的流化床反应器如图9-4所示，反应气体从进气管进入反应器，经气体分布板进入床层。反应器内设置有换热器，气体离开床层时总要带走部分细小的催化剂颗粒，为此将反应器上部直径增大，使气体速度降低，从而使部分较大的颗粒沉降下来，落回床层中，较细的颗粒经过反应器上部的旋风分离器分离出来后返回床层，反应后的气体由顶部排出。

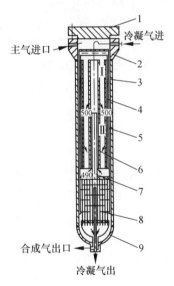
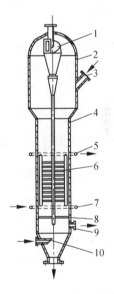

图9-3　氨合成塔
1—旋风分离器；2—筒体扩大段；3—催化剂入口；4—上触媒框；5—下触媒框；6—中心网筒；7—升气管；8—换热器；9—半球形封头

图9-4　流化床反应器
1—平项盖；2—筒体端部；3—筒体；4—筒体；5—冷却介质出口；6—换热器；7—冷却介质进口；8—气体分布板；9—催化剂出口；10—反应气入口

流化床反应器的最大优点是传热面积大、传热系数高和传热效果好。流态化较好的流化床，床内各点温度相差一般不超过5℃，可以防止局部过热。流化床的进料、出料、废渣排放都可以用气流输送，易于实现自动化生产。流化床反应器的缺点是：反应器内物料返混大，粒子磨损严重；通常要有回收和集尘装置；内构件比较复杂；操作要求高等。

除上面介绍的4种反应器外，还有回转筒式反应器、喷嘴式反应器和鼓泡塔式反应器等。每种反应器都有其优点和缺点，设计时应根据使用场合和设计要求等因素，确定最合适的反应器结构。

反应器设计较为复杂，下面着重介绍机械搅拌反应器的设计。

第二节 机械搅拌反应器

机械搅拌式反应器（简称搅拌反应器）是目前一种在设计、使用中都非常成熟的反应设备，多用于均相反应，也可用于多相反应中。机械搅拌式反应器最主要的特征是搅拌，它的工作原理是：通过对参加反应的介质的充分搅拌，使物料混合均匀；也就是说使气体在液相中做均匀分散；使固体颗粒在液相中均匀悬浮；使不相容的另一液相均匀悬浮或充分乳化。最终实现强化传热效果和相间传质。在化工生产和合成塑料、合成纤维、合成橡胶等合成材料的生产中，搅拌设备作为反应器，约占反应器总数的90%。其他行业如染料、制药、生物、冶金、污水处理等行业，搅拌反应器的使用也是非常广泛的。例如，实验室的搅拌反应器可小至数十毫升，而污水处理、湿法冶金、磷肥等工业大型反应器的容积可达数千立方米。除用作化学反应器和生物反应器外，搅拌反应器还大量用于混合、分散、溶解、结晶、萃取、吸收或解吸、传热等操作。

一、机械搅拌反应器的结构

机械搅拌反应器（也称为搅拌反应釜）适用于各种物性（如黏度、密度）和各种操作条件（温度、压力）的反应过程。根据反应器结构上的差异，可分为立式容器中心搅拌反应器（结构如图9-5所示）、偏心搅拌反应器、倾斜搅拌反应器、卧式容器搅拌反应器等。其中立式容器中心搅拌反应器是最为普遍和典型的一种。机械搅拌反应器由搅拌容器和搅拌机两大部分组成。搅拌容器包括筒体、换热元件及内构件。搅拌器、搅拌轴及其密封装置、传动装置等统称为搅拌机。下面我们以立式容器中心搅拌反应器中应用较广泛的通气式搅拌反应器为例（结构如图9-6所示），介绍立式容器中心搅拌反应器的结构组成以及组成各部件的作用。

图9-6是一台通气式搅拌反应器。反应器内筒通常为一圆柱形壳体，它提供反应所需空间；为满足工艺的换热要求，容器上装有夹套。夹套内螺旋导流板的作用是改善传热性能。容器内设置有气体分布器、挡板等内构件。搅拌装置包括搅拌器、搅拌轴等，是实现搅拌的工作部件；传动装置包括电机、减速器、联轴器及机架等附件，它提供搅拌的动力；由电机驱动，经减速机带动搅拌轴及安装在轴上的搅拌器，以一定转速旋转，使流体获得适当的流动场，并在流动场内

第九章 反应设备

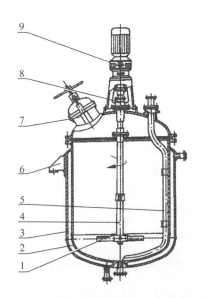

图9-5 立式容器中心搅拌反应器结构图
1—搅拌器；2—罐体；3—夹套；4—搅拌轴；5—压出管；6—支座；7—人孔；8—轴封；9—传动装置

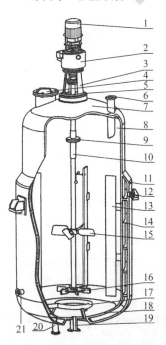

图9-6 通气式搅拌反应器结构图
1—电动机；2—减速机；3—机架；4—人孔；5—密封装置；6—进料口；7—上封头；8—筒体；9—联轴器；10—搅拌轴；11—夹套；12—载热介质出口；13—挡板；14—螺旋导流板；15—轴向流搅拌器；16—径向流搅拌器；17—气体分布器；18—下封头；19—出料口；20—载热介质进口；21—气体进口

进行化学反应。在搅拌轴下部安装径向流搅拌器、上层为轴向流搅拌器。密封装置通常采用轴封，它作为搅拌罐和搅拌轴之间的动密封，用以保证工作时封住罐内的流体介质，阻止介质向外泄漏。

二、罐体尺寸的确定

机械搅拌反应器罐体的作用是为物料反应提供合适的空间。罐体基本上是圆筒，封头常采用椭圆形封头、锥形封头和平盖封头，以椭圆形封头应用最广。根据工艺需要，容器上装有各种接管，以满足进料、出料、排气等要求。为对物料加热或带走反应热，常设置外夹套或内盘管（蛇管）。通常上封头焊有凸缘法兰，用于搅拌容器与机架的连接。操作过程中为了对反应进行控制，必须测量反应物的温度、压力、成分及其他参数，容器上还设置有温度、压力等传感器。支座选用时应考虑容器的大小和安装位置，小型的反应器一般用悬挂式支座，大型的用裙式支座或支撑式支座。

为了满足介质反应所需空间，工艺计算已确定了反应所需的容积 V_0，在实际操作时，反应介质可能产生泡沫或呈现沸腾状态，故筒体的实际容积 V 应大于所需容积 V_0，这种差异用装料系数 η 来考虑，即

$$V_0 = V \cdot \eta \tag{9-1}$$

通常装料系数 η 可取 $0.6 \sim 0.85$。在选用 η 值时，应根据介质特性和反应时的状态以及生成物的特点，合理选取，以尽量提高筒体容积的利用率。当介质反应易产生泡沫或沸腾状态时，η 应取较小值，一般为 $0.6 \sim 0.7$；当介质反应状态平稳时，可取 η 为 $0.8 \sim 0.85$；若介质黏度大，则可取最大值。

釜体的实际容积由圆筒部分的容积和底封头的容积构成，如图 9-7 所示。若将底封头容积忽略不计，则筒体容积为

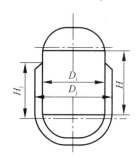

图 9-7 筒体几何尺寸

$$V \approx \frac{\pi}{4}D_i^2 \cdot H = \frac{\pi}{4}D_i^3 \cdot \left(\frac{H}{D_i}\right) \tag{9-2}$$

式中　V——筒体实际容积，m^3；
　　　D_i——筒体的内直径，m；
　　　H——圆筒部分的高度，m。

从式（9-2）中可知，釜体容积的大小取决于筒体直径 D_i 和高度 H 的大小。若容积一定，则应考虑筒体高度与直径的适合比例。当搅拌器转速一定时，搅拌器的功率消耗与搅拌桨直径的 5 次方成正比，若筒体直径增大，为保证搅拌效果，所需搅拌桨直径也要大，此时功率消耗很大，因此，直径不宜过大。若高度增加，能使夹套式容器传热面积增大，有利于传热，故对于发酵罐之类反应釜，为保证充分的接触时间，希望高径比大些为好。但是，若釜体高度过大，则搅拌轴长度亦相应要增加，此时，对搅拌轴的强度和刚度的要求将会提高，同时为保证搅拌效果，可能要设多层桨，使得费用增加。因此，选择筒体高径比时，要综合考虑多种因素的影响。在确定高径比时，可根据物料情况，从表 9-1 中选取。

表 9-1　几种搅拌设备筒体的高径比（H/D_i）值

种　类	釜内物料性质	高径比（H/D_i）
一般搅拌釜	液-液相或液-固相	$1 \sim 1.3$
	气-液相	$1 \sim 2$
发酵釜	发酵液	$1.7 \sim 2.5$
聚合釜	悬浮液、乳化液	$2.08 \sim 3.85$

将式（9-1）代入式（9-2）并整理，可得

$$D_i = \sqrt[3]{\frac{4V_0}{\pi\left(\frac{H}{D_i}\right) \cdot \eta}} \tag{9-3}$$

由式 (9-3),即可根据反应所需容积 V_0 和选定的装料系数 η,以及选择的高径比 H/D_i,初步计算出釜体内径 D_i。然后,再将 D_i 值圆整成圆筒标准直径代入下式,计算出筒体高度 H。

$$H = \frac{V}{\frac{\pi}{4}D_i^2} = \frac{\frac{V_0}{\eta}}{\frac{\pi}{4}D_i^2} \tag{9-4}$$

最后,将计算所得的 H 值圆整,校核 H/D_i 值是否合适。若合适则可,否则,应重新调整直至满足要求。通过以上计算就确定了筒体的直径和高度,即保证了反应所需的容积空间。

筒体与夹套的厚度要根据强度条件或稳定性要求来确定。夹套承受内压时,按内压容器设计。筒体既受内压又受外压,应根据开车、操作和停工时可能出现的最危险状态来设计。当釜内为真空外带夹套时,筒体按外压设计,设计压力为真空容器设计压力加上夹套内设计压力;当釜内为常压操作时,筒体按外压设计,设计压力为真空容器设计压力加上夹套内设计压力;当釜内为常压操作时,筒体按外压设计,设计压力为夹套内的设计压力;当釜内为正压操作时,则筒体应同时按内压和外压设计,其厚度取两者中之较大者。

第三节 搅拌装置

搅拌装置是反应设备的关键部件。反应设备内的反应物借助搅拌器的搅拌,达到物料充分混合、增强物料分子碰撞、加快反应速率、强化传质与传热效果、促进化学反应的目的。所以设计和选择合理的搅拌装置是提高反应设备生产能力的重要手段。搅拌装置通常包括搅拌器、搅拌轴、支撑结构以及挡板、导流筒等部件。中国对搅拌装置的主要零部件均已实行标准化生产,供使用时选用。

一、搅拌器的类型和选用

1. 搅拌器类型

按流体流动形态,搅拌器可分为轴向流搅拌器、径向流搅拌器和混合流搅拌器。按搅拌器结构可分为平叶搅拌器、折叶搅拌器、螺旋面叶搅拌器。桨式、涡轮式、框式和锚式的桨叶都有平叶和折叶两种结构;推进式、螺杆式和螺带式的桨叶为螺旋面叶。按搅拌的用途可分为:低黏流体用搅拌器和高黏流体用搅拌器。用于低黏流体搅拌器有:推进式、长薄叶螺旋桨、桨式、开启涡轮式、圆盘涡轮式、布鲁马金式、板框桨式、三叶后弯式、MIG 和改进 MIG 等。用于高黏流体的搅拌器有：锚式、框式、锯齿圆盘式、螺旋桨式、螺带式等。

推进式、桨式、涡轮式和锚式搅拌器在搅拌反应设备中应用最为广泛，据统计约占搅拌器总数的 75%～80%。下面介绍这几种常用的搅拌器。

(1) 推进式搅拌器。

推进式搅拌器形状与船舶用螺旋桨相似，所以又称船用推进器。推进式搅拌器一般采用整体铸造方法制成，常用材料为铸铁或不锈钢，也可采用焊接成型。桨叶上表面为螺旋面，叶片数一般为 3 个。桨叶直径较小，一般为筒体内径的 1/3 左右，宽度较大，且从根部向外逐渐变宽，其结构形式如图 9 - 8 所示。推进式搅拌器结构简单、制造加工方便，工作时使液体产生轴向运动，液体剪切作用小，上下翻腾效果好。主要适用于黏度低、流量大的场合，利用较小的搅拌功率，通过高速转动的

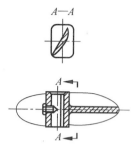
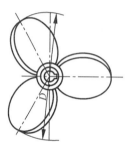

图 9 - 8 推进式搅拌器

桨叶能获得较好的搅拌效果，主要用于液 - 液系混合、使温度均匀，在低浓度固 - 液系中防止淤泥沉降等。推进式搅拌器的循环性能好，剪切作用不大，属于循环型搅拌器。其常用参数见表 9 - 2。

表 9 - 2　推进式搅拌器常用参数

常用尺寸	常用运转条件	常用介质黏度范围	流动状态	备注
$d/D = 0.2 \sim 0.5$（以 0.33 居多），$b/d = 1.2$，$B_n = 2, 3, 4$（以 3 居多），p—螺距	$n = 100 \sim 500$ r/min $v = 3 \sim 15$ m/s	小于 2 Pa·s	轴流型，循环速率高，剪切力小。采用挡板或导流筒则轴向循环更强	最高转速可达 1750 r/min；最高叶端线速度可达 25 m/s。转速在 500 r/min 以下，适用介质黏度可达 50 Pa·s

注：n—转速；v—叶端线速度；B—叶片数；d—搅拌器直径；D—容器内径。

(2) 桨式搅拌器。

桨式搅拌器结构较简单，一般由扁钢或角钢加工制成，也可由合金钢、有色金属等制造。按桨叶安装方式，桨式搅拌器分为平直叶和折叶式两种，如图 9 - 9 所示。

平直叶的叶片与旋转方向垂直，主要使物料产生切线方向的流动，若加设有挡板也可产生一定程度的轴向搅拌作用。折叶式则与旋转方向成一倾斜角度，产生的轴向分流比平直叶多。小型桨叶与轴的连接常采用焊接，即将桨叶直接焊在轮毂上，然后用键、止动螺钉将轮毂连接在搅拌轴上。直径较大的桨叶与搅拌轴的连接多采用可拆连接。将桨叶的一端制出半个轴环套，两片桨叶对开地用螺栓

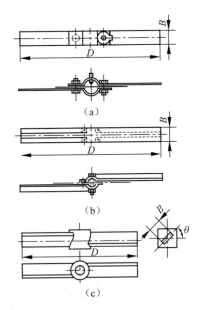

图 9-9 桨式搅拌器
(a) 平直叶桨式；(b) 平直叶单面加筋；(c) 折叶桨式

将轴环套夹紧在搅拌轴上。其常用参数见表 9-3。

表 9-3 桨式搅拌器常用参数

常用尺寸	常用运转条件	常用介质黏度范围	流动状态	备 注
$d/D=0.35\sim0.8$, $b/d=0.1\sim0.25$, $B_n=2$ 折叶式 $\theta=45°,60°$	$n=1\sim100$ r/min $v=1.0\sim5.0$ m/s	小于 2Pa·s	低转速时水平环向为主；高转速时为径向流；有挡板时为上下循环流 折叶式有轴向、径向和环向分流作用	当 $d/D=0.9$ 以上，并设置多层桨叶时，可用于高黏度液体的低速搅拌。在层流区操作，适用的介质黏度可达 100 Pa·s, $v=1.0\sim3.0$ m/s

注：θ——折叶角

(3) 涡轮式搅拌器。

涡轮式搅拌器（又称透平式叶轮），是应用较广的一种搅拌器，能有效地完成几乎所有的搅拌操作，并能处理黏度范围很广的流体。涡轮式搅拌器可分为开启式和带圆盘式两类。开启式有平直叶、斜叶、弯叶等；带圆盘式有圆盘平直叶、圆盘斜叶、圆盘弯叶等。开启式涡轮常用的叶片数为 2 叶和 4 叶；带圆盘式涡轮以 6 叶最常见。图 9-10 给出一种典型的圆盘平直叶 6 叶涡轮式搅拌器结构。为改善流动状况，有时把桨叶制成凹形或箭形。涡轮式搅拌器有较大的剪

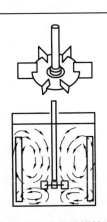

图 9-10 涡轮式搅拌器

切力,可使流体微团分散得很细,适用于低黏度到中等黏度流体的混合、液-液分散、液-固悬浮,以及促进良好的传热、传质和化学反应。平直叶剪切作用较大,属剪切型搅拌器。弯叶是指叶片朝着流动方向弯曲,可降低功率消耗,适用于含有易碎固体颗粒的流体搅拌。其常用参数见表9-4。

表9-4 涡轮式搅拌器常用参数

型 式	常用尺寸	常用运转条件	常用介质黏度范围	流动状态	备 注
开启式涡轮	$d/D = 0.2 \sim 0.5$(以0.33居多),$b/d = 0.2$,$B_n = 3, 4, 6, 8$,(以6居多),折叶式$\theta = 30°, 45°, 60°$后弯式$\beta = 30°, 50°, 60°$$\beta$后弯角	$n = 10 \sim 300$ r/min,$v = 4 \sim 10$ m/s,折叶式$v = 2 \sim 6$ m/s	小于50 Pa·s,折叶和后弯叶小于10 Pa·s	平直叶、后弯叶为径向流型。在有挡板时以桨叶为界形成上下两个循环流。折叶的还有轴向分流,近于轴流型	最高转速可达600 r/min圆盘上下液体的混合不如开式涡轮
带圆盘式涡轮	$d : l : b = 20 : 5 : 4$,$d/D = 0.2 \sim 0.5$(以0.33居多),$B_n = 4, 6, 8$,$\theta = 45°, 60°$$\beta = 45°$	$n = 10 \sim 300$ r/min,$v = 4 \sim 10$ m/s,折叶式$v = 2 \sim 6$ m/s	小于50 Pa·s,折叶和后弯叶小于10 Pa·s		

(4) 锚式搅拌器。

锚式搅拌器是由垂直桨叶和形状与底封头形状相同的水平桨叶所组成(图9-11)。整个旋转体可铸造而成,也可用扁钢或钢板煨制。搅拌器可先用键固定在轴上,然后从轴的下端拧上轴端盖帽即可。若在锚式搅拌器的桨叶上加固横梁即成为框式搅拌器,见图9-11(b)、(c)。其中图(b)为单级式,图(c)为多级式。锚式和框式搅拌器的共同特点是旋转部分的直径较大,可达筒体内径的

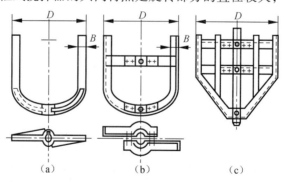

图9-11 锚式及框式搅拌器
(a) 锚式;(b) 单级框式;(c) 多级框式

0.9 倍以上，由于直径较大，能使釜内整个液层形成湍动，减小沉淀或结块，故在反应釜中应用较多。其常用参数见表 9 - 5。

表 9 - 5　锚式搅拌器常用参数

常用尺寸	常用运转条件	常用介质黏度范围	流动状态	备 注
$d/D = 0.9 \sim 0.98$ $b/D = 0.1$ $h/D = 0.48 \sim 1.0$	$n = 1 \sim 100$ r/min $v = 1 \sim 5$ m/s	小于 100 Pa·s	不同高度上的水平环向流	为了增大搅拌范围，可根据需要在桨叶上增加立叶和横梁

2. 搅拌器的标准及选用

（1）搅拌器的标准。

由于搅拌过程种类繁多，操作条件各不相同，介质情况千差万别，所以使用的搅拌器形式多种多样。为了确保搅拌器的生产质量，降低制造成本，增加零部件的互换性，原化工部对几种常用搅拌器的结构形式制订了相应标准，并对标准搅拌器制订了技术条件。现行的搅拌器标准有：桨式搅拌器《HG/T 3796.3—2005》，涡轮式搅拌器《HG/T 3796.4 ~ 7—2005》、推进式搅拌器《HG/T 3796.8—2005》、钢制框架式搅拌器《HG/T 3796.12—2005》。

（2）搅拌器的选用。

搅拌操作涉及流体的流动、传质和传热，所进行的物理和化学过程对搅拌效果的要求也不同，至今对搅拌器的选用仍带有很大的经验性。搅拌器选型一般从 3 个方面考虑：搅拌目的、物料黏度和搅拌容器容积的大小。选用时除满足工艺要求外，还应考虑功耗、操作费用，以及制造、维护和检修等因素。常用的搅拌器选用方法如下。

① 按搅拌目的选型。

仅考虑搅拌目的时搅拌器的选型见表 9 - 6。

表 9 - 6　搅拌目的与推荐的搅拌器形式

搅拌目的	挡板条件	推荐形式	流动状态
互溶液体的混合及在其中进行化学反应	无挡板	三叶折叶涡轮、六叶折叶开启涡轮、桨式、圆盘涡轮	湍流（低黏流体）
	有导流筒	三叶折叶涡轮、六叶折叶开启涡轮、推进式	
	有或无导流筒	桨式、螺杆式、框式、螺带式、锚式	层流（高黏流体）
固 - 液相分散及在其中溶解和进行化学反应	有或无挡板	桨式、六叶折叶开启式涡轮	湍流（低黏流体）
	有导流筒	三叶折叶涡轮、六叶折叶开启涡轮、推进式	

续表

搅拌目的	挡板条件	推荐形式	流动状态
固－液相分散及在其中溶解和进行化学反应	有或无导流筒	螺带式、螺杆式、锚式	层流（高黏流体）
液－液相分散（互溶的液体）及在其中强化传质和进行化学反应	有挡板	三叶折叶涡轮、六叶折叶开启涡轮、推进式	湍流（低黏流体）
液－液相分散（不互溶的液体）及在其中强化传质和进行化学反应	有挡板	圆盘涡轮、六叶折叶开启涡轮	湍流（低黏流体）
	有反射物	三叶折叶涡轮	
	有导流筒	三叶折叶涡轮、六叶折叶开启涡轮、推进式	
	有或无导流筒	螺带式、螺杆式、锚式	层流（高黏流体）
气－液相分散及在其中强化传质和进行化学反应	有挡板	圆盘涡轮、闭式涡轮	湍流（低黏流体）
	有反射物	三叶折叶涡轮	
	有导流筒	三叶折叶涡轮、六叶折叶开启涡轮、推进式	
	有导流筒	螺杆式	层流（高黏流体）
	无导流筒	螺带式、锚式	

② 按搅拌器形式和适用条件选型。

表9-7是以操作目的和搅拌器流动状态为标准选用搅拌器的。由表可见，对低黏度流体的混合，推进式搅拌器由于循环能力强，动力消耗小，可应用到很大容积的搅拌容器中。涡轮式搅拌器应用的范围较广，各种搅拌操作都适用，但流体黏度不宜超过50 Pa·s。桨式搅拌器结构简单，在小容积的流体混合中应用较广，对大容积的流体混合，则循环能力不足。对于高黏流体的混合则以锚式、螺杆式、螺带式更为合适。

表9-7 搅拌器形式和适用条件

搅拌器形式	流动状态			搅拌目的								搅拌设备容积/m³	转速/(r·min⁻¹)	最高黏度/(Pa·s)
	对流循环	湍流扩散	剪切流	低黏度混合	高黏度液混合及传热反应	分散	溶解	固体悬浮	气体吸收	结晶	传热	液相反应			
涡轮式	√	√	√	√	√	√	√	√	√	√	√	√	1~100	10~300	50
桨式	√	√		√		√	√		√		√	√	1~200	10~300	2
推进式	√	√		√				√			√	√	1~1000	100~500	50
折叶开启涡轮式	√	√		√		√	√			√	√	√	1~1000	10~300	50
锚式	√				√		√				√		1~100	1~100	100
螺杆式	√				√		√						1~50	0.5~50	100
螺带式	√				√	√	√						1~50	0.5~50	100

注：有"√"者为可用，空白者不详或不合用。

二、搅拌轴

搅拌轴是连接减速机和搅拌器而传递动力的构件。搅拌轴属于非标准件，需要自行设计。搅拌轴的材料常用 45# 优质碳素钢，对强度要求不高或不太重要的场合，也可选用 Q325 钢。当介质具有腐蚀性或不允许铁离子污染时，可采用不锈耐酸钢或采取防腐措施。

搅拌轴的结构与一般机械传动轴相同。搅拌轴一般采用圆截面实心轴或空心轴。其结构形式视轴上安装的搅拌器类型、轴的支撑形式、轴与联轴器连接等要求而定，如连接推进式和涡轮式搅拌器的轴头常采用如图 9-12 所示的结构。

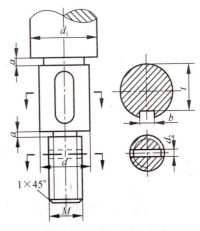

图 9-12　搅拌轴轴头结构

搅拌轴通常依靠减速箱内的一对轴承支撑，支撑形式为悬臂梁。由于搅拌轴往往细而长，而且要带动搅拌器进行搅拌操作。搅拌轴工作时承受着弯扭联合作用，如变形过大，将产生较大离心力而不能正常转动，甚至使轴遭受破坏。为保证轴的正常运转（见图 9-13），悬臂支撑的条件为

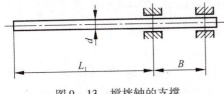

图 9-13　搅拌轴的支撑

$$\frac{L_1}{B} = 4 \sim 5$$

$$\frac{L_1}{d} = 40 \sim 50$$

式中　L_1——悬臂轴的长度，m；

　　　B——轴承间距，m；

　　　d——搅拌轴直径，m。

若轴的直径裕量大、搅拌器经过平衡检验且转速较低时可取偏大值。如不能满足上述要求，则应考虑安装中间轴承或底轴承。

搅拌轴的直径大小，要经过强度计算、刚度计算、临界转速验算，还要考虑介质腐蚀情况。

（1）按强度条件计算搅拌轴的直径。

搅拌轴在扭转和弯曲联合作用下，若轴截面上剪切应力过大，将使轴发生剪切破坏，故应将最大剪应力限制在材料许用剪应力之内。搅拌轴的强度条件为

$$\tau_{\max} = \frac{M_{\text{te}}}{W_{\text{p}}} \leqslant [\tau] \tag{9-5}$$

式中　τ_{max}——轴截面上最大剪应力，Pa；

M_{te}——轴上扭转和弯曲联合作用时的当量弯矩，$M_{te} = \sqrt{M_n^2 + M^2}$，N·m

M_n——扭矩，N·m

M——弯矩，$M = M_R + M_A$，N·m

M_R——由水平推力引起的弯矩，N·m

M_A——由轴向力引起的弯矩，N·m

W_p——抗扭截面模量，对空心轴 $W_p = \dfrac{\pi D^3}{16}(1-\alpha^4)$，m³

对实心轴 $W_p = \dfrac{\pi D^3}{16}$，m³；

D——实心轴直径或空心轴外径，m；

α——空心轴内外径之比，$\alpha = d/D$；

$[\tau]$——轴材料的许用剪应力，$[\tau] = \dfrac{\sigma_b}{16}$，Pa；

σ_b——轴材料的拉伸强度，Pa。

由式（9-5）可计算出空心轴的直径为

$$D = 1.72\left(\dfrac{M_{te}}{[\tau]\cdot(1-\alpha^4)}\right)^{\frac{1}{3}} \qquad (9-6)$$

（2）按刚度条件计算搅拌轴直径。

搅拌轴受扭矩和弯矩联合作用，扭转变形过大会造成轴的振动和扭曲，使轴的密封失效，故应限制单位长度上的最大扭转角在允许的范围内。轴扭转的刚度条件为

$$\gamma = \dfrac{583.6 M_{nmax}}{G \cdot D^4 \cdot (1-\alpha^4)} \leqslant [\gamma] \qquad (9-7)$$

式中　G——轴材料剪切弹性模量，Pa；

M_{nmax}——轴传递的最大扭矩，$M_{nmax} = 9.55 \times 10^3 \dfrac{P_e}{n}\cdot\eta$，N·m

P_e——电机功率，kW；

n——搅拌轴转速，r/min；

η——传动装置效率；

$[\gamma]$——许用扭转角，对于悬臂梁 $[\gamma] = 0.35$（°）/m，对于单跨梁 $[\gamma] = 0.7$（°）/m。

则搅拌轴的直径为

$$D = 4.92\left(\dfrac{M_{nmax}}{[\gamma]\cdot G \cdot(1-\alpha^4)}\right)^{\frac{1}{4}} \qquad (9-8)$$

由以上强度条件和刚度条件确定的搅拌轴的直径是最危险截面处的直径。实际上，由于搅拌轴上因安装零部件和制造需要，常开有键槽、轴肩、螺纹孔、倒

角、退刀槽等结构,削弱了横截面的承载能力,因此轴的直径应按计算直径适当放大,同时还要进行临界转速的验算和允许径向位移的验算。

第四节 密封装置

机械搅拌反应器的密封装置除了各种接管的静密封外,还要考虑搅拌轴与顶盖之间的动密封。由于搅拌轴是旋转运动的,而顶盖是固定静止的,这种运动件和静止件之间的密封称为动密封。对动密封的基本要求是:结构简单、密封可靠、维修装拆方便、使用寿命长。机械搅拌反应器常用的动密封有填料密封与机械密封两种。

一、填料密封

填料密封结构简单,制造容易,适用于非腐蚀性和弱腐蚀性介质、密封要求不高、并允许定期维护的搅拌设备。

1. 填料密封的结构及工作原理

填料密封的结构如图 9-14 所示,它是由底环、本体、油环、填料、螺柱、压盖及油杯等组成。在压盖压力作用下,装在搅拌轴与填料箱本体之间的填料,对搅拌轴表面产生径向压紧力。由于填料中含有润滑剂,因此,在对搅拌轴产生径向压紧力的同时,形成一层极薄的液膜,一方面使搅拌轴得到润滑,另一方面阻止设备内流体的逸出或外部流体的渗入,达到密封的目的。虽然填料中含有润滑剂,但在运转中润滑剂不断消耗,故在填料中间设置油环。使用时可从油杯加

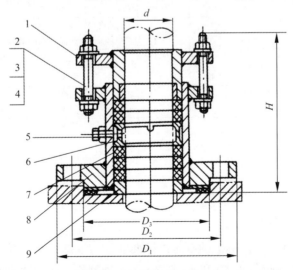

图 9-14 填料密封的结构
1—压盖;2—双头螺柱;3—螺母;4—垫圈;5—油杯;6—油环;7—填料;8—本体;9—底环

油,保持轴和填料之间的润滑。填料密封不可能绝对不漏,因为增加压紧力,填料紧压在转动轴上,会加速轴与填料间的磨损,使密封更快失效。在操作过程中应适当调整压盖的压紧力,并需定期更换填料。

2. 填料的选择

填料是形成密封的主要元件,其性能优劣对密封效果起关键性作用。对填料的基本要求是:

(1) 具有足够的塑性,在压盖压紧力下能产生较大的塑性变形。
(2) 具有良好的弹性,吸振性能好。
(3) 具有较好的耐介质及润滑剂浸泡、腐蚀性能。
(4) 耐磨性好,使用寿命长。
(5) 摩擦系数小,降低摩擦功的消耗。
(6) 导热性能好,散热快。
(7) 耐温性能好。

填料的选用应根据介质特性、工艺条件、搅拌轴的轴径及转速等情况进行。对于低压、无毒、非易燃易爆等介质,可选用石棉绳作填料。对于压力较高且有毒、易燃易爆的介质,一般可用油浸石墨石棉填料或橡胶石棉填料。对于高温高压下操作的反应釜,密封填料可选用铅、紫铜、铝、蒙乃尔合金、不锈钢等金属材料作填料。常用的非金属填料见表9-8。

表9-8 常用填料材料选用表

填料名称	介质极限温度/℃	介质极限压力/MPa	线速度/(m·s^{-1})	适用条件(接触介质)
油浸石棉填料	450	6		蒸汽、空气、工业用水、重质石油产品、弱酸液等
聚四氟乙烯纤维编结填料	250	30	2	强酸、强碱、有机溶剂
聚四氟乙烯石棉填料	260	25	1	酸碱、强腐蚀性溶液、化学试剂等
石棉线或石棉线与尼龙线浸渍聚四氟乙烯填料	300	30	2	弱酸、强碱、各种有机溶剂、液氨、海水、纸浆废液等
柔性石墨填料	250~300	20	2	醋酸、硼酸、柠檬酸、盐酸、硫化氢、乳酸、硝酸、硫酸、硬脂酸钠、溴、矿物油料、汽油、二甲苯、四氯化碳等
膨体聚四氟乙烯石墨填料	250	4	2	强酸、强碱、有机溶液

3. 填料箱的选择

填料箱已有标准件。标准的制定以标准轴径为依据,轴径系列有 $\phi30$、$\phi40$、$\phi50$、$\phi65$、$\phi80$、$\phi95$、$\phi110$ 和 $\phi130$(mm) 8种规格,已能适应大部分厂家的要求。填料箱的材质有铸铁、碳钢、不锈钢3种。结构形式有带衬套及冷却水夹套和不带衬套与冷却水夹套两种。当操作条件符合要求时,可直接选用。

4. 压盖与衬套的选择

压盖的作用是盖住填料，并在压紧螺母拧紧时将填料压紧，从而达到轴封的目的。压盖的内径应比轴径稍大，而外径应比填料室内径稍小，使轴向活动自由，以便于压紧和更换填料。

通常在填料箱底部加设一衬套，它的作用如同轴承。衬套与箱体通过螺钉周向固定。衬套上开有油槽和油孔。油杯中的油通过油孔润滑填料。衬套常选用耐磨材料较好的球墨铸铁、铜或其他合金材料制造，也可采用聚四氟乙烯、石墨等抗腐蚀性能较好的非金属材料。

二、机械密封

机械密封是把转轴的密封面从轴向改为径向，通过动环和静环两个端面的相互贴合，并做相对运动达到密封的装置，又称端面密封。机械密封的泄漏率低，密封性能可靠，功耗小，使用寿命长，在搅拌反应器中得到广泛的应用。

1. 机械密封的结构及工作原理

机械密封的结构如图 9-15 示。它由固定在轴上的动环及弹簧压紧装置、固定在设备上的静环以及辅助密封圈组成。当转轴旋转时，动环和固定不动的静环紧密接触，并经轴上弹簧压紧力的作用，阻止容器内介质从接触面上泄漏。图中有 4 个密封点，A 点是动环与轴之间的密封，属静密封，密封件常用"O"形环，B 点是动环和静环作相对旋转运动时的端面密封，属动密封，是机械密封的关键。两个密封端面的平面度和粗糙度要求较高，依靠介质的压力和弹簧力使两端面保持密紧接触，并形成一层极薄的液膜起密封作用。C 点是静环与静环座之间的密封，属静密封。D 点是静环座与设备之间的密封，属静密封。通常设备凸缘做成凹面，静环座做成凸面，中间用垫片密封。

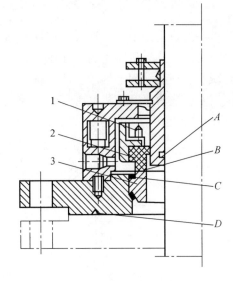

图 9-15 机械密封结构
1—弹簧；2—动环；3—静环

动环和静环之间的摩擦面称为密封面。密封面上单位面积所受的力称为端面比压，它是动环在介质压力和弹簧力的共同作用下，紧压在静环上引起的，是操作时保持密封所必需的净压力。端面比压过大，将造成摩擦面发热使摩擦加剧，功率消耗增加，使用寿命缩短；端面比压过小，密封面因压不紧而泄漏，密封失效。

2. 机械密封的分类

（1）单端面与双端面。根据密封面的对数分为单端面密封（一对密封面）和双端面密封（两对密封面）。图9-15所示的单端面密封结构简单、制造容易、维修方便、应用广泛。双端面密封有两个密封面，且可在两密封面之间的空腔中注入中性液体，使其压力略大于介质的操作压力，起到堵封及润清的双重作用，故密封效果好。但结构复杂，制造、拆装比较困难，需一套封液输送装置，且不便于维修。

（2）平衡型与非平衡型。根据密封面负荷平衡情况分为平衡型和非平衡型，如图9-14所示。平衡型与非平衡型是以液体压力负荷面积对端面密封面积的比值大小判别的。设液压负荷面积为 A_y，密封面接触面积为 A_j，其比值 K 为

$$K = \frac{A_y}{A_j} \tag{9-9}$$

由图9-15知 $A_y = \frac{\pi}{4}(D_2^2 - d_2^2)$；$A_j = \frac{\pi}{4}(D_2^2 - D_1^2)$

故

$$K = \frac{(D_2^2 - d_2^2)}{(D_2^2 - D_1^2)}$$

经过适当的尺寸选择，可使机械密封设计成 $K<1$，$K=1$ 或 $K>1$。当 $K<1$ 时称为平衡型机械密封，如图9-16（a）所示，平衡型密封由于液压负荷面积减小，使接触面上的净负荷也越小。$K \geq 1$ 时为非平衡型，如图9-16（b），（c）所示。通常平衡型机械密封的 K 值在 $0.6 \sim 0.9$ 内，非平衡型机械密封的 K 值在 $1.1 \sim 1.2$ 内。

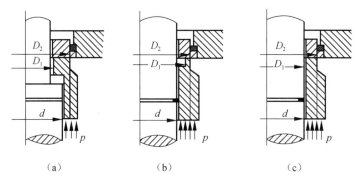

图9-16　机械密封的 K 值
(a) $K<1$；(b) $K=1$；(c) $K>1$

3. 机械密封的选用

当介质为易燃、易爆、有毒物料时，宜选用机械密封。机械密封已标准化，其使用的压力和温度范围见表9-9。

表9-9 机械密封许用的压力和温度范围

密封面对数	压力等级/MPa	使用温度/℃	最大线速度/(m·s⁻¹)	介质端材料
单端面	0.6	-20~150	3	碳素钢
双端面	1.6	-20~300	2~3	不锈钢

① 设计压力小于 0.6 MPa 且密封要求一般的场合,可选用单端面非平衡型机械密封。设计压力大于 0.6 MPa 时,常选用平衡型机械密封。

② 密封要求较高,搅拌轴承受较大径向力时,应选用带内置轴承的机械密封,但机械密封的内置轴承不能作为轴的支点。当介质温度高于 80 ℃,搅拌轴的线速度超过 1.5 m/s 时,机械密封应配置循环保护系统。

4. 主要零部件的选用

(1) 动环和静环。

动环和静环是机械密封中最重要的元件。由于工作时,动环和静环产生相对运动的滑动摩擦,因此,动静环要选用耐磨性、减摩性和导热性能好的材料。一般情况下,动环材料的硬度要比静环高,可用铸铁、硬质合金、高合金钢等材料,介质腐蚀严重时,可选用不锈钢。当介质黏度较小时,静环材料可选择石墨、氟塑料等非金属材料,介质黏度较高时,也可采用硬度比动环材料低的金属材质。由于动环与静环两接触端面要产生相对摩擦运动,且要保证密封效果,故两端面加工精度要求很高。

(2) 弹簧加荷装置。

弹簧加荷装置由弹簧、弹簧座、弹簧压板等组成。弹簧通过压缩变形产生压紧力,以使动静环两端面在不同工况下都能保持紧密接触。同时,弹簧又是一个缓冲元件,可以补偿轴的跳动及加工误差引起的摩擦面不贴合。弹簧还能起到传递扭矩的作用。

(3) 静密封元件。

静密封元件是通过在压力作用下自身的变形来形成密封条件的。釜用机械密封的静密封元件形状常用的有"O"形、"V"形、矩形等,如图 9-17 所示。

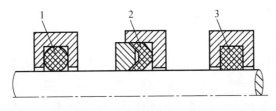

图 9-17 静密封元件
1—O 形环;2—V 形环;3—矩形环

第五节 传 动 装 置

一、传动装置的组成

传动装置通常设置在反应釜顶盖上，一般采用立式布置。反应釜传动装置包括电动减速器、支架、联轴器、搅拌轴等，如图 9-18 所示。

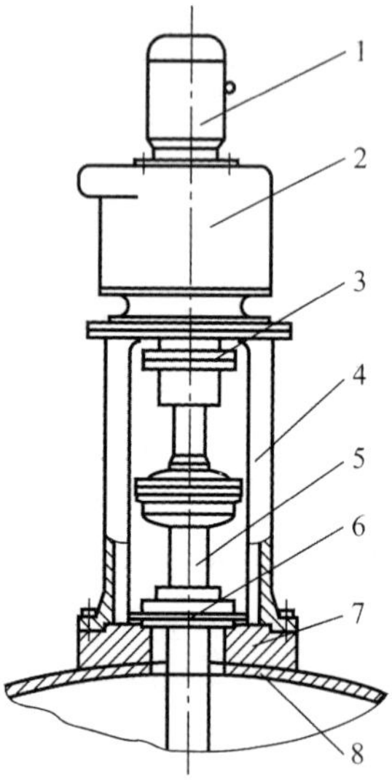

传动装置的作用是将电动机的转速，通过减速器调整至工艺要求所需的搅拌转速，通过联轴器带动搅拌轴旋转，从而带动搅拌器工作。

二、传动装置中各部件的选用

1. 电动机的选用

反应釜的电动机大多与减速器配套使用，因此电动机的选用一般可与减速器的选用配套进行。在许多场合下，电动机与减速器一并配套供应，设计时可根据选定的减速器选用配套的电动机。

电动机型号应根据电动机功率和工作环境等因素选择。工作环境包括防爆、防护等级、腐蚀情况等。电动机选用主要是确定系列、功率、转速、安装方式等内容。

电动机的功率是选用的主要参数，可由搅拌

图 9-18 传动装置
1—电动机；2—减速器；3—联轴器；4—支架；5—搅拌轴；6—轴封装置；7—凸缘；8—顶盖（上封头）

功率计算电动机的功率

$$P_e = \frac{P + P_s}{\eta} \tag{9-10}$$

式中　P——工艺要求的搅拌功率，kW；
　　　P_s——轴封消耗功率，kW；
　　　η——传动系统的机械效率。

2. 减速器的选用

减速器的作用是传递运动和改变转动速度，以满足工艺条件的要求。减速机是工业生产中应用很广的典型装置。为了提高产品质量，节约成本，适应大批量专业生产，已制定了相应的标准系列，并由有关厂家定点生产。需要时，可根据传动比、转速、载荷大小及性质，再结合效率、外廓尺寸、重量、价格和运转费用等各项参数与指标，进行综合分析比较，以选定合适的减速器类型与型号，外购即可。

反应釜用减速器常用的有摆线针轮行星减速器、齿轮减速器、V 带减速器以及圆柱蜗杆减速器,其传动特点见表 9-10,供选用时参考。

表 9-10　4 种常用减速器的基本特性

特性参数	减速器类型			
	摆线针轮行星减速器	齿轮减速器	V 形皮带减速器	圆柱蜗杆减速器
传动比 i	87~9	12~6	4.53~2.96	80~15
输出轴转速/$(r \cdot min^{-1})$	17~160	65~250	200~500	12~100
输入功率/kW	0.04~55	0.55~315	0.55~200	0.55~55
传动效率	0.9~0.95	0.95~0.96	0.95~0.96	0.80~0.93
传动原理	利用少齿差内啮合行星传动	两级同中心距并流式斜齿轮传动	单级 V 形皮带传动	圆弧齿圆柱蜗杆传动
主要特点	传动效率高,传动比大,结构紧凑,拆装方便,寿命长,重量轻,体积小,承载能力高,工作平稳。对过载和冲击载荷有较强的承受能力,允许正反转,可用于防爆要求	在相同传动比范围内具有体积小,传动效率高,制造成本低,结构简单,装配检修方便,可以正反转,不允许承受外加轴向载荷,可用于防爆要求	结构简单,过载时能打滑,可起安全保护作用,但传动比不能保持精确,不能用于防爆要求	凹凸圆弧齿廓啮合,磨损小,发热低,效率高,承载能力高,体积小,重量轻,结构紧凑,广泛用于搪玻璃反应釜,可用于防爆要求

3. 机架的选用

机械搅拌反应器的传动装置是通过机架安装在釜体顶盖上的。机架的结构形式要考虑安装联轴器、轴封装置以及与之配套的减速器输出轴径和定位结构尺寸的需要。釜用机架的常用结构有单支点机架(见图 9-19)和双支点机架(见图 9-20)两种。

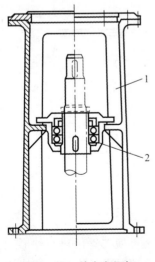

图 9-19　单支点机架
1—机架;2—轴承

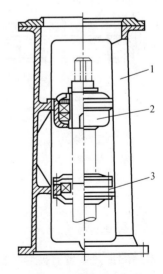

图 9-20　双支点机架
1—机架;2—上轴承;3—下轴承

单支点支架用以支撑减速器和搅拌轴,适合电动机或减速器可作为一个支点,或容器内可设置中间轴承和可设置底轴承的情况。搅拌轴的轴径应在 30 ~ 160 mm 范围。

4. 凸缘法兰选用

凸缘法兰用于连接搅拌器传动装置的安装底盖。凸缘法兰下部与釜体顶盖焊接连接,上部与安装底盖法兰相连。标准凸缘法兰(HG 21564—1995)有 4 种结构形式,如表 9 – 11 和图 9 – 21 所示。标准凸缘法兰适应设计压力为 0.1 ~ 1.6 MPa,设计温度为 – 20 ℃ ~ 300 ℃ 的反应釜。

表 9 – 11 凸缘法兰形式

形式	结构特征	公称直径 DN/mm
R	突面凸缘法兰	200 ~ 900
M	凹面凸缘法兰	200 ~ 900
LR	突面衬里凸缘法兰	200 ~ 900
LM	凹面衬里凸缘法兰	200 ~ 900

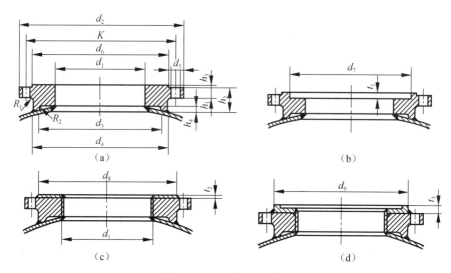

图 9 – 21 凸缘法兰结构
(a) R 形凸缘法兰;(b) M 形凸缘法兰;(c) LR 形凸缘法兰;(d) LM 形凸缘法兰

第六节 传热结构与工艺接管

一、传热结构

常用的传热装置有夹套结构的壁外传热和釜内装设换热管传热两种形式,应用最多的是夹套传热,见图 9 – 22(a)。当反应釜采用衬里结构或夹套传热不能满足温度要求时,常用蛇管传热方式,见图 9 – 22(b)。

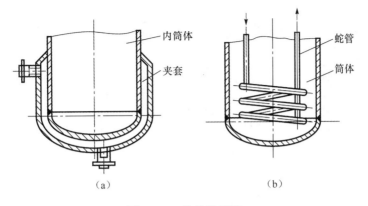

图 9 – 22　传热装置图
(a) 夹套形式；(b) 换热管形式

1. 夹套传热结构

夹套是搅拌反应釜最常用的传热结构，由圆柱形壳体和底封头组成。夹套与内筒的连接有可拆连接与不可拆（焊接）连接两种方式。可拆连接结构用于操作条件较差，或要求进行定期检查内筒外表面和需经常清洗夹套的场合。可拆连接是将内筒和夹套通过法兰来连接的。常用的可拆连接如图 9 – 23 所示。如图 9 – 23 (a) 所示形式，要求在内筒上另装一连接法兰；如图 9 – 23 (b) 所示是将内筒上端法兰加宽，将上封头和夹套都连接在宽法兰上，以增加传热面积。

不可拆连接主要用于碳钢制反应釜。通过焊接将夹套连接在内筒上。不可拆连接密封可靠、制造加工简单夹套肩与筒体的联接处，做成锥形的称为封口锥，如图 9 – 24

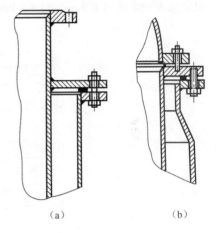

图 9 – 23　夹套与内筒的可拆连接结构
(a) 内筒另设法兰；(b) 内筒法兰加宽

(a)、(b) 所示，做成环形的称为封口环，如图 9 – 24 (c)、(d) 所示。常用的连接方式如图 9 – 24 所示。

夹套上设有蒸汽、冷却水或其他加热、冷却介质的进出口。当加热介质是蒸汽时，进口管应靠近夹套上端，冷凝液从底部排出；当加热（冷却）介质是液体时，则进口管应设在底部，使液体下进上出，有利于排出气体和充满液体。

2. 蛇管传热结构

如果所需传热面积较大，而夹套传热不能满足要求或不宜采用夹套传热时，可采用蛇管传热。蛇管置于釜内，沉浸在介质中，热量能充分利用，传热效果比夹套结构好。但是蛇管检修困难，还可能因冷凝液积聚而降低传热效果。蛇管

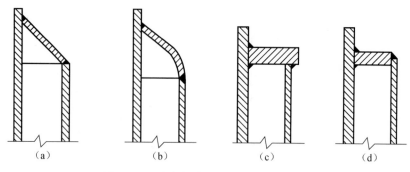

图 9-24 夹套与内筒的不可拆连接结构
(a) 封口锥结构 1；(b) 封口锥结构 2；(c) 封口环结构 1；(d) 封口环结构 2

和夹套可同时采用，以增加传热效果。

蛇管一般由公称直径为 $\phi25 \sim \phi70$ mm 的无缝钢管绕制而成，常用结构形状有圆形螺旋状、平面环形、U 形立式、弹簧同心圆组并联形式等。

若数排蛇管沉浸于釜内（图 9-25，其内外圈距离 t 一般为 $(2 \sim 3)d$。各圈垂直距离 h 一般为 $(1.5 \sim 2)d$。最外圈直径 D 一般比筒体内径 D_i 小 $200 \sim 300$ mm。

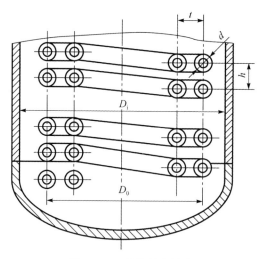

图 9-25 蛇管传热结构

蛇管在筒体内需要固定，固定形式有多种。当蛇管中心直径较小，圈数较少时，蛇管可利用进出口管固定在釜盖或釜底上；若中心直径较大、圈数较多、重量较大时，则应设立固定支架支撑。常见的几种固定形式如图 9-26 所示。

在图 9-26 中，图 (a) 是蛇管支撑在角钢上，用半 U 形螺栓固定，制造简单，但难以锁紧，适用于振动小、蛇管公称直径小的场合。图 (b) 和图 (c) 的蛇管支撑在角钢上，用 U 形螺栓固定，适用于振动较大和蛇管公称直径较大的情况。其中图 (b) 采用一个螺母锁紧，安装简单，图 (c) 采用 2 个螺母锁紧，固定可靠。图 (d) 是蛇管支托在扁钢上，不用螺栓紧固，适用于热膨胀较大的

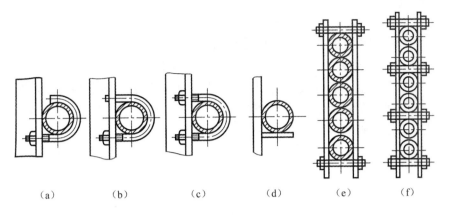

图 9-26 蛇管的固定形式

(a) 半U形一个螺母；(b) U形一个螺母；(c) U形双螺母；(d) 不紧固；(e) 密排；(f) 密排振动场合

蛇管。图（e）是通过两块扁钢和螺栓夹紧并支撑蛇管，用于紧密排列的蛇管，并可起到导流筒的作用。图（f）也是利用两块扁钢和螺栓来固定蛇管的，此结构适应振动较大的场合。

蛇管的进出口最好设在同一端，一般设在上封头处，以使结构简单、装拆方便。蛇管常用的几种进出口结构如图 9-27 所示。

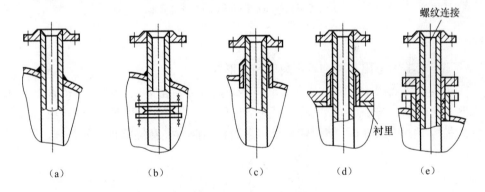

图 9-27 蛇管的进出口结构

(a) 蛇管封头整体式；(b) 蛇管常拆时；(c) 短管割断形式；(d) 设备有衬里时；(e) 螺纹法兰连接

在图 9-27 中，图（a）可将蛇管与封头一起取出。图（b）用于蛇管需要经常拆卸的场合。图（c）结构简单，使用方便。需拆卸时，可将外面短管割断，装时再焊上。图（d）用于有衬里的设备。图（e）用于螺纹法兰连接。

二、工艺接管

反应釜筒体的接管主要有：物料进出所需要的进料管和排出管；用于安装检修的人孔或手孔；观察物料搅拌和反应状态的视镜接管；测量反应温度用的温度计接口；保证安全而设立的安全装置接管等。

1. 进料管

进料管一般设在顶部。其常用结构如图 9-28 所示。进料管的下端一般成 45°的切口，以防物料沿壁面流动。图（a）为一般常用结构。图（b）为套管式结构，便于装拆更换和清洗，适用于易腐蚀、易磨损、易堵塞的介质。图（c）管子较长，沉浸于料液中，可减少进料时产生的飞溅和对液面的冲击，并可起液封作用。为避免虹吸，在管子上部开有小孔。

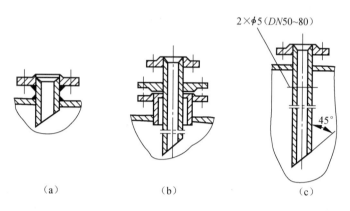

图 9-28 进料管结构
(a) 一般形式；(b) 套管式；(c) 带长管形式

2. 出料管

出料管分为上出料管和下出料管两种形式。

下部出料适用于黏性大或含有固体颗粒的介质。常见的下部出料接管形式如图 9-29 所示。图中（a）用于不带夹套的筒体，图（b）和图（c）适用于带夹套的筒体。其中图（c）结构较复杂，多用在内筒与夹套温差较大的场合。

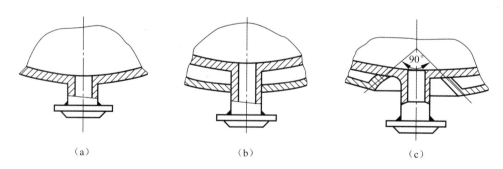

图 9-29 下出料管形式
(a) 不带夹套；(b) 带夹套；(c) 带夹套及温差较大形式

当物料需要输送到较高位置或需要密闭输送时，必须装设压料管，使物料从上部排出。压料管及固定方式如图 9-30 所示。上部出料常采用压缩空气或其他惰性气体，将物料从釜内经压料管压送到下一工序设备。为使物料排除干净，应使压出管下端位置尽可能低些，且底部做成与釜底相似形状。

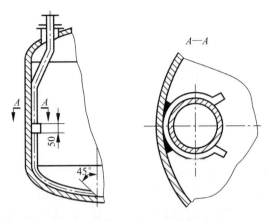

图 9-30　上部出料管形式

思考题与习题

9-1　搅拌反应器有哪些主要部分？各部分的作用是什么？

9-2　在确定筒体内径与高度时，应考虑哪些因素？

9-3　夹套传热与蛇管传热各有何特点？夹套和蛇管在筒体上的安装方式是什么？

9-4　常用搅拌器有哪几种结构形式？各有何特点？各适应什么场合？

9-5　搅拌轴的设计需要考虑哪些因素？

9-6　简述填料密封的结构组成、工作原理及密封特点。

9-7　简述机械密封的结构组成，工作原理及密封特点。

第十章

储存设备

本章内容提示

储存设备又称储罐,是石油、化工生产的常用设备之一,主要是指用于储存或盛装气体、液体、液化气体等介质的设备,在化工、石油、能源、制药、环保、轻工及食品等行业得到广泛应用,如氢气储罐、液化石油气罐、石油储罐、液氨储罐等。储罐的压力直接受内部温度的影响,且介质往往易燃、易爆或有毒。储罐的结构形式主要有卧式储罐、立式储罐和球形储罐。本章将简单介绍储存设备的类型及在化工生产中的应用;详细讲解各类储存设备、特别是立式油罐的结构特点和使用方法;重点突出卧式储存设备的强度设计方法。

第一节 储存设备的类型及应用

一、储存设备的类型

储存设备用于储存生产用的原料、半成品及成品等物料,这类设备属于结构相对比较简单的容器类设备,按其结构特征可分为立式储罐、卧式储罐、球形储罐及液化气钢瓶等,如图 10 - 1 ~ 图 10 - 3 所示。

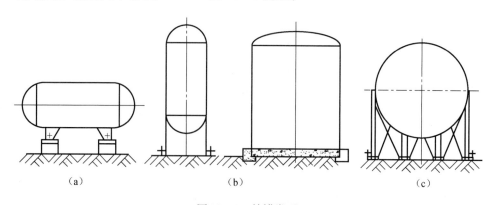

图 10 - 1 储罐类型
(a) 卧式储罐;(b) 立式储罐;(c) 球形储罐

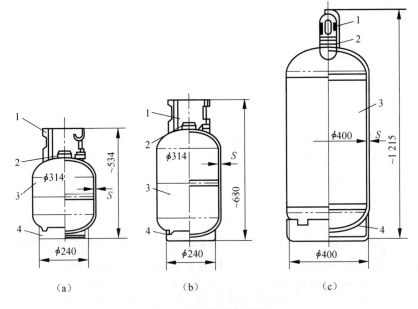

图 10-2 液化气钢瓶

(a) YSP—10 型；(b) YSP—15 型；(c) YSP—50 型

1—护罩；2—瓶嘴；3—瓶体；4—底座

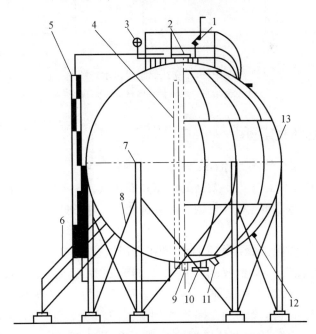

图 10-3 球形储罐

1—安全阀；2—上人孔；3—压力表；4—气相进出口接管；5—液位计；6—盘梯；7—赤道正切柱式支座；
8—拉杆；9—排污管；10—下人孔及液相进出口接管；11—温度计连接管；
12—二次液面计连接管；13—球壳

二、储罐的容量

储罐的容量与其几何尺寸有关。按钢材耗量最小的原则,对大型的立式储罐,当公称容量在 1 000 ~ 2 000 m³ 时,取高度约等于直径;对 3 000 m³ 以上的储罐取高度等于 3/8 ~ 3/4 的直径较为合理。储罐的公称容量是指按几何尺寸计算所得的容量,向上或向下圆整之后表示的容量。

由于罐内介质的温度、压力变化等原因,在储存设备使用时,必须严格控制储罐的充装量。所谓充装量,是指装量系数与储罐实际容积和设计温度下介质的饱和液体密度的乘积,为了安全,中国《压力容器安全技术监察规程》明确规定装量系数不得大于 0.95,一般取 0.9。因此液体储罐工作时液面允许有一个上下波动的范围,这一上下波动范围内的容量称为工作容量,储罐实际允许储存的最大容量称为储存容量。所以,储罐公称容量最大、工作容量最小、储存容量居中。立式储罐的容量示意见图 10-4。液体储罐工作时,其实际存量不得大于储存容量,也不得小于储存容量减去工作容量之差。

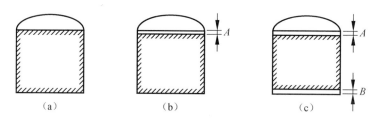

图 10-4　立式储罐容量示意图
(a) 公称容量;(b) 储存容量;(c) 工作容量

三、储存设备的应用

大型立式储罐主要用于储存数量较大的液体物质,如原油、轻质成品油等;大型卧式储罐用于储存压力不太高的液体和液化气,小型的卧式和立式储罐主要作为中间产品的储罐和各种计量罐、冷凝罐使用;球形储罐用于储存天然气及各种液化气。

无缝气瓶主要用于储存永久性气体和高压液化气体,如氧气、氢气、一氧化碳、二氧化碳气、天然气等。最常见的是民用液化气钢瓶,按充装量有 10 kg、15 kg、50 kg 装 3 种规格。钢瓶的公称压力为 1.57 MPa,这是按纯丙烷在 48 ℃下饱和蒸气压确定的,因为在同温度下液化石油气各组分中丙烷的蒸气压最高,并且实际使用中环境温度一般不会超过 48 ℃,因此正常情况下瓶内压力不会超过 1.57 MPa;钢瓶的容积是按液态丙烷在 60 ℃时,正好充满整个钢瓶而设计的,因同温度下重量相同时,丙烷的体积最大,所以正常使用时钢瓶符合安全标准。

第二节 立式储罐

一、立式储罐的基本结构

典型的立式储罐为大型油罐，由基础、罐底、罐壁、罐顶及附件组成。按罐顶的结构不同可分为拱顶油罐、浮顶罐和内浮顶油罐。

1. 拱顶油罐

拱顶油罐的总体构造如图 10-5 所示。罐底是由若干块钢板焊接而成，直接铺在油罐基础上，其直径略大于罐壁底圈直径，底板结构见图 10-6。罐壁是主要受力部件，壁板的各纵焊缝采用对接焊，环焊缝采用套筒搭接式或直线对接式，也有采用混合式连接，壁板连接如图 10-7 所示。拱顶罐的罐顶近似于球面，按截面形状有准球形拱顶和球形拱顶两种，如图 10-8 所示。我国建造的拱形油罐多数是球形拱顶结构。

拱顶油罐由于气相空间大，油品蒸发损耗大，故不宜储存原油和轻质油品，宜储存低挥发性及重质油品。

2. 浮顶油罐

浮顶油罐的总体构造如图 10-9 所示，这种油罐上部其实是敞开的，所谓的罐顶只是漂浮在罐内油面上随油面的升降而升降的浮盘，如图 10-10 所示，浮

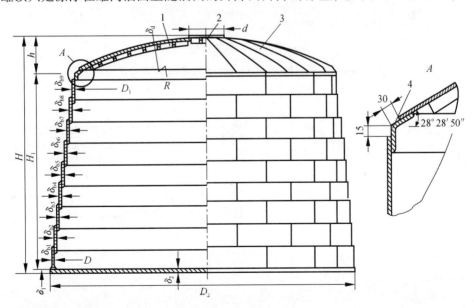

图 10-5 球形拱顶油罐

1—加强筋；2—罐顶中心板；3—扇形顶板；4—角钢环

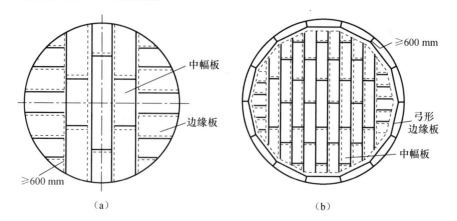

图 10-6 底板结构
(a) 罐径 $D \leqslant 16.5$ m 的排板方式；(b) 罐径 $D > 16.5$ m 的排板方式

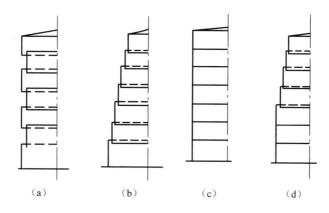

图 10-7 壁板连接
(a) 交互式；(b) 套筒式；(c) 对接式；(d) 混合式

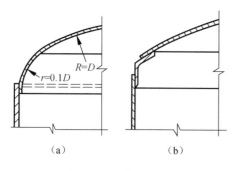

图 10-8 拱顶形状
(a) 准球形拱顶；(b) 球形拱顶

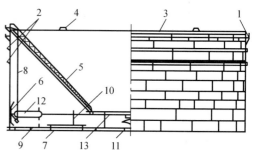

图 10-9 浮顶油罐
1—抗风圈；2—加强圈；3—包边角钢；4—泡沫消防挡板；5—转动扶梯；6—密封装置；7—加热器；8—量油管；9—底板；10—浮顶立柱；11—排水折管；12—浮船；13—单盘板

船外径比罐壁内径小 400~600 mm，用以装设密封装置，以防止这一环状间隙的油品产生蒸发消耗，同时防止风沙雨雪对油品的污染。密封装置形式很多，常用的有弹性填料密封和管式密封，见图 10-11、图 10-12。

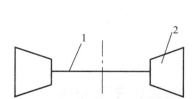

图 10-10　浮盘结构示意图
1—单层钢板（5 mm 以上）；2—截面为梯形的圆环形浮船

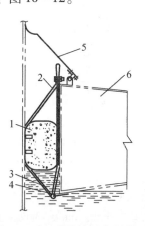

图 10-11　弹性填料密封装置
1—软泡沫塑料（弹性填料）；2—密封胶袋；3—固定带；4—固定环；5—保护板；6—浮船

当浮顶油罐的罐顶随油面下降至罐底时，油罐就变为上部敞开的立式圆筒形容器，此时若遇大风罐内易形成真空，如真空度过大罐壁有可能被压瘪，因此在靠近顶部的外侧设置抗风圈，如图 10-13 所示。由于罐顶在罐内上下浮动，故罐壁板只能采用对接焊接并内壁要取平。浮顶油罐罐顶与油面之间基本上没有气相空间，油品没有蒸发的条件，因而没有因环境温度变化而产生的油品消耗，也基本上消除了因收、发油而产生的损耗，避免污染环境、减少发生火灾的可能性。所以尽管这种油罐钢材耗量和安装费用比拱顶油罐大得多，但对收发油频繁的油库、炼油厂原油区等仍优先选用，用以储存原油、汽油及其他挥发性油品。

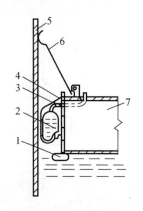

图 10-12　管式密封装置
1—限位板；2—密封管；3—充溢管；4—吊带；5—油罐壁；6—防护板；7—浮船

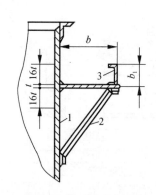

图 10-13　抗风圈结构
1—罐壁；2—支托；3—抗风圈
（由槽钢和钢板组成）

3. 内浮顶油罐

内浮顶油罐是在拱顶油罐内又增加了一个浮顶，因此这种油罐有两层顶，外层为与罐壁焊接连接的拱顶，内层为可沿罐壁上下浮动的浮顶，其结构如图 10-14 所示。内浮顶油罐既有拱顶油罐的优点也有浮顶油罐的优点，它解决了拱顶油罐由于气相空间大、油品蒸发消耗大，且污染环境及不安全等缺点，又避免了浮顶油罐承压能力差、易受雨水及风沙等的影响使浮顶过载而沉没以及罐内可能形成真空的现象。

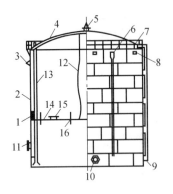

图 10-14 内浮顶油罐

1—密封装置；2—罐壁；3—高液位报警器；4—固定罐顶；5—罐顶通气孔；6—泡沫消防装置；7—罐顶人孔；8—罐壁通气孔；9—液位计；10—罐壁人孔；11—高位带芯人孔；12—静电导出线；13—量油管；14—浮盘；15—浮盘人孔；16—浮盘立柱

二、立式储罐的主要附件

1. 量油孔和量油管

量油孔是为人工检尺时测量油面高度、取样和测温而设置的。每一台拱顶油罐上设置一个量油孔，安装在罐顶平台附近，孔径 150 mm，距罐壁一般不小于 1 000 mm。量油孔结构如图 10-15 所示。为防止关闭孔盖时撞击出火花并能关严，在孔盖内侧有软金属、塑料或橡胶垫；在孔内壁侧装有铝或钢制导向槽，以便于人工检尺时误差，且防止下尺时钢卷尺与孔壁摩擦产生火花。

在浮顶罐上则安装量油管，其作用与量油孔相同，同时还起防止浮盘水平扭转的限位作用，量油管如图 10-16 所示。

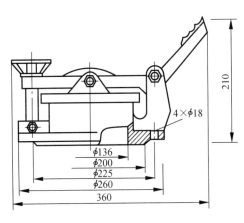

图 10-15 量油孔

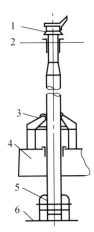

图 10-16 量油管

1—量油孔；2—罐顶操作平台；3—导向轮；4—浮盘；5—固定肋板；6—罐底

2. 机械呼吸阀和液压安全阀

机械呼吸阀是原油、汽油等易挥发性油品储罐的专用附件，安装在拱顶油罐顶部，其作用是自动控制油罐气体通道的启闭，对油罐起到超压保护的作用且减少油品的蒸发损耗。机械呼吸阀的结构如图10-17所示，这种阀在空气湿度为70%，温度为-40℃条件下，经24小时仍可正常使用，故称为全天候机械呼吸阀。

液压安全阀是与机械呼吸阀配套使用的，安装在机械呼吸阀的旁边，平时是不动作的，只有当机械呼吸阀由于锈蚀、冻结而失灵时才工作，所以其安全压力和真空度的控制都高于机械呼吸阀10%。液压安全阀的结构如图10-18所示。

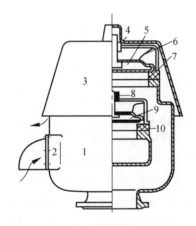

图10-17 全天候机械呼吸阀

1—阀体；2—空气吸入口；3—阀罩；4—压力阀导杆；5—压力阀阀盘；6—接地导线；7—压力阀阀座；8—真空阀导杆；9—真空阀阀盘；10—真空阀阀座

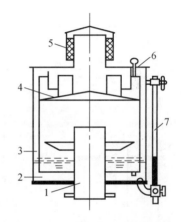

图10-18 液压安全阀

1—接合管；2—盛液槽；3—悬式隔板；4—罩盖；5—带钢网的通风短管；6—装液管；7—液位指示剂

3. 防火器和泡沫发生器

防火器串联安装在机械呼吸阀或液压安全阀的下面，防止罐外明火向罐内传播。防火器的结构如图10-19所示，外形为圆形或方形。当外来火焰或火星通过呼吸阀进入防火器时，金属滤芯迅速吸收燃烧热量，使火焰熄灭达到防火的目的。

泡沫发生器是固定在油罐顶上的灭火装置，如图10-20所示，其一端与泡沫管线连接，另一端在罐顶层罐壁上与罐内连通。泡沫混合液推广孔板节流，使发生器本体室内形成负压而吸入大量的空气，混合成空气泡沫并冲破隔板玻璃经喷射管段进入罐内，隔绝空气窒息火焰、达到灭火的目的。

4. 通气孔和自动通气阀

通气孔是安装在内浮顶油罐上的专用附件。内浮顶油罐不设机械呼吸阀和液压安全阀，但由于浮顶与罐壁的环隙及其他附件接合处微小的泄漏，在拱顶与浮顶之间仍有少量油气，为此在拱顶和罐壁上部设置通气孔。罐顶通气孔设在拱顶

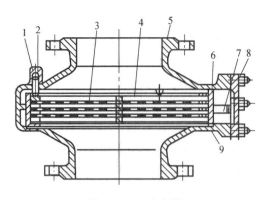
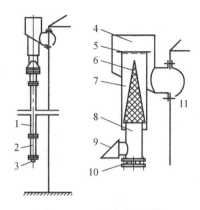

图 10-19 防火器
1—密封螺帽；2—紧固螺钉；3—隔环；4—滤芯元件；5—壳体；6—防火匣；7—手柄；8—盖板；9—软垫

图 10-20 泡沫发生器器
1—混合液输入管；2—短管；3—闷盖；4—泡沫室盖；5—玻璃盖；6—滤网；7—泡沫室本体；8—发生器本体；9—空气吸入口；10—孔板；11—导板

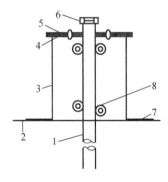

图 10-21 自动通气阀
1—阀杆；2—浮盘板；3—阀体；4—密封圈；5—阀盖；6—定位销；7—补强圈；8—滑轮

中心，直径不小于 250 mm，上部有防雨罩，防雨罩与通气孔短管的环行间隙中安装金属网，通气孔短管通过法兰和与拱顶焊接的短管连接。罐壁上的通气孔设在最上层壁板的四周，距罐顶边缘 700 mm 处，不少于 4 个且对称布置，孔口为长方形、孔口上也设有金属网。

自动通气阀是设在外浮顶油罐上的专用附件，其结构如图 10-21 所示。浮盘正常升降时，靠阀盖和阀杆自身的重量使阀盖紧贴阀体；当浮盘下降快到立柱支撑位置时，阀杆首先触及罐底使阀盖和阀体脱离，直到浮盘下降到完全由立柱支撑时，自动通气阀开到最大，使浮盘上下气压保持平衡。当浮盘上升时自动通气阀逐渐关闭。

5. 液位报警器

液位报警器是用来防止液面超高或超低的一种安全保护装置，以防止溢油或抽空事故。一般而言，任何油罐都应安装高液位报警器；低液位报警器只安装在炼油装置的原料罐上，以保证装置的连续运行。图 10-22 所示是气动高液位报警器，它是依靠浮子的升降启闭气源，在通过气、电转换元件发出报警信号。液位报警器的安装位置应保证从报警开始在 10~15 min 内不会溢油或抽空。

三、立式油罐的使用与维护

1. 油罐的使用操作

油罐的操作包括收发油、检尺测量计量、油品调和、加温、脱水、输转等。一般应注意以下几点。

（1）操作前应对作业管线、油罐号、罐内存油量、油位高度、油温、油品密度、垫水层，最大装油高度和最低存油高度等，都应做到胸中有数。

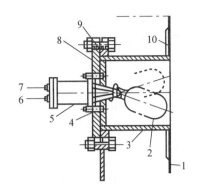

图 10-22 气动高液位报警器
1—罐壁；2—浮子；3—接管；4—密封垫圈；5—气动液位信号器；6—出气管；7—进气管；8—法兰盘；9—密封垫圈；10—补强圈

（2）开关阀门或切换流程时应认真执行"对号挂牌操作法"，防止开错阀门；换罐时应先开后关，防止跑油、憋泵等事故发生。

（3）收油初速度一般不超过 1 m/s，因进油过快易产生静电，但若进油速度太慢、特别是在冬季易造成黏油冻凝管道；发油时速度过快易造成油罐吸瘪。

（4）油品加热时应先开冷凝水阀，然后逐步打开进气阀，以防水力冲击损坏加热器的焊口、垫片或管子附件。对长期停用装有凝油的罐，应先用临时加热器从上至下加热，防止在上部油品凝结情况下利用底部加热器加热，使底部油品膨胀而引起油罐破裂。

（5）为减少由于环境温度变化引起蒸发损耗，在炎热的夏天日出之前可是至日落后的一段时间内，在罐顶连续进行喷水冷却。

2. 油罐的维护

为了使油罐长期安全使用，应加强日常保养和维护，定期、定项目、定内容进行检查和维护。使油罐始终处于完好状态。

（1）油罐表面应定期涂刷防腐漆，淋水罐每 3~4 年一次，非淋水罐每 4~6 年一次；若发现腐蚀穿孔或泄漏，应及时清罐进行修补。

（2）油罐应定期进行清洗，轻质油罐 3 年一次、重油罐 2 年一次、军用油罐和原油罐每年一次。清罐后经有关部门检查验收，合格后封罐并及时进油。

（3）油罐的安全附件应定期进行检查，一般应做到日巡回检查，季全面检查，年拆除、清洗及校验。

3. 油罐的清洗作业

油罐的清洗作业应严格按有关作业规程进行，这里只介绍大概过程。

（1）准备。包括计划编制、人员安排、安全预防、工具仪器检查等。

（2）排除底油。先按正常输转方法把罐内余油排放至进出油接合管以下，再用垫水法或机械抽吸法将底油排出。

（3）检测气体浓度。用两台以上大小和型号完全相同，并经计量部门有效校验的防爆型可燃气体检测仪，由专业人员进行检测；油气浓度低于防火、防爆、防毒的安全值时为合格。在人员入罐前 30 min 内还要再检测一次，确认安全无误。

（4）入罐作业。配备防爆型照明设备和通信器材，作业人员腰部系上救生信号绳索、戴上防毒面具，在安全监护人员的监护下进罐作业。

（5）检查验收。清罐完毕后验收并做好验收报告存入设备档案，验收合格的油罐应立即封存且及时进油。

4. 油罐的泄漏检测与修补

（1）目测检漏。油罐的泄漏是常见的损坏现象，也是日常保养和检查的主要项目。目测检漏主要靠平时的仔细观察，如发现罐顶、罐壁上某些部位粘有尘土、黑色斑点，或罐壁上有油滴流淌的痕迹等，这些都是油罐有可能泄漏的体表象征。

（2）真空检漏。这种方法主要用在罐底泄漏检测，先清除罐底涂层并在焊封或其他可疑处涂上肥皂水，扣上带玻璃罩的密封盒，盒底周围包上不透气的海面橡胶，如图 10-23 所示。启动与密封盒相连的真空泵至 26~40 kPa，盒内无气泡即为合格，出现气泡的部位即为泄漏点。

（3）泄漏修补方法。修补方法有焊补、环氧树脂补漏、弹性聚氨酯涂料补漏、罐底螺栓、法兰堵漏等。这里只介绍针对罐底较大穿孔的罐底螺栓堵漏法。如图 10-24 所示，先在穿孔处钻出一长方孔，大小恰好能使特制螺母穿过，一般为 28 mm×14 mm，若罐底与基础之间有间隙则先从方孔处注入一些细沙，并在沙面上浇注一层沥青，然后把特制螺母放入孔内并用铜丝吊起（螺母上有小孔），再将带有压紧板和石棉垫片的螺杆轻轻旋入特制螺母中并拧紧；清除周围

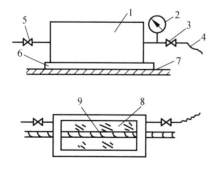

图 10-23 真空检漏法示意图
1—真空盒；2—真空表；3—球形阀；4—接真空盒的橡胶管；5—进气球阀；6—密封胶圈；7—底板；8—观察窗；9—焊缝

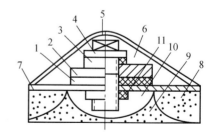

图 10-24 罐底螺栓堵漏
1—耐油石棉板；2—钢压板；3—耐油石棉板；4—压紧螺母；5—玻璃布；6—环氧树脂补漏剂；7—油罐底板；8—沥青沙垫层；9—细沙；10—防腐层；11—特制螺母

污物后涂一层 3～4 mm 厚的环氧树脂补漏剂,并贴一层玻璃布;然后再涂一层环氧树脂补漏剂,贴一层玻璃布;最后再涂一层补漏剂即可。

5. 油罐事故预防及处理

(1) 溢油。溢油是由于操作失误、计量错误或液位报警器等安全附件发生意外,使罐内油品从机械呼吸阀、泡沫发生器等处溢向罐外。防止溢油事故,一是加强操作人员的责任心,二是严格遵守岗位操作规程。一旦发生溢油事故应立即停止油泵的输送作业,检查并关闭罐区内的水封井及其他阀门,事故现场不得有任何产生火花的操作,如电焊、气焊、砂轮打磨、金属敲击等,同时应立即报警。

(2) 内浮顶油罐沉船。浮盘沉船是内浮顶油罐的主要事故,其原因是多方面的,大体上有以下几方面。

① 腐蚀、油温变化、罐体变形等的影响使浮盘变形,甚至翘曲引起浮力不均,量油导向管滑轮被卡使浮盘倾斜,油品通过浮盘与罐壁之间的密封圈处或自动通气阀孔漏到浮盘上面,造成沉船事故。

② 油罐施工质量差,如罐体不垂直、内壁面凹凸不平、浮盘歪斜、密封不好等都可能造成油品串入浮盘上面,继而引起沉船事故。

③ 浮盘立柱损坏,进油速度过快使浮盘受力不均等也可能造成沉船事故。

防止沉船事故主要注意以下几方面。

① 新投运或清罐后第一次进油时,最好先用水将浮盘托起(水的浮力大于油),然后再进油,当进油量达 300 t 左右时缓慢将水脱尽。

② 空罐进油时初速度不超过 1 mm/s,油品浸没进出油接合管后其流速仍不宜超过 4.5 mm/s;罐内存油不得超过安全高度,对 1 000～3 000 m^3 罐最低液位不小于 1 500 mm,5 000 m^3 罐最低液位不小于 1 200 mm。

③ 每月检查一次密封装置、导向轮、浮盘立柱,浮盘表面凹凸情况及运行平稳状况等,发现问题及时采取有效措施。

6. 油罐被吸瘪

油罐内的压力是随油品的进出量和罐外大气温度的变化而变化的,当罐内真空度超过了设计负压时,油罐失去其原有的圆形形状,出现褶皱、局部凹陷等现象,这在理论上称为油罐的失稳,也就是所谓的吸瘪。它是固定顶油罐的常见事故,多发生在罐顶或上部罐壁。

在储油过程中罐内的压力是由呼吸阀调节的,在发油过程中若速度过快,呼吸阀来不及(呼吸阀与呼吸量不匹配或呼吸阀故障)向罐内补充足够的空气,使罐内压力逐步下降,当真空度大于油罐的设计负压时,就有可能引起吸瘪事故。

夏季在雷雨过后也容易出现油罐吸瘪事故，因夏季气温高、罐内气体膨胀多、压力较高，遇雷雨罐内气体被急剧降温而收缩造成负压，呼吸阀来不及补充空气，使油罐被吸瘪。特别是气相空间较大的罐更易发生吸瘪事故。

油罐发生吸瘪事故后常用的修复方法是"注水压气法"，其工艺流程如图10-25所示。先向罐内注入一定高度（一般为罐高的2/3）的水，然后密闭油罐继续缓慢注水，使罐内气相空间的压力增大使变形部位逐渐复原；修复压力

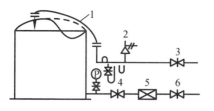

图10-25 注水压气法修复油罐示意图
1—耐压软管；2—安全阀；3，4，6—闸阀；
5—注水泵

一般不超过12 kPa，所以安全阀开启压力可定在10 kPa左右，修复后不要立即放水卸压，一般应保持8 h左右、待变形稳定后再卸压。

第三节 卧 式 储 罐

一、卧式储罐的基本结构

卧式储罐与立式储罐相比，容量较小、承压能力变化范围宽。最大容量400 m³、实际使用一般不超过120 m³，最常用的是50 m³。适宜在各种工艺条件下使用，在炼油化工厂多用于储存液化石油气、丙烯、液氨、拔头油等，各种工艺性储罐也多用小型卧式储罐；在中小型油库用卧式罐储存汽油、柴油及数量较小的润滑油；另外，汽车罐车和铁路罐车也大多用卧式储罐。

卧式储罐由罐体、支座及附件等组成。罐体包括筒体和封头，筒体由钢板拼接卷板、组对焊接而成，各筒节间环缝可对接也可搭接；封头常用椭圆形、碟形及平封头。不同封头的卧式储罐的罐体如图10-26所示。

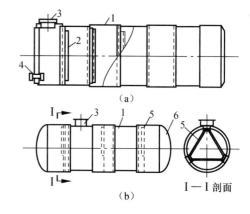

图10-26 不同封头的卧式储罐罐体
(a) 平封头卧式罐；(b) 碟形封头的卧式罐
1—筒体；2—加强环；3—人孔；
4—进出油管；5—三角支撑；6—封头

根据放置场地条件的不同，卧式储罐分为地面卧式储罐和地下卧式储罐。

1. 地面卧式储罐

这类储罐的基本结构如图10-27所示，主要由圆筒、封头和支座3部分组成。封头通常采用 JB/T 4737《椭圆形封头》中的标准椭圆形封头。支座采用

JB/T 4712《鞍式支座》，如图 10-27（a）所示，也可根据需要采用圈座和支撑式支座，如图 10-27（b）、（c）所示。

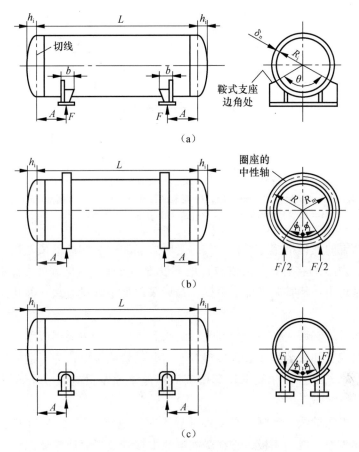

图 10-27　地面卧式储罐及其支座形式
(a) 鞍座式；(b) 圈座式；(c) 支腿式

地面卧式储罐一般先根据内压或外压容器设计方法初步计算厚度，再考虑支座安装位置、支座反力和支座包角的影响，计算各种附加载荷，并校核筒体在附加载荷作用下的周向、轴向强度和稳定性，以确定其实际圆筒厚度。由于支座的受力又与所支撑储罐的重量和支座本身的结构与尺寸有密切关系，所以卧式储罐支座与罐体设计应同时进行。

2. 地下卧式储罐

地下卧式储罐的结构如图 10-28 所示。采用地下卧式储罐是为了减少占地面积和安全防火距离。液化气体储罐有时采用埋地安装还有一个主要原因是为了避开环境温度对它的影响，从而维持地下卧式液化气体储罐压力的基本稳定。

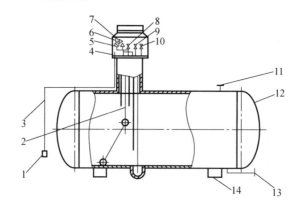

图 10-28 地下储罐结构示意图
1—牺牲阳极；2—浮子液面计；3—金属导线；4—电线保护测试点；5—压力表；6—护罩；
7—安全阀；8—罐装气相阀门；9—罐装液相阀门；10—排污和倒空管阀门；
11—罐间气相连接管；12—罐体；13—罐间液相连接管；14—支座

卧式储罐的埋地措施分两种：其一为卧式储罐安装在地下预先构筑的空间里（地下室）；其二为将卧式储罐安放在地下设置的支座上，储罐外壳涂有沥青防锈层，必要时再附加牺牲阳极保护设施，最后采取地土埋设方法，并达到预期的埋土高度。

与地面卧式储罐一样，除了圆筒、封头和支座 3 个主要组成部分外，另有工艺接管、仪表管和安全泄放装置接口等。这些接管或接口，为了适应埋地状况下的安装、检修和维护，一般采用集中安放措施，通常设置在一个或几个人孔盖板上。

牺牲阳极保护法，实际上是从外部导入阴极电流至需要保护的地下储罐上，使设备全部表面都成为阴极，它在腐蚀电池中接受电子而产生还原反应，只有阳极才发生腐蚀。导入外电流有两种方法：一是从外部接上直流电源，体系中连接一块导流电极作为阳极；二是连接一块电位较负的金属（如锌、镁、铝等）。

二、卧式储罐的主要附件

1. 鞍式支座

鞍式支座有焊制和弯制两种。焊制鞍座是由垫板、腹板、筋板和底板构成。弯制鞍座的腹板与底板是由同一块钢板弯制而成。鞍式支座普遍使用双鞍座支撑，这是因为若采用多鞍座支撑，难于保证各鞍座均匀受力。虽然多支座罐的弯曲应力较小，但是要求各支座严格保持在同一水平面上，对于各类大型卧式储罐则很难达到。同时，由于地基的不均匀下沉，多支座罐体在支座处的支反力并不能均匀分配，故一般卧式储罐最好采用双鞍座支撑。

为了防止卧式储罐因操作温度与安装温度不同引起的热膨胀，以及由于圆筒及物料重量使圆筒弯曲等原因对卧式储罐引起附加应力,对于双鞍座支撑设计时只允许将其中一个支座固定,而另一个应允许为可沿轴向移动。为使活动支座在热变形时灵活地移动,有时可采用滚动支撑。必须注意的是,固定支座通常设置在卧式储罐配管较多的一侧,活动支座则应设置在没有配管或配管较少的另一端。

2. 圈座

卧式储罐在下列情况下可采用圈座:

(1) 因自身重量而可能造成严重挠曲的薄壁容器。

(2) 多于两个支撑的长容器。除常温常压下操作的容器外,至少应有一个圈座是滑动支撑结构。

当卧式储罐采用两个圈座支撑时,圆筒所承受的支座反力、轴向弯矩及其相应的轴向应力的计算及校核均与鞍式支座相同。

圈式支座一般适用于大直径的薄壁容器和真空操作的薄壁容器。

三、卧式储罐的制造及检验

1. 制造、检验及验收

卧式压力容器的制造、检验及验收应符合 GB 150—1998 的规定;卧式常压容器应符合 JB/T 4735—1997《钢制焊接常压容器》的规定,且应遵守 JB 4731—2005 及图样中的规定要求。

2. 焊接接头

卧式容器壳体的焊接接头设计应符合 GB 150—1998 及有关行业标准的规定。符合下列条件的容器应采用全焊透的焊接接头。

(1) 储存及处理极度、高度危害介质。

(2) 储存易燃易爆的液化气、液氨、H_2S 等介质。

(3) 低温压力容器。

(4) 符合 GB 150—1998 第 85 条规定的容器。

对全焊透焊接接头宜采用氢弧焊打底,并进行 100% 射线(按 JB/T 4730—2005 中的Ⅱ级)或超声波 JB 4730—2005 中的Ⅰ级检测。

对要求局部(≥20%)检测的焊接接头,其射线检测按 JB/T 4730—2005 Ⅲ级合格;超声波检测按 JB/T 4730—2005 Ⅱ级合格。

对容器壁厚≥38 mm,且 σ_b≥540 MPa 的材料应按 GB 150—1998 第 86 条,采用射线检测另补加局部(≥20%)超声波检测,或采用超探补加局部射线检测。

3. 整体消除应力热处理

有下列情况者应对卧式容器进行整体消除应力热处理。

按 GB 150—1998 第 10.4 节所列各情况。其中,对应力腐蚀的工况,主要有:湿 H_2S,H_2S 严重腐蚀(工作压力 >1.6 MPa,H_2S – HCN 共存及 pH≤9);

氢腐蚀；液态氨（含水≤0.2%且有可能被 O_2 或 CO_2 污染，及使用温度高于 -5 ℃）。

热处理前应将需焊在容器上的连接件（梯子、平台连接垫板、保温支撑件等）焊于容器上，热处理后不允许再施焊。

4. 压力试验和气密性试验

卧式容器的压力试验和气密性试验按 GB 150—1998 第 10.9 节进行。

有下列情况之一时，容器应进行气密性试验。

（1）易燃易爆介质。

（2）介质为极度或高度危害时。

（3）对真空度有严格要求时。

（4）如有泄漏将危及容器的安全性（如衬里等）和正常操作时。

进行气密性试验时应将补强板、垫板上的信号孔打开。

第四节 球形储罐

随着世界各国综合国力和科学技术水平的提高，球形容器的制造水平也正在高速发展。近年来，我国在石油化工、合成氨、城市燃气的建设中，大型球形容器得到了广泛应用。例如，在石油气、化工、冶金、城市煤气等工程中，球形容器被用于储存液化石油气、液化天然气、液氧、液氮、液氢、液氨、天然气、城市煤气、压缩空气等；在原子能发电站，球形容器被用作核安全壳；在造纸厂被用作蒸煮球等。总之，随着工业的发展，球形容器的使用范围必将越来越广泛。

由于球形容器多数作为有压储存容器，故又称球形储罐，简称"球罐"。

一、球形储罐的基本结构

1. 球罐的结构特点

球罐与其他储存容器相比有如下特点。

（1）与同等体积的圆筒形容器相比，球罐的表面积最小，故钢板用量最少。

（2）球罐受力均匀，且在相同的直径和工作压力下，其薄膜应力为圆筒形容器的 1/2，故板厚仅为圆筒容器的 1/2。

（3）由于球罐的风力系数为 0.3，而圆筒形容器约为 0.7，因此对于风载荷来讲，球罐比圆筒形容器安全。

（4）与同等体积的圆筒形容器相比，球罐占地面积少，且可向高度发展，有利于地表面积的利用。

综上所述，球罐具有占地面积少、壁厚薄、重量轻、用材少、造价低等优点。球罐一般由球壳、支柱拉杆、人孔接管、梯子平台等部件组成，如图 10 - 29

所示。球壳为球罐的主要部件。

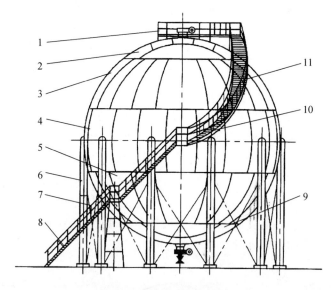

图 10-29　球形储罐
1—顶部操作平台；2—上极带；3—上温带；4—赤道带；5—下温带；6—支柱；
7—拉杆；8—下部斜梯；9—下极带；10—中间平台；11—上部盘梯

2. 球罐的分类

球罐种类很多，但主要根据储存的物料、球壳形式、支柱形式来进行分类。

（1）按储存物料分类。按储存物料球罐分为储存液相物料和气相物料两大类。储存液相物料的球罐又可根据其工作温度分为常温球罐和低温球罐。低温球罐又可分为单壳球罐、双壳球罐及多壳球罐。

（2）按球壳形式分类。按球壳形式可分为足球瓣式、橘瓣式和足球瓣式与橘瓣式相结合的混合式。

① 足球瓣式罐体。足球瓣式罐体的球壳划分和足球一样，所有的球壳板片大小相同，它可以由尺寸相同或相似的四边形或六边形球瓣组焊而成。图 10-30 (a) 表示的就是足球瓣式罐体及其附件。这种罐体的优点是每块球壳板尺寸相同，下料成型规格化，材料利用率高，互换性好，组装焊缝较短，焊接及检验工作量小。缺点是焊缝布置复杂，施工组装困难，对球壳板的制造精度要求高，由于受钢板规格及自身结构的影响，一般只适用于制造容积小于 120 m³ 的球罐，中国目前很少采用足球瓣式球罐。

② 橘瓣式罐体。橘瓣式罐体是指球壳全部按橘瓣瓣片的形状进行分割成型后再组合的结构，如图 10-30 (b) 所示。橘瓣式罐体的特点是球壳拼装焊缝较规则，施焊组装容易，加快组装进度并可对其实施自动焊。由于分块分带对称，便于布置支柱，因此罐体焊接接头受力均匀，质量较可靠。这种罐体适用于各种

容量的球罐，为世界各国普遍采用。中国自行设计、制造和组焊的球罐多为橘瓣式结构。这种罐体的缺点是球瓣在各带位置尺寸大小不一，只能在本带内或上、下对称的带之间进行互换；下料及成型较复杂，板材的利用率低；球极板往往尺寸较小，当需要布置人孔和众多接管时可能出现接管拥挤，有时焊缝不易错开。

③ 混合式罐体。混合式罐体的组成是：赤道带和温带采用橘瓣式，而极板采用足球瓣式结构。图 10-30（c）表示三带混合式球罐。由于这种结构取橘瓣式和足球瓣式两种结构之优点，材料利用率较高，焊缝长度缩短，球壳板数量减少，且特别适合于大型球罐。极板尺寸比橘瓣式大，容易布置人孔及接管，与足球瓣式罐体相比，可避开支柱搭在球壳板焊接接头上，使球壳应力分布比较均匀。该结构在国外已广泛采用，随着中国石油、化工、城市煤气等工业的迅速发展，掌握了该种球罐的设计、制造、组装和焊接技术，混合式罐体将在大型球罐上得到更广泛的应用。橘瓣式和混合式罐体基本参数见 GB/T 17261《钢制球形储罐型式与基本参数》。

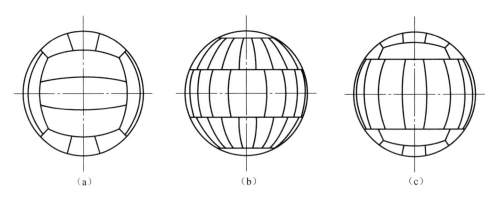

图 10-30 按球壳形式分类的球罐
(a) 足球瓣式；(b) 橘瓣式；(c) 混合式

由于混合式球罐结构具有板材利用率高、分块数少、焊缝短、焊接及检测工作量小等优点，目前，国内外大多采用混合式球壳结构。

(3) 按支柱形式分类。按支柱形式可分为支柱式、裙座式、锥底支撑式以及安装在混凝土基础上的半埋式。其中，支柱式又可分为赤道正切式、V 形支柱式、三柱合一式，如图 10-31 所示。

(4) 按球壳层数分类。按球壳层数可分为单层球罐、多层球罐、双金属层球罐和双重壳球罐。

目前，国内外较常用的是单层赤道正切式、可调式拉杆的球罐。这种球罐无论是从设计、制造和组焊等方面均有较为成熟的经验，我国的国家标准 GB 12337—1998《钢制球形储罐》规定采用这种形式。

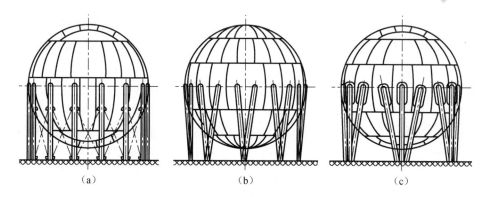

图 10-31 按支柱形式分类的球罐
(a) 赤道正切式；(b) V形支柱式；(c) 三柱合一式

二、球形储罐的主要附件

1. 支座的分类

球罐支座是球罐中用以支撑本体重量和物料重量的重要结构部件。由于球罐设置在室外，受到各种环境的影响，如风载荷、地震载荷和环境温度变化的作用，为此支座的结构形式比较多。

球罐的支座分为柱式支座和裙式支座两大类。柱式支座中又以赤道正切柱式支座用得最多，为国内外普遍采用。

赤道正切柱式支座结构特点是：多根圆柱状支柱在球壳赤道带等距离布置，支柱中心线与球壳相切或相割而焊接起来。当支柱中心线与球壳相割时，支柱的中心线与球壳交点同球心连线与赤道平面的夹角为10°~20°。为了使支柱支撑球罐重量的同时，还能承受风载荷和地震载荷，保证球罐的稳定性，必须在支柱之间设置连接拉杆。这种支座的优点是受力均匀，弹性好，能承受热膨胀的变形，安装方便，施工简单，容易调整，现场操作和检修也方便。它的缺点主要是球罐重心高，相对而言稳定性较差。

2. 支柱的结构

支柱的结构见图10-32，主要由支柱、底板和端板3部分组成。支柱分单段式和双段式两种。

单段式支柱由一根圆管或卷制圆筒组成，其上端与球壳相接的圆弧形状通常由制造厂完成，下端与底板焊好，然后运到现场与球罐进行组装和焊接。单段式支柱主要用于常温球罐。

双段式支柱适用于低温球罐（设计温度为-20 ℃~100 ℃）；深冷球罐（设计温度＜-100 ℃）等特殊材质的支座。按低温球罐设计要求，与球壳相连接的支柱必须选用与壳体相同的低温材料，为此，支柱设计为两段，上段支柱一般在制

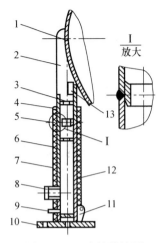

图 10-32 支柱结构图
1—球壳；2—上部支柱；3—内部筋板；4—外部端板；5—内部导环；6—防火隔热层；7—防火层夹子；8—可熔塞；9—接地凸缘；10—底板；11—下部支耳；12—下部支柱；13—上部支耳

造厂内与球瓣进行组对焊接，并对连接焊缝进行焊后消除应力热处理，其设计高度一般为支柱总高度的 30%~40%。上下两段支柱采用相同尺寸的圆管或圆筒组成，在现场进行地面组对，下段支柱可采用一般材料。常温球罐有时为了改善柱头与球壳的连接应力状况，也常采用双段式支柱结构，不过此时不要求上段支柱采用与球壳相同的材料。双段式支柱结构较为复杂，但它与球壳相焊处的应力水平较低，故得到广泛应用。

GB 12337《钢制球形储罐》标准还规定：支柱应采用钢管制作；分段长度不宜小于支柱总长的 1/3，段间环向接头应采用带垫板对接接头，应全熔透；支柱顶部应设有球形或椭圆形的防雨盖板；支柱应设置通气口；储存易燃物料及液化石油气的球罐，还应设置防火层；支柱底板中心应设置通孔；支柱底板的地脚螺栓孔应为径向长圆孔。

3. 支柱与球壳的连接

支柱与球壳连接处可采用直接连接结构形式、加托板的结构形式、U 形柱结构形式和支柱翻边结构形式，如图 10-33 所示。支柱与球壳连接端部结构分平板式、半球式和椭圆式 3 种。平板式结构边角易造成高应力状态，不常采用。半球式和椭圆式结构属弹性结构，不易形成边缘高应力状态，抗拉断能力较强，故为中国球罐标准所推荐。

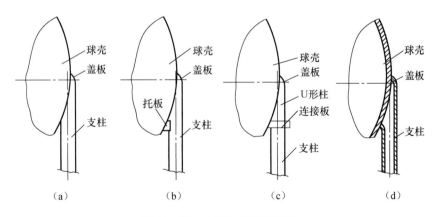

图 10-33 支柱与球壳的连接
(a) 直接连接；(b) 加托板结构；(c) U 形柱结构；(d) 支柱翻边结构

支柱与球壳连接采用直接连接结构，对大型球罐比较合适；对于加托板结构，可解决由于连接部下端夹角小，间隙狭窄难以施焊的问题；U形柱结构则特别适合低温球罐对材料的要求；翻边结构不但解除了连接部位下端施焊的困难，确保了焊接质量，而且对该部位的应力状态也有所改善，但由于翻边工艺问题，故尚未被广泛采用。

4. 拉杆

拉杆结构分可调式和固定式两种。拉杆的作用是用以承受风载荷与地震载荷作用，增加球罐的稳定性。

可调式拉杆有3种形式：图10-34为单层交叉可调式拉杆，每根拉杆的两段之间采用可调螺母连接，以调节拉杆的松紧度。图10-35为双层交叉可调式拉杆和图10-36为相隔一柱单层交叉可调式拉杆，均可以改善拉杆的受力状况，从而获得更好的球罐稳定性，目前，国内自行建造的球罐和引进球罐大部分都采用可调式拉杆结构，当拉杆松动时应及时调节松紧。

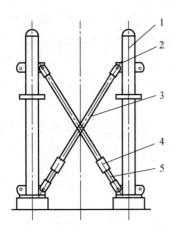

图10-34 单层交叉可调式拉杆
1—支柱；2—支耳；3—长拉杆；4—调节螺母；5—短拉杆

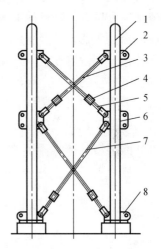

图10-35 双层交叉可调式拉杆
1—支柱；2—上部支耳；3—上部长拉杆；4—调节螺母；5—短拉杆；6—中部支耳；7—下部长拉杆；8—下部支耳

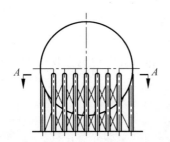

图10-36 相隔一柱单层交叉可调式拉杆

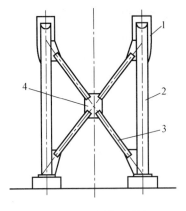

图 10-37 固定式拉杆
1—补强板；2—支柱；3—拉杆；
4—中心板

固定式拉杆结构如图 10-37 所示。其拉杆通常采用钢管制作，管状拉杆必须开设排气孔。拉杆的一端焊在支柱的加强板上，另一端则焊在交叉节点的中心固定板上。也可以取消中心板而将拉杆直接十字焊接。固定式拉杆的优点是制作简单、施工方便，但不可调节。由于拉杆可承受拉伸和压缩载荷，从而大大提高了支柱的承载能力，近年来国外已在大型球罐上应用。

5. 人孔

球罐设置人孔是作为工作人员进出球罐以进行检验和维修之用。球罐在施工过程中，罐内的通风、烟尘的排除、脚手架的搬运甚至内件的组装等亦需通过人孔；若球罐需进行消除应力的整体热处理时，球罐的上人孔被用于调节空气和排烟，球罐的下人孔被用于通进柴油和放置喷火嘴。因此，人孔的位置应适当，人孔直径必须保证工作人员能携带工具进出球罐方便。球罐应开设两个人孔，分别设置在上下极板上；若球罐必须进行焊后整体热处理，则人孔应设置在上下极板的中心。球罐人孔直径以 $DN500$ 为宜，小于 $DN500$ 人员进出不便；大于 $DN500$，开孔削弱较大，往往导致补强元件结构过大。人孔的材质应根据球罐的不同工艺操作条件选取。

人孔的结构在球罐上最好采用带整体锻件凸缘补强的回转盖或水平吊盖形式，在有压力情况下人孔法兰一般采用带颈对焊法兰，密封面大都采用凹凸面形式。

6. 接管

球罐由于工艺操作需要安装各种规格的接管。接管与球壳连接处是强度的薄弱环节，一般采用厚壁管或整体锻件凸缘等补强措施以提高其强度。球罐接管设计还要采取以下措施：与球壳相焊的接管最好选用与球壳相同或相近的材质；低温球罐应选用低温配管用钢管，并保证在低温下具有足够的冲击韧性；球罐接管除工艺特殊要求外，应尽量布置在上下极板上，以便集中控制，并使接管焊接能在制造厂完成制作和无损检测后统一进行焊后消除应力热处理；球罐上所有接管均需设置加强筋，对于小接管群可采用联合加强，单独接管需配置 3 块以上加强筋，将球壳、补强凸缘、接管和法兰焊在一起，以增加接管部分的刚性；球罐接管法兰应采用凹凸面法兰。

7. 梯子平台

为便于日常的操作，检修以及安全阀的定期校验，球罐一般都设有顶平台及直达顶平台的梯子。

顶平台是设在球罐顶部的一个圆形平台，平台内圈中应能放置人孔、安全阀、压力表等接管和仪表，以便于操作，顶平台的直径不宜小于 3 000 mm，平台宽度不应小于 800 mm，顶部平台的直径最好达到 5 000 mm。

连接顶平台的梯子有两种形式：一种是联合梯子平台，即在球罐之间共用一个斜梯或楼梯式走梯，直达球罐赤道线以上，然后接一个连接平台，再各用一个斜梯与顶部平台连接，如图 10 - 38 所示；另一种是单独配置的梯子，首先用一个斜梯直达球罐赤道线部位，然后采用盘梯或斜梯直达顶部平台，如图 10 - 39 所示。

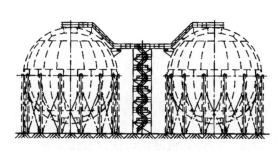
图 10 - 38　联合梯子平台

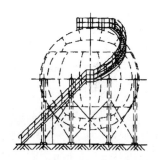
图 10 - 39　单独梯子平台

8. 安全附件

由于球罐的使用特点和储存物料的工艺特性，需要通过一些安全装置和测量、控制仪表来监控储存物料的参数，以保证球罐的使用安全与工艺过程的正常进行。这些安全附件通常包括安全阀、压力表、温度计、液位计等。

（1）安全阀。安全阀是一个用于防止储存物料压力超过允许数值，且能随着压力的变动而自动启闭的多次使用的安全泄压装置。安全泄压装置的作用是防止球罐超压和维持正常运行。为此，要求球罐在正常工作压力下安全泄压装置严密不漏，当球罐内压力一旦超过允许数值后，又能自动地迅速泄放出气体物料（球罐内压缩气体或气态液化气体），降低球罐内物料的压力，保证球罐安全，这是安全泄压装置的主要功能。

（2）压力表。压力不仅是球罐设计的重要参数，也是球罐安全运行时需要监控的重要指标，压力的测量通过压力表实现。球罐上较多采用的是弹性压力表。压力表的最大刻度为正常运转压力的 1.5 倍以上（不要超过 3 倍）。为使压力表读数尽可能正确，压力表的表面直径应大于 150 mm。压力表前应安装截止阀，以便在仪表标校时取下压力表。

（3）温度计。球罐温度的影响主要来自于环境温度和储存物料的温度。温度的测量通过温度计来实现。球罐常用的温度计有膨胀式温度计、热电偶温度计、电阻温度计等。

（4）液位计。储存液体和液化气球罐应装液位计，常用的液位计主要有以下几种形式。

① 玻璃液位计。有管式和板式之分，其构造简单，直观性好，但不宜用于某些易于污染玻璃或结晶，沉淀等堵塞接管的物料的场合，且不能自动记录液位。

② 浮子式钢带液位计。在国外20世纪30年代开始使用以来至今仍在使用，优点是比较直观，能连续自动测量，测量简单，缺点是一旦钢丝绳断裂或钢丝绳乱缠，将无法正常测量。

③ 浮子液位计。其原理是在与球罐连通的不锈钢管内设置一个浮子，该浮子上设置有可发射磁场的磁块，在不锈钢管外设置一个能随磁力块位置变化而翻转的指示器，从而达到测量液位的目的。目前，浮子液位计已广泛应用于球罐液位指示，并逐步替代玻璃板式液位计。

④ 静压式液位计。也称压差计，是利用被测液体压强的方式来获得液位的仪器。这种测量方式可动部件少，维护工作量小而且方便。

⑤ 伺服式液位计。因其用一台伺服电机，使浮子跟随液位或者储存物料而变化，故得其名。这种液位计功能强，可测液位、界位、物料密度等，它的精度高，可达 ± 0.9 mm，而且故障率比较低，与计算机联网方便，操作简单，但价格较高。

⑥ 雷达液位计。利用雷达电波测量液位，是近几年出现的新技术。由于这种液位计不接触物料，又无可动部件，故障率低，而且精度也很高，是一种目前广泛利用的液位计。

⑦ 磁致式液位计。它是一种刚刚进入中国市场的新型液位计，其测量原理是利用磁场脉冲波。测量时，液位计的头部（球罐上方）发出电流"询问脉冲"，此脉冲同时产生一个磁场，沿波导管内的感应仪向下运行，在液位计管外配有浮子，浮子可随液位沿测杆上下移动，浮子内藏有一组磁铁，并产生一个磁场，两个磁场相遇则产生一个新的变化磁场，随之产生新的电磁"返回脉冲"，测"询问脉冲"和"返回脉冲"的周期便可知液体的变化位置，该液位计可动部分只有浮子，故维修工作量小，安装比较简单，精度比较高，另一个特点是可同时测温。

盛装易燃易爆或剧毒介质物料的球罐，应采用玻璃板式液位计（或浮子液位计）和自动液位指示器两种液位计，由于球罐体积大，安全危害性较大，通常球罐同时设有就地的玻璃板式液位计（或浮子液位计）和用于远传的自动液位指示器。

三、球形储罐的制造及检验

1. 原材料检验

制造厂必须按照设计文件的规定及相关国家的现行标准对球罐的材料进行检

查和验收。首先必须按图纸及板材技术要求，明确钢板的使用状态。其次要了解进厂钢板的实际状态是否与使用状态相符，如规定在热处理下使用，而进厂的钢板为热轧状态，则必须先对钢板进行相应的热处理。

球罐用钢应附有钢材生产单位的钢材质量证明书原件，入厂时制造单位应按质量证明书进行验收。必要时进行复验，其内容有：

① 化学成分。
② 拉伸试验。
③ 弯曲试验。
④ 冲击试验。
⑤ 尺寸及外观检查。
⑥ 超声波探伤检查。
⑦ 其他技术要求中规定的材料检查。

当钢板检验后证明达到设计要求时，应在每张钢板上做适当标记，并且要求在以后的制造加工过程中仍保持这些标记，以备识别查考。

2. 球瓣片加工

(1) 球瓣的放样。球瓣放样时，球壳的结构形式和尺寸应按图样的要求，制造单位对每块球瓣板应建立记录卡，记录球瓣板材质、炉批号、编号、位号、带号等内容，并在球瓣板外表面标记位号及带号，同时，记录卡还应包括几何尺寸、曲率的检查结果等内容。

球壳是双曲面，不可能在平面上精确展开。球瓣板下料方法有一次下料法和二次下料法两种。一次下料法是用数控切割机对球壳用钢板进行精确切割（包括坡口）后，再进行球瓣板的压制成型。二次下料法是先对球壳用钢板进行粗下料，压制成型后再用置于特制导轨上的气割枪进行坡口切割，最后再对球壳板进行校形。目前，一般采用二次下料方法制造，切割坡口时，常采用双枪气割一次完成坡口的制备方法。随着计算机辅助设计（CAD）和辅助制造（CAM）的发展，数控切割设备的大量使用，一次平面下料将会迅速发展。

(2) 球瓣的加工。加工坡口时，圆柱形壳可先开坡口，再成型，而球片就不行。每个球片的焊接坡口，必须在球片压制成型后加工。坡口加工可采用火焰切割、风铲、机械加工及打磨等方法，亦可以各种方法结合进行。

3. 球瓣成型方法

球壳板的瓣片是由钢板通过压力机的压力冲压加工而达到需要的形状，这个过程称为成型操作。球瓣的成型操作分为冷压、热压及温压。还有其他一些成型方法正在发展中，如液压成型、爆炸成型等。所谓冷压是指钢板在常温下压制成型，没有人为的加热过程；热压是指将钢板加热到上临界点（Ac_3）以上的某一温度，并在这个温度下成型；温压即指将钢板加热到低于下临界点（Ac）的某一温度时压制成型。

具体选择哪一种成型方法取决于材料种类、厚度、曲率半径、热处理、强度、延展性和设备能力等方面。

(1) 冷压。

冷压具有小模具、多压点、加工精度高，无较长的加热过程，不产生氧化皮，加工人员可不用特殊的防护服等优点，因此冷压得以广泛应用。

为了提高球瓣的精度，特别适用于热处理状态使用的，并以使用状态供货的钢板（如正火状态使用、水淬加回火状态使用），这种球瓣的加工宜采用冷压成型方法。

冷压要注意以下几点：

① 冷压钢板边缘如经火焰切割，则需注意消除热影响区硬化部分的缺口。

② 当冬季环境温度降低到 5 ℃ 以下时，或钢板较厚，在冷压时应将钢板预热到 100 ℃ ~ 150 ℃。加热可在炉内加热，或采用气体燃烧器来进行加热。

③ 冷压时，钢板外层纤维的应变量应满足要求，当碳钢大于 4%、低合金钢大于 3% 时应做中间热处理。

④ 冲压过程需要考虑回弹率造成的变形，一般回弹率大约为成型曲率的 20% 左右。

⑤ 由于球瓣板易变形且操作不方便，因此对薄板及大球瓣板的加工，应采用防变形措施。

⑥ 成形后需焊支柱、人孔及其他附件的球瓣板，其冲压曲率应考虑焊后的收缩变形。

(2) 热压。

将钢板加热到塑性变形温度，然后用模具一次冲压成型。热压可降低材料的屈服限，减少动力消耗，避免应变硬化和增加材料的延展性。一次成型可以避免冷压的多点多次冲压过程。

热压要注意以下几点。

① 热压温度要加以控制，过高的加热温度会造成脱碳、晶粒长大和晶间氧化。热压时为了避免上述问题要尽快加热到热压温度，要做到内外温度一致，全板温度一致，保温时间应尽可能短。一般热压温度在 800 ℃ ~ 950 ℃ 之间，按钢种不同稍有变化。

② 需正火热处理的材料，可以用热压的加热来代替钢厂的正火热处理，此时钢板在热压时的加热温度应相当于正火温度，且要有足够的保温时间。

③ 材料如要求其他热处理，如退火或淬火加回火，则必须在热压后重做热处理。

(3) 温压。

温压是将钢板加热到低于临界点（Ac）下的某一温度时压制成型，其主要解决工厂水压机的能力不足，以及防止某些材料产生低应力脆性破坏。温压介于冷压与热压之间，与热压相比，温压具有加热时间短，氧化皮少等优点。与冷压相比，则无脆性破坏的危险。

温压成型的温度及保温时间要仔细选择，确保以后在加工过程中的热处理与成形温度的效果，不使材料的力学性能降至最低要求之下。一般把温压的加热温度限制在焊后热处理温度之下。

冷压、热压及温压各有优缺点，从球形容器的组装方便及尽量减少局部应力方面考虑，要求球瓣的精度越高越好。其次因球形容器向大型化发展，要求材料的强度高、韧性好，故而采用高强度调质钢的场合越来越多，冷压成型必将作为首先考虑的球形容器球瓣成形方法。

在采用厚截面热轧材料（如16MnR，15MnVR）制作球瓣时，为了提高材料的韧性及塑性，即提高球罐的安全性，采用正火温度进行热压成型。

（4）其他新的成型方法。

液压成型和爆炸成型均属于无模成型工艺，与传统制球瓣工艺相比最大特点是不用模具。

4. 球瓣板的曲率及几何尺寸

球瓣板成型后，应按球罐国家标准或图样的要求，检查球瓣的曲率。检查曲率时，板应按横向、纵向、对角线方向对球瓣板及周边分别测量，其偏差应在允许的范围之内，否则应校形。球壳板的几何尺寸应按球罐国家标准的规定进行测量，按长度、宽度、对角线、对角线间的垂直距离分别进行，其偏差应在允许的范围之内。

球壳板的坡口检查内容有坡口夹角、钝边厚度、钝边中心位移、坡口表面平整光洁程度，表面粗糙度 $Ra \leq 25$ μm，平面度 $B \leq 0.04 \delta_n$（名义厚度）且小于 1 mm，焊渣与氧化皮应清除干净，坡口表面图样有要求时，应按图样的规定进行 100% 的磁粉或渗透检测，不应存在裂纹、分层和夹渣等缺陷。

5. 球瓣板的超声波和磁粉检查

球瓣板周边 100 mm 的范围内应进行 100% 超声波检测。材料标准抗拉强度下限值 $\sigma_b > 540$ MPa 的钢材所制球瓣板坡口、人孔坡口、接管坡口及球壳板开孔后的气割坡口，其表面应进行 100% 的磁粉检测或渗透检测，其他钢材制球壳板坡口、人孔颈坡口、接管坡口及球壳开孔后的气割坡口表面是否要求进行 100% 的磁粉检测或渗透检测，应根据钢材是否容易产生表面裂纹和球罐储存物料情况进行。与支柱连接的已成型赤道板，材料标准抗拉强度下限值 $\sigma_b > 540$ MPa，且储存物料载荷较大时，一般应要求进行 100% 的超声波检测和 100% 的磁粉检测。

6. 预组装

如图样有要求，球壳板出厂前上极、下极、赤道带、上温带、下温带应进行预组装，并分别检查上下口水平度、上下口椭圆度、对接坡口间隙、对口棱角度、对口错边量。合格后方可出厂，否则应校形。

7. 检验

球罐的检验主要包括原材料的检验、车间制造检验、工地组装和焊接过程及焊后各项检验、竣工检验，以及投入生产后的使用安全检验。

原材料的检验主要对球片用钢板，人孔及其他接管锻件，支柱用无缝钢管的力学性能和化学成分进行核对和检查；车间制造检查主要是焊接检验以及制成零部件的几何尺寸精度的测量检查，并对所施焊的焊缝的质量进行检查；组装检验主要是测量组对并对点固焊后的球体的几何尺寸精度的检查；焊接检验主要是为保证遵守焊接工艺规程而进行的；焊接完成后的检验主要是对球体几何精度以及焊缝的无损探伤检查；竣工检验主要是水压试验，水压试验后的磁粉检测以及为保证焊缝和法兰接口处的严密性而须进行气密性试验；投入生产后的使用安全检查一方面是使用过程中对球体外观的检查判断，并检查安全阀、液位计及其他附属设备的性能是否良好，另一方面还应根据需要定期开罐检查，以判断是否发生腐蚀以及是否有延迟裂纹的发生、发展情况。上述检查和验收的标准应遵守下列标准及规定。

GB 50094—1998《球形容器施工及验收规范》

GB 12337—1998《钢制球形储罐》

GB 150—1998《钢制压力容器》

GB 6654—1996《压力容器用钢板》

JB/T 4730—2005《承压设备无损检测》

GB 4159—1984《金属低温夏比冲击试验方法》

JB/T 4709—2000《钢制压力容器焊接规范》

JB 2536—1985《压力容器油漆、包装、运输》

罐顶无异常变形、无渗漏为合格。对于非密闭的内浮顶油罐，可以免做此项试验。

固定顶的稳定性试验，在罐内水位达到设计最高液位时，用放水的方法进行，试验负压不低于1.1倍的设计负压与罐顶附加载荷之和，且不得低于1 200 Pa。试验时应缓慢降压，达到试验负压时，罐顶无异常变形为合格。

固定顶试验后，应立刻打开通气口，使罐内压力恢复常压。气温剧烈变化等容易引起罐内压力异常变化的天气，不宜进行固定顶的强度、严密性及稳定性试验，以防止罐顶破坏。

浮顶、内浮顶的升降试验在油罐充、放水过程中进行，以浮顶升降平稳，导向机构、密封装置、自动通气阀支柱等有相对运动部件间无卡涩、干扰现象，转动扶梯灵活，浮顶与液面接触部位无渗漏为合格。

浮顶排水系统的严密性，应以浮顶在升降过程中，排水系统无渗漏为合格。

在油罐的充水试验中，应对基础进行沉降观测。

思考题与习题

10-1　设计双鞍座卧式容器时，支座位置应按哪些原则确定？试说明理由。

10-2　储罐有哪些特点？设计球罐时应考虑哪些载荷？各种罐体形式有何特点。

10-3　简述球瓣冷压、热压及温压3种成型方法的优缺点。

10-4　简述立式储罐主要附件。

10-5　球形储罐和立式储罐的制造工艺有何异同点？

10-6　简述球形储罐焊接要求。

10-7　球形储罐采用赤道正切柱式支座时，应遵循哪些准则？

参 考 文 献

[1] 邢晓林. 化工设备 [M]. 北京：化学工业出版社，2005.
[2] 马秉骞. 化工设备 [M]. 北京：化学工业出版社，2009.
[3] 郑津洋. 过程设备设计 [M]. 北京：化学工业出版社，2005.
[4] 胡忆沩，等. 化工设备与机器 [M]. 北京：化学工业出版社，2010.
[5] 俞晓梅，等. 塔器 [M]. 北京：化学工业出版社，2010.
[6] 杨兰，马秉骞. 化工设备 [M]. 北京：化学工业出版社，2009.
[7] 管来霞. 化工设备与机械 [M]. 北京：化学工业出版社，2010.
[8] 匡照忠. 化工设备 [M]. 北京：化学工业出版社，2010.
[9] GB 150—1998《钢制压力容器》.
[10] HG/T 20592~20653—2009《钢制管法兰、垫片、紧固件》.
[11] JB/T 4700~4707—2000《压力容器法兰》.
[12] JB/T 4712.1~4712.4—2007《容器支座》.
[13] JB/T 4710—2005《钢制塔式容器》.
[14] Fractionation Researth Inc. 编. 中国石化集团公司 F.R.I. 精馏技术协作组，译. 塔器设计手册 [M]. 北京：中国石化出版社，2006.
[15] 王志斌. 压力容器结构制造 [M]. 北京：化学工业出版社，2009.
[16] 匡照忠. 化工机器与设备 [M]. 北京：化学工业出版社，2010.